制作过程参见第5章

U0336550

制作过程参见第9章

制作过程参见第3章

制作过程参见第14章

制作过程参见第12章

制作过程参见第2章

渲染王 3ds Max + VRay室内外效果图设计与制作

制作过程参见第10章

制作过程参见第9章

制作过程参见第8章

制作过程参见第6章

制作过程参见第1章

制作过程参见第7章

制作过程参见第11章

制作过程参见第2章

渲染王 3ds Max + VRay室内外效果图设计与制作

制作过程参见第6章

制作过程参见第15章

渲染王

张来峰 / 编著

3ds Max+VRay
室内外效果图设计与制作

清华大学出版社
北京

内容简介

本书由浅入深、循序渐进地介绍了3ds Max 2015的使用方法和操作技巧。其中1～4章主要讲解了3ds Max的重要知识点，包括基本知识、基础物体建模、二维图形的绘制和编辑、三维复合对象的建模、材质与贴图、灯光与摄影机。第5～15章通过各类案例讲解了3ds Max建模以及VRay渲染，包括现代客厅、现代卧室空间、现代厨房、中式茶室、会议室、写字楼外观、群体建筑夜景、日光欧式建筑、现代餐厅、汽车场景渲染等的制作，可以增强读者的实践能力。

本书适合初、中级3ds Max读者学习使用，也可以供室内外效果图制作、工业制图和三维设计等从业人员阅读，还可以作为大中专院校相关专业、相关计算机培训班的上机指导教材。

图书在版编目 (CIP) 数据

渲染王3ds Max+VRay室内外效果图设计与制作 / 张来峰编著 .—北京：清华大学出版社，2016 (2020.8重印)
ISBN 978-7-302-40922-9

Ⅰ .①渲… Ⅱ .①张… Ⅲ .①室内装饰设计－计算机辅助设计－三维动画软件 Ⅳ .① TU238

中国版本图书馆 CIP 数据核字（2015）第 166122 号

责任编辑： 陈绿春
封面设计： 潘国文
责任校对： 徐俊伟
责任印制： 杨　艳

出版发行： 清华大学出版社
　　　网　　　址：http://www.tup.com.cn，http://www.wqbook.com
　　　地　　　址：北京清华大学学研大厦 A 座　　　　　　邮　　编：100084
　　　社 总 机：010-62770175　　　　　　　　　　　　邮　　购：010-62786544
　　　投稿与读者服务：010-62776969，c-service@tup.tsinghua.edu.cn
　　　质 量 反 馈：010-62772015，zhiliang@tup.tsinghua.edu.cn
印 装 者： 涿州汇美亿浓印刷有限公司
经　　销： 全国新华书店
开　　本： 188mm×260mm　　　**印　张：** 21.5　　　**插页：** 4　　　**字　数：** 596 千字
　　　　　（附 DVD1 张）
版　　次： 2016 年 6 月第 1 版　　　**印　次：** 2020 年 8 月第 4 次印刷
定　　价： 89.00 元

产品编号：063199-01

3ds Max是效果图方面的专业软件，无论是室内建筑装饰效果图，还是室外建筑设计效果图，3ds Max强大的功能和灵活性都是实现创造力的最佳选择。3ds Max从2009开始分为两个版本，它们分别是3ds Max和3ds Max Design，而3ds Max Design 2015作为最新版本，其在建模技术、材质编辑、环境控制、动画设计、渲染输出和后期制作等方面都有巨大的改善；内部算法方面，提高了制作和渲染输出的速度，渲染效果达到工作站级的水准；功能和界面划分更合理，更人性化，以全新的风貌展现给爱好三维动画制作的人士。

我们组织编写这本书的初衷就是为了帮助广大用户快速、全面地学会应用3ds Max Design 2015。因此在编写的过程中遵循全面完整的知识体系，深入浅出的理论阐述，循序渐进的分析讲解，实用典型的实例引导。全书以软件自身的知识体系作为统领，特别重视软件本身的功能和典型案例的结合，通过典型案例演示软件本身的功能，"拓展训练"项目以富有真实感的设计案例作为练习充实到各个知识点。

本书适合3ds Max的新手进行入门学习，同时也可作为使用3ds Max进行设计和制作建筑、工业效果图的人员的参考书，以及3ds Max培训班的教学用书。

为便于阅读理解，本书的写作风格遵从如下约定：

★ 本书中出现的中文菜单和命令将用【】括起来，以示区分。此外，为了使语句更简洁易懂，本书中所有的菜单和命令之间以竖线（|）分隔，例如，单击【编辑】菜单，再选择【移动】命令，就用【编辑】|【移动】来表示。

★ 用加号(+)连接的两个或3个键表示组合键，在操作时表示同时按下这两个或三个键。例如，Ctrl+V是指在按下Ctrl键的同时，按下V字母键；Ctrl+Alt+F10是指在按下Ctrl和Alt键的同时，按下功能键F10。

前言

　　在没有特殊指定时，单击、双击和拖动是指用鼠标左键单击、双击和拖动，右击是指用鼠标右键单击。

　　本书由张来峰主笔，参加编写的还包括：李娜、陈月娟、李雪芳、李向瑞、贾玉印、张花、李少勇、罗冰、赵秉龙、王慧、刘峥、王玉、张云、李乐乐、陈月霞、刘希林、黄健、黄永生、田冰、徐昊、温振宁、刘德生、宋明、刘景君、郑爱华、郑园园、郑珍庆、潘瑞兴、林金浪、刘爱华、刘强、刘志珍、马双、唐红连、谢良鹏、郑元君等。

作者

第1章 3ds Max 2015基本知识

第2章　基础物体建模

第3章　材质与贴图

第4章　初识VRay

目录

第5章　现代客厅空间

第6章 现代卧室空间

目录

第7章　现代厨房

第8章　现代客厅效果图

第9章　中式茶室效果图

第10章　会议室效果图设计

第13章 日光欧式建筑

第14章 现代餐厅

第15章　汽车场景渲染

第1章 3ds Max 2015基本知识

3ds Max是当前世界上最为流行并且应用最为普遍的三维制作软件，从它推出的第一天就获得了各界极高的赞誉。它是PC平台上的可以与高档UNIX工作站产品相媲美的多媒体软件。

1.1.1 广告(企业动画)

3ds Max在广告、影视、工业设计、建筑设计、多媒体制作、辅助教学以及工程可视化等领域得到广泛应用。在它推出后的几年里，已经连续多次荣获大奖，成功地制作了很多著名的作品。

动画的制作随着电脑科技的发展，已迈向一个充满创意及商品化的时代，因此，现代动画的制作与成长都跟我们的生活环境息息相关。

熟悉3D制作的人都知道，与其他的3D程序相比，在建模、渲染和动画等许多方面，3ds Max提供了全新的制作方法。通过使用该软件可以很容易地制作出大部分对象，并把它们放入经过渲染的类似真实的场景中，从而创造出美丽的3D世界。但是与学习其他的软件一样，要想灵活地应用3ds Max，应该从学习基本概念入手。

3ds Max的当前最新版本为3ds Max 2015，Autodesk 3ds Max 2015版本仍然具有两个产品：一个是用于游戏以及影视制作的3ds Max 2015；另一个是用于建筑、工业设计以及视觉效果制作的Autodesk 3ds Max Design 2015。本书主要是以3ds Max Design 2015软件为例来讲解效果图的制作。

随着计算机三维影像技术的不断发展，三维图形技术越来越被人们所看重。三维动画因为它比平面图更直观，更能给观赏者以身临其境的感觉，尤其适用于那些尚未实现或准备实施的项目，可提前领略实施后的结果。

从简单的几何体模型如一般产品展示、艺术品展示到复杂的人物模型，从静态、单个的模型展示到动态、复杂的场景如房产酒店三维动画、三维漫游、三维虚拟城市、角色动画，所有这一切，三维动画都能依靠强大的技术实力为您实现。

1.1.2 媒体与影视娱乐

3D技术在我国的建筑领域得到了广泛的应用。早期的建筑动画由于3D技术上的限制和创意制作上的单一，制作出的建筑动画只是简单的摄影及运动动画。随着现在3D技术水平的提升与创作手法的多元化，建筑动画从脚本创作到精良的模型制作、后期的电影剪辑手法以及原创音乐音效、情感式的表现方法，使得建筑动画制作综合水准越来越高，建筑动画的制作费用也比以前低，如图1-1、图1-2所示。

图1-1 三维建筑

图1-2 使用三维软件制作的建筑效果图

建筑漫游动画包括房地产漫游动画、小区浏览动画、楼盘漫游动画、三维虚拟样板房、楼盘3D动画宣传片、地产工程投标动画、建筑概念动画、房地产电子楼书、房地产虚拟现实等。

1.1.3 建筑规划

规划领域包括道路、桥梁、隧道、立交桥、街景、夜景、景点、市政规划、城市规划、城市形象展示、数字化城市、虚拟城市、城市数字化工程、园区规划、场馆建设、机场、车站、公园、广场、报亭、邮局、银行、医院、数字校园建设、学校等，图1-3、图1-4所示分别为体育场馆和工厂的规划图。

图1-3　体育场馆

图1-4　工厂鸟瞰图

1.1.4 三维动画

三维动画从简单的几何体模型到复杂的人物模型，从单个的模型展示到复杂的场景如道路、桥梁、隧道、市政、小区等线型工程和场地工程的景观设计都表现得淋漓尽致。

三维动画技术在影视广告制作方面也能够给人以耳目一新的感觉，因此受到了众多客户的欢迎。三维动画可以用于广告和电影电视剧的特效制作、特技、广告产品展示、片头飞字等，如图1-5、图1-6所示。

图1-5　三维创建的特效

图1-6　烟花特效

1.1.5 医疗卫生

三维动画可以形象地演示人体内部组织的细微结构和变化，如图1-7所示，给学术交流和教学演示带来了极大的便利。可以将细微的手术过程放大到屏幕上展示，便于进行观察学习，对医疗事业具有重大的现实意义。

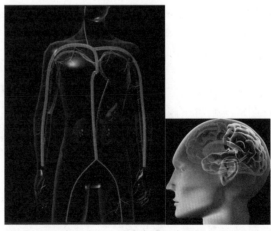

图1-7　三维在医疗卫生领域中模拟表现的人体结构效果

1.1.6　军事科技及教学

三维技术最早应用于飞行员的飞行模拟训练，除了可以模拟现实中飞行员要遇到的恶劣环境，同时也可以模拟战斗机飞行员在空战中的格斗以及投弹等训练过程。

现在三维技术的应用范围更为广泛，不单单可以使飞行学习更加安全，还可以用于导弹的弹道的动态研究、爆炸后的爆炸强度以及碎片轨迹研究等。此外，在军事上还可以通过三维动画技术来模拟战场，进行军事部署和演习，航空航天以及导弹变轨等技术，效果如图1-8所示。

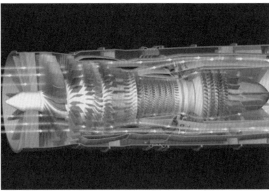

图1-8　三维技术在军事科技领域中应用

1.1.7　生物化学工程

生物化学领域较早地引入了三维技术，用于研究生物分子之间的结构组成。复杂的分子结构无法靠想象来研究，所以三维模型可以给出精确的分子构成，相互组合方式可以利用计算机进行计算，从而简化了大量的研究工作，效果如图1-9所示。遗传工程利用三维技术对DNA分子进行结构重组，进而产生新的化合物，给研究工作带来了极大的帮助，如图1-10所示。

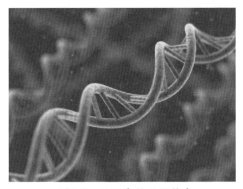
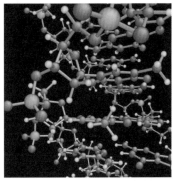

图1-9　三维生物工程技术　　　　　图1-10　三维DNA分子

1.2　3ds Max Design 2015中文版的安装、启动与退出

本节将通过详细的安装步骤来指导用户安装3ds Max Design 2015，并在安装完毕后进行3ds Max Design 2015的启动与退出，使读者顺利地按照书中的指导进入3ds Max Design 2015中并进行实际应用。安装软件请购买正版或在相关网站下载试用版。本书光盘不提供软件。

1.2.1　3ds Max Design 2015的安装

安装3ds Max Design 2015的操作步骤如下。

01　找到3ds Max Design 2015的安装系统，双击安装程序，弹出【正在初始化】对话框，如图1-11所示。

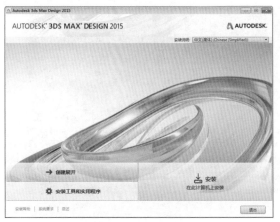

图1-11　安装初始化

02　初始化完成后，在弹出的图1-12所示的对话框中单击【安装】按钮。

图1-12　单击【安装】按钮

03　在弹出的【许可协议】对话框中单击【我接受】单选按钮，然后再单击【下一步】按钮，如图1-13所示。

04　在弹出的【产品信息】对话框中选择许可类型并输入序列号与产品密钥，如图1-14所示。

05　单击【下一步】按钮，在弹出的【配置安装】对话框中选择要安装的路径，如图1-15所示。

图1-13　单击【下一步】单选按钮

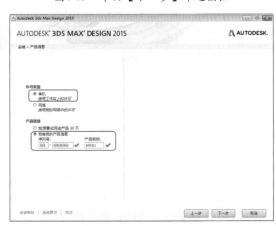

图1-14　【产品信息】对话框

图1-15　选择安装路径

06　单击【安装】按钮，即可弹出如图1-16所示的【安装进度】对话框。

07　安装完成后，在弹出的图1-17所示的对话框中单击【完成】按钮即可。

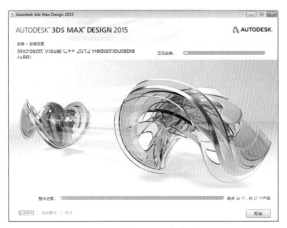

图1-16 【安装进度】对话框

图1-17 安装完成

1.2.2 3ds Max Design 2015的启动

启动3ds Max Design 2015的步骤如下。

将鼠标移动至电脑屏幕屏幕左下角，然后单击【开始】图标，在弹出的菜单中选择【所有程序】，然后在出现的程序列表中选择Autodesk|Autodesk 3ds Max Design 2015|3ds Max Design 2015 - Simplified Chinese选项，即可启动3ds Max Design 2015，如图1-18所示。

图1-18 选择启动程序

另外一种方法比较方便快捷，那就是在桌面上直接双击3ds Max Design 2015的快捷图标，即可启动3ds Max Design 2015。

1.2.3 3ds Max Design 2015的退出

当结束对3ds Max 2015的使用或操作完毕后，需要关闭该软件，只需单击屏幕右上方的【关闭】按钮，即可将3ds Max Design 2015软件关闭，或者是单击图标，然后在弹出的下拉菜单中选择【退出3ds Max】选项，同样也可以关闭3ds Max Design 2015软件，如图1-19所示。

图1-19 选择【退出3ds Max】命令

1.3 3ds Max Design 2015中文版界面详解

3ds Max Design 2015启动完成后，即可进入该应用程序的主界面，如图1-20所示。3ds Max Design 2015的操作界面是由标题栏、菜单栏、工具栏、命令面板、视图区、视图控制区、状态栏与提示行、时间轴、动画控制区等部分组成。该界面集成了3ds Max Design 2015的全部命令和上千条参数，因此在学习3ds Max Design 2015之前，有必要对其工作环境有一个基本的了解。

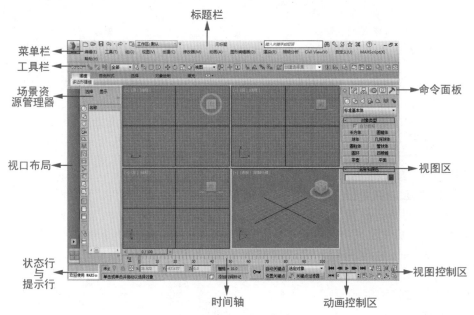

图1-20　3ds Max 2015启动界面

1.3.1 标题栏

标题栏位于3ds Max Design 2015界面的最顶部，它显示了当前场景文件的软件版本、文件名等基本信息。位于标题栏最左边的是快速启动工具栏，单击它们可执行相应的命令。紧随其右侧的是软件名，然后是文件名。在标题栏最右边的是3个基本控制按钮，分别是【最小化】按钮━、【最大化】按钮回和【关闭】按钮☒，如图1-21所示。

图1-21　标题栏

1.3.2 菜单栏

3ds Max Design 2015共有13组菜单，这些菜单包含了3ds Max Design 2015的大部分操作命令，如图1-22所示。下面介绍它们的主要功能。

图1-22　菜单栏

- ► 编辑：主要用于进行一些基本的编辑操作，如撤销和重做命令分别用于撤销和恢复上一次的操作，克隆和删除命令分别用于复制和删除场景中选定的对象，它们都是动画制作过程中很常用的命令。

- ► 工具：主要用于提供各种各样常用的命令，其中的命令大多对应于工具栏中的相应按钮，主要用于对象的各种操作，如对齐、镜像和间隔工具等命令。

- ► 组：主要用于对3ds Max中的群组进行控制，如将多个对象成组和解除对象成组等。

- ► 视图：主要用于控制视图区和视图窗口的显示方式，如是否在视图中显示网格和还原当前激活的视图等。

- ► 创建：主要用于创建基本的物体、灯光和粒子系统，如长方体、圆柱体和泛光灯等。

- ► 修改器：主要用于调整物体，如NURBS编辑、摄影机的变化等。

- ► 动画：该菜单中的命令选项归纳了用于制作动画的各种控制器以及动画预览功能，如IK解算器、变换控制器及生成预览等。

- ► 图形编辑器：主要用于查看和控制对象运动轨迹、添加同步轨迹等。

- ► 渲染：主要用于渲染场景和环境的设置。

- ► 照明分析：提供了调用【照明分析助手】功能以及添加灯光源和照明分析工具的命令。

- ► Civil View：在 3ds Max Design 中，通过 Civil View菜单可以访问 Civil View 功能。

- ► 自定义：主要用于自定义制作界面的相关选项，如自定义用户界面、配置系统路径和视图设置等。

- ► MAXScript：主要用于提供操作脚本的相关选项，如新建脚本和运行脚本等。

- ► 帮助：该菜单包括了丰富的帮助信息和3ds Max 2015中的新增功能的相关信息。

1.3.3　工具栏

3ds Max的工具栏位于菜单栏的下方，由若干个工具按钮组成，包括主工具栏和标签工具栏两部分。其中有变动工具、着色工具等，还有一些是菜单中的快捷键按钮，这些按钮可以直接打开某些控制窗口，例如材质编辑器、渲染设置等，如图1-23所示。

图1-23　工具栏

提示：

一般在1024×768分辨率下，【工具栏】中的按钮不能全部显示出来，将鼠标光标移至【工具栏】上，光标会变为【小手】，这时对【工具栏】进行拖动可将全部按钮显示出来。命令按钮的图标很形象，用过几次就能记住它们。将鼠标光标在工具按钮上停留几秒钟后，会出现当前按钮的文字提示，这样有助于用户了解该按钮的用途。

在3ds Max中还有一些工具在工具栏中没有显示，它们会以浮动工具栏的形式显示。在菜单栏中选择【自定义】|【显示UI】|【显示

浮动工具栏】选项，如图1-24所示，执行该操作后，即可打开【捕捉】、【容器】、【动画层】等浮动工具栏。

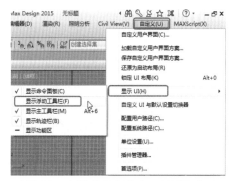

图1-24　选择【显示浮动工具栏】选项

1.3.4 视图区

视图区在3ds Max操作界面中占据主要面积，是进行三维创作的主要工作区域。一般分为【顶】视图、【前】视图、【左】视图和【透视】视图4个工作窗口，通过这4个不同的工作窗口可以从不同的角度去观察创建的各种造型。

ViewCube 3D 导航控件提供了视口当前方向的视觉反馈，用户可以调整视图方向以及在标准视图与等距视图间进行切换，ViewCube显示如图1-25所示。

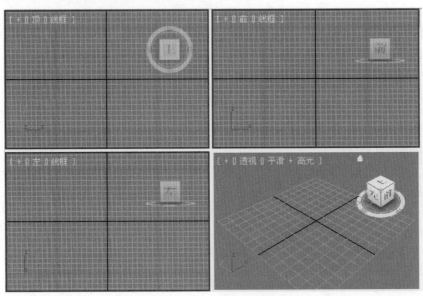

图1-25　ViewCube 导航控件

ViewCube显示时，默认情况下会显示在活动视口的右上角；如果处于非活动状态，则会叠加在场景之上。它不会显示在摄影机、灯光、图形视口或者其他类型的视图（如ActiveShade或 Schematic）中。当ViewCube处于非活动状态时，其主要功能是根据模型显示场景方向。

当将光标置于ViewCube上方时，它将变成活动状态。使用鼠标左键，可以切换到一种可用的预设视图中、旋转当前视图。右击可以打开具有其他选项的快捷菜单，如图1-26所示。

提示：	
如果使用的是【软件】显示驱动程序，则不会显示ViewCube。	

1. 控制ViewCube的外观

ViewCube显示的状态可以是下列之一：非活动和活动。

当ViewCube 处于非活动状态时，默认情况下它在视口上方显示为透明，这样不会完全遮住模型视图。当ViewCube 处于活动状态时，它是不透明的，这样可能遮住场景中对象的视图。

当ViewCube为非活动状态时，用户可以控制其不透明度级别以及大小、显示它的视口和指南针显示。选择【视图】|【视口配置】，在弹出的【视口配置】对话框中选择【ViewCube】选项卡，【ViewCube】选项卡如图1-27所示。

图1-26　弹出的快捷菜单

图1-27 【ViewCube】选项卡

2. 使用指南针

ViewCube 指南针指示场景的北方。用户可以切换ViewCube下方的指南针显示，并且使用指南针指定其方向。

3. 步骤

显示或隐藏 ViewCube，介绍以下4种方法。

▶ 按下默认的键盘快捷键：Alt+Ctrl+V。

▶ 在【视口配置】对话框中的【ViewCube】选项卡中选中【显示ViewCube】复选框。

▶ 右击【视图】标签，在弹出的快捷菜单中选择【视口配置】选项，弹出【视口配置】对话框，然后在【ViewCube】选项卡中进行设置。

▶ 在菜单栏中单击【视图】菜单，在弹出的下拉菜单中选择【ViewCube】选项，然后在弹出的子菜单中选择【显示ViewCube】选项，如图1-28所示。

图1-28 选择【显示 ViewCube】选项

4. 控制ViewCube的大小和非活动不透明度

01 在弹出的【视口配置】对话框中选择【ViewCube】选项卡。

02 在【显示选项】组中，单击【ViewCube大小】右侧的下三角按钮，在弹出的下拉菜单中选择一个类型。其中包括：大、普通、小和细小。

03 另外，可以在【显示选项】组中单击【非活动不透明度】右侧的下三角按钮。在弹出的下拉菜单中选择一个不透明度值。选择范围介于0%（非活动时不可见）到100%（始终完全不透明）之间。

04 设置完成后，单击【确定】按钮即可。

5. 显示ViewCube的指南针

01 在弹出的【视口配置】对话框中选择【ViewCube】选项卡。

02 在【指南针】组中选中【在ViewCube下显示指南针】复选框，指南针将显示于ViewCube下方，并且指示场景中的北向。

03 设置完成后，单击【确定】按钮即可。

1.3.5 命令面板

命令面板由【创建】 、【修改】 、【层次】 、【运动】 、【显示】 和【实用程序】 6部分构成，这6个面板可以分别完成不同的工作。该部分是3ds Max的核心工作区，命令面板区包括了大多数的造型和动画命令，为用户提供了丰富的工具及修改命令，它们分别用于创建对象、修改对象、连接设置和反向运动设置、运动变化控制、显示控制和应用程序的选择，外部插件窗口也位于这里，是3ds Max中使用频率较高的工作区域，命令面板如图1-29所示。

图1-29 命令面板

1.3.6 视图控制区

视图控制区位于视图右下角,其中的控制按钮可以控制视窗区各个视图的显示状态,例如视图的放缩、旋转、移动等。另外,视图控制区中的各按钮会因所用视图不同而呈现不同状态,例如在顶(前、左)视图、透视图、摄影机视图中,视图控制区的显示分别如图1-30所示。

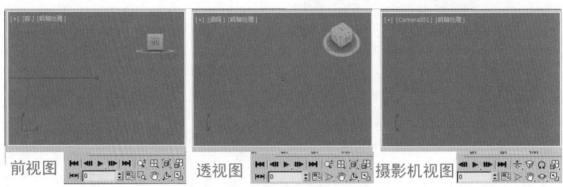

图1-30 视图控制区在不同视图下的显示

1.3.7 状态栏与提示栏

状态栏与提示栏位于3ds Max工作界面底部的左侧,主要用于显示当前所选择的物体数目、坐标位置和目前视图的网格单位等内容。另外,状态栏中的坐标输入区域经常被用到,通常用来精确调整对象的变换细节,如图1-31所示。

图1-31 状态栏与提示栏

▶ 当前状态:显示当前选择对象的数目和类型。

▶ 提示信息:针对当前选择的工具和程序,提示下一步的操作指导。

▶ 锁定选择:默认是关闭的状态,如果打开它,将会对当前选择的集合进行锁定,这样无论切换视图或调整工具,都不会改变当前操作对象。在实际操作时,这是一个使用频率很高的按钮。

▶ 当前坐标:显示当前鼠标的世界坐标值或变换操作时的数值。

▶ 栅格尺寸:显示当前栅格中一个方格的边长尺寸,不会因为镜头的推拉产生栅格尺寸的变化。

▶ 时间标记:通过文字符号指定特定的帧标记,使用户能够迅速跳到想去的帧。时间标记可以锁定相互间关系,这样在移动一个时间标记时,其他的标记也会相应做出变化。

1.3.8 动画时间控制区

动画时间控制区位于状态行与视图控制区之间,包括视图区下的时间轴在内,用于对动画时间的控制。通过动画时间控制区可以开启动画制作模式,可以随时对当前的动画场景设置关键帧,并且可以对已完成的动画在处于激活状态的视图中进行实时播放。图1-32所示为动画时间控制区。

图1-32 动画时间控制区

► 自动关键点：在3ds Max Design 2015中，新增了【设置关键点】模式，将原来的自动动画模式称为【自动关键点】模式，这已经和其他同类的大型动画软件接轨。

► 设置关键点：该模式能够使用户自己控制什么时间创建什么类型的关键帧。

1.4　3ds Max Design的项目工作流程

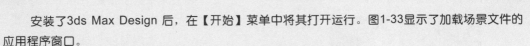

安装了3ds Max Design 后，在【开始】菜单中将其打开运行。图1-33显示了加载场景文件的应用程序窗口。

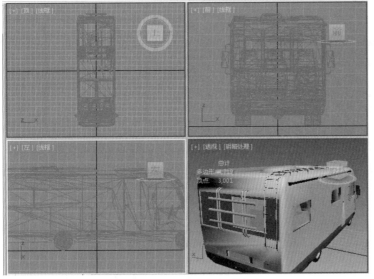

图1-33　加载场景文件的效果

> **提示：**
> 3ds Max Design 是单文档应用程序，这意味着一次只能编辑一个场景。可以运行多个3ds Max Design软件，在每个软件中打开一个不同的场景，但这样做将需要大量的内存。如果要获得最佳的性能，建议每次只对一个场景进行操作。

1.4.1　建立对象模型

在视口中建立对象模型并设置对象动画，视口的布局是可配置的。用户可以从不同的 3D 几何基本体开始，也可以使用 2D 图形作为放样或挤出对象的基础。并可以将对象转变成多种可编辑的曲面类型，然后通过拉伸顶点或使用其他工具进行进一步建模，如图1-34所示，为对一个圆环线添加修改器而生成的3D几何图形。

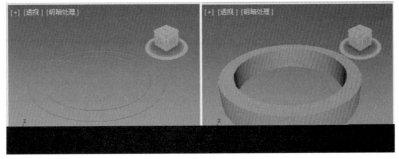

图1-34　建立模型对象

另一个建模工具是将修改器应用于对象。修改器可以更改对象几何体，如【弯曲】和【扭曲】是修改器的两种类型。

1.4.2 使用材质

在3ds Max中可以使用【材质编辑器】对话框设计材质，编辑器在其自身的窗口中显示。使用【材质编辑器】对话框定义曲面特性的层次可以创建有真实感的材质。曲面特性可以表示静态材质，也可以表示动画材质，如图1-35所示。

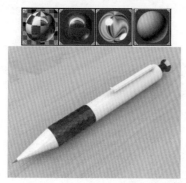

图1-35　为模型设置材质

1.4.3 放置灯光和摄影机

完成了模型的创建，并设置材质后，用户可以创建带有各种属性的灯光来为场景提供照明。灯光可以投射阴影、投影图像以及为大气照明创建体积效果。基于自然的灯光让用户在场景中使用真实的照明数据，而光能传递在渲染中也提供了无比精确的灯光模拟，如图1-36所示。

图1-36　在场景放置灯光和摄影机

在3D场景中，摄影机就像我们的眼睛，可以在不同角度来观察和表现场景中的对象，而创建的摄影机可以如同在真实的世界中一样控制镜头长度、视野和运动控制（例如平移、推拉和摇移镜头）。

1.4.4 设置场景动画

任何时候只要打开【自动关键点】按钮，就可以设置场景动画。关闭该按钮以返回到建模状态。同时也可以对场景中对象的参数进行动画设置以实现动画建模效果。

【自动关键点】按钮处于启用状态时，3ds Max会自动记录用户所做的移动、旋转和比例变化，但不是记录为对静态场景所做的更改，而是记录为表示时间的特定帧上的关键点。此外，还可以设置众多参数，不时做出灯光和摄影机的变化，并在 3ds Max Design 视口中直接预览动画。

【轨迹视图】可以为动画效果编辑动画关键点、设置动画控制器或编辑运动曲线，如图1-37所示。

图1-37　设置模型动画

1.4.5 渲染场景

渲染会在制作的场景中添加颜色并进行着色。3ds Max Design 中的渲染器包含下列功能：选择性光线跟踪、分析性抗锯齿、运动模糊、体积照明和环境效果，如图1-38所示。

图1-38　渲染输出模型

当使用默认的扫描线渲染器时，光能传递解决方案能在渲染中提供精确的灯光模拟，包括由于反射灯光所带来的环境照明。当使用 mental ray 渲染器时，全局照明会提供类似的效果。

使用【视频后期处理】，用户也可以将场景与已存储在硬盘上的动画进行合成。

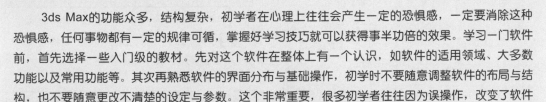

1.5　如何学好3ds Max

　　3ds Max的功能众多，结构复杂，初学者在心理上往往会产生一定的恐惧感，一定要消除这种恐惧感，任何事物都有一定的规律可循，掌握好学习技巧就可以获得事半功倍的效果。学习一门软件前，首先选择一些入门级的教材。先对这个软件在整体上有一个认识，如软件的适用领域、大多数功能以及常用功能等。其次再熟悉软件的界面分布与基础操作，初学时不要随意调整软件的布局与结构，也不要随意更改不清楚的设定与参数。这个非常重要，很多初学者往往因为误操作，改变了软件的默认界面与分布，而不知道如何复原，从而影响学习的积极性。

　　学习不可能一蹴而就，没有人能一下子掌握3ds Max的全部功能，读者应该根据自己的需求和方向，有目的地进行学习，并要掌握比较基础和常用的功能与命令，再逐步深入地学习其他功能与命令。一开始不要急切地做一些很复杂的例子，可以选择一些基本的、简单的案例，通过参照、临摹的方法来学习软件的基本功能。在学完基础知识后，一定要及时总结和归纳，寻找规律与原理，做到举一反三。另外还要善于利用3ds Max的帮助文件，帮助文件能提供最权威、最全面的解释。

1.6　个性化界面的设置

　　3ds Max 2015的人性化设计允许用户根据自身的使用习惯来更改软件界面。

1.6.1　改变及增加文件路径

　　对于3ds Max 2015的初学者来说，大家都有过这样的经历。当打开光盘上的一个场景文件后，自己场景中所显示的模型效果及颜色设置与参考书中介绍的不一样，或者在进行场景着色渲染过程中系统经常提示一些关于文件没有找到的错误提示信息。

　　所以发生的这些问题跟没有添加相应的文件路径设置有关。一些场景中材质和贴图无法显示是因为你的系统默认的Map（贴图素材）库文件夹中不存在相应贴图（打开Win 7的资源管理器，在硬盘的MAX 2015文件夹下可以看到此文件夹），解决此类问题有两种方法：第一种是将光盘贴图文件直接复制至MAX 2015文件夹下的Map子文件夹中；第二种则是为系统增加光盘上贴图文件所在的路径。

1.6.2 改变文件的启动目录

下面将讲解如何改变文件的启动目录，具体的操作方法如下所述

01 在菜单栏中单击【自定义】|【配置用户路径】选项，弹出【配置用户路径】对话框，此对话框包括【文件I/O】、【外部文件】、【外部参照】三项，如图1-39所示。

图1-39 选择【配置用户路径】选项

02 双击【MaxStart.\scenes】选项（启动MAX的默认场景文件目录），弹出【选择目录MaxStart】对话框，如图1-40所示。

图1-40 【选择目录MaxStart】对话框

03 在弹出的对话框中，选择希望改变的文件路径，单击【使用路径】按钮，即可使用选择的路径，如图1-41所示。

图1-41 选择路径

1.6.3 增加位图目录

下面将讲解如何增加软件的位图目录。

01 在菜单栏中单击【自定义】|【配置用户路径】选项，选择【BitmapProxies .\proxies】选项，单击【修改】按钮，如图1-42所示。

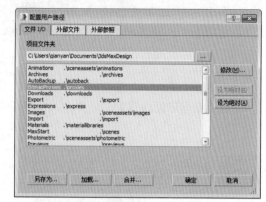

图1-42 选择【BitmapProxies .\proxies】选项

02 添加路径的方法同改变文件的启动目录的方法相同。

1.6.4 使用Max中的资源管理器

涉及文件及路径的编辑还需要对MAX中的资源管理器进行介绍，它位于实用程序面板中，使用起来非常方便，它提供了场景文件和图像的提前浏览功能。

单击【工具】按钮，进入【工具】命令面板，然后单击 资源浏览器 按钮，弹出【资源浏览器】对话框，在对话框的左侧选择路径，在右侧浏览文件，如图1-43所示。

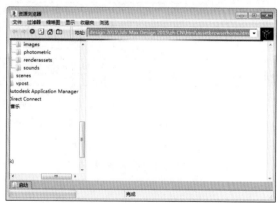

图1-43 【资源管理器】对话框

从资源管理器中可以直接完成场景文件的

调用。用鼠标选择该文件，按住左键不放将其拖动到任意视图中。如果操作正确，系统会弹出一个快捷菜单，来询问用户是进行打开文件操作还是进行合并文件操作，如图1-44所示。通常情况下，我们仅仅使其完成打开文件的操作。使用资源管理器打开文件与通过文件菜单中的打开命令的最终结果一样。

图1-44　弹出的快捷菜单

1.6.5　改变系统默认名字及颜色

在3ds Max 2015中建立的每一个物体都会有一个默认的名字，对于相同类型的模型物体，系统会根据建立时间的先后顺序在它们名称后面增加数字以区别。例如建立3个长方体模型，系统默认长方体的名称分别为Box001、Box002、Box003。

在以前的模型建立过程中，你会发现虽然跟作者做相同的操作，但长方体的颜色可能不相同。这一点并没有关系，颜色与名称都是默认的，当你在制作模型物体时，允许所有物体的颜色都不相同，也允许不同类型的所有物体都使用同一种颜色。

使用【对象颜色】对话框中的【分配随机颜色】选项来控制物体模型的颜色，如图1-45所示。当【分配随机颜色】复选框呈选中状态时，建立的所有物体模型的颜色是随机抽取的，所有物体都使用不同的颜色。

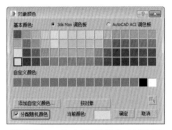

图1-45　【对象颜色】对话框

如果没有特别的设置，MAX将为物体随机分配颜色，有时为同一颜色。

当取消对【分配随机颜色】复选框的勾选时，所有物体模型将统一使用【基本颜色】选项区域下处于选中状态的颜色，如图1-46所示，图中带有黑色边框的颜色为指定使用的颜色。

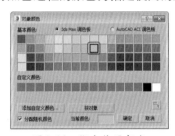

图1-46　指定使用颜色

用鼠标在屏幕右侧命令面板中的颜色框上单击，即可开启【对象颜色】对话框，模型物体名称对话框位于颜色框左侧，如图1-47所示，在标有Box001的文本框中输入文字即可改变其名称，当场景中没有任何物体时，此框呈不可选状态。

图1-47　单击颜色框

1.7　界面颜色的设置

单击菜单栏中的【自定义】|【加载自定义用户界面方案】选项，如图1-48所示，在弹出的【加载自定义用户界面方案】对话框中选择3ds Max Design 2015|UI| ame-Light.ui文件，如图1-49所示，然后单击【打开】按钮，这时3ds Max的界面就变成了灰色，如果想要恢复到默认界面，按照同样的步骤打开DefaultUI.ui文件即可。3ds Max 2015提供了4种界面，用户可以根据自己的喜好进行选择。

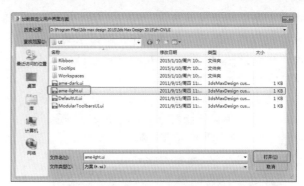

图1-48 选择【加载自定义用户界面方案】选项　　　　图1-49 选择界面方案

1.8 上机练习

1.8.1　DNA分子

本例将介绍DNA分子的具体制作方法。其制作重点是阵列的应用，具体的操作方法如下，完成后的效果如图1-50所示。

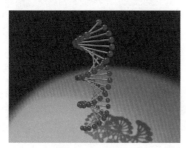

图1-50 重置场景

01　单击【创建】 【几何体】 【球体】工具按钮，在【左】视图中创建一个【半径】为40球体，如图1-51所示。

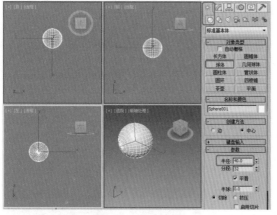

图1-51 创建球体

02　按M键弹出【材质编辑器】，选择一个新的样本球，并将其命名为【球体】，并单击名称后面的按钮，在弹出【材质/贴图浏览器】对话框选择【材质】|【标准】|【标准】选项，并单击【确定】按钮，如图1-52所示。

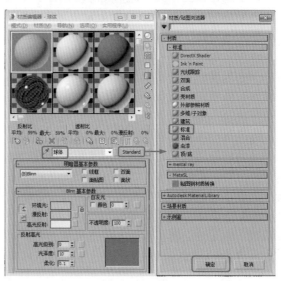

图1-52 设置材质球类型

03　在【明暗器基本参数】卷展栏中将明暗器类型设为【Blinn】，在【Blinn基本参数】卷展栏中将【环境光】和【漫反射】的RGB值设为"9，0，186"，将【自发光】下的【颜色】设为50，【高光级别】设为110，【光泽度】设为45，将创建的材质指定给创建的球体，如图1-53所示。

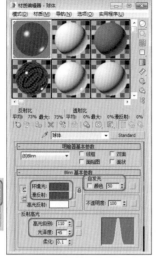

图1-53　设置材质

04 在【前】视图中将球体选中，在工具栏中单击【镜像】按钮 ，在弹出的【镜像：屏幕 坐标】对话框中单击【X】单选按钮，在【偏移】文本框中输入500，然后单击【复制】单选按钮，如图1-54所示。

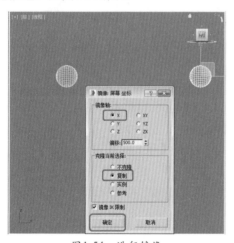

图1-54　进行镜像

05 单击【创建】 ┊【几何体】 ┊【圆柱体】工具按钮，在【左】视图中创建一个【半径】为10，【高度】为500的圆柱体，如图1-55所示。

06 按M键打开【材质编辑器】，选择一个新的样本球并将其命名为【圆柱体】，将材质球的类型设为【标准（Standard）】，将【明暗器基本参数】卷展栏中将明暗器类型设为【Blinn】，在【Blinn基本参数】卷展栏中将【环境光】和【漫反射】的RGB值设为"0，79，135"，将【自发光】下的【颜色】设为

50，在【反射高光】选项组中，将【高光级别】设为110，【光泽度】设为35，如图1-56所示。

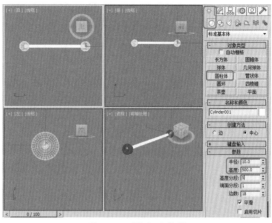

图1-55　创建圆柱体

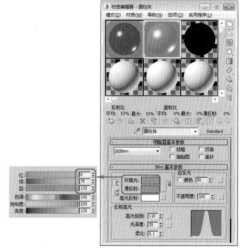

图1-56　设置材质参数

07 在菜单栏中单击【组】┊【成组】选项，在弹出的【组】对话框中的【组名】文本框中输入【DNA】，如图1-57所示。

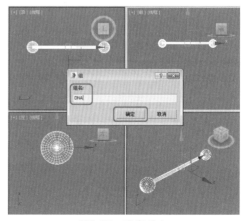

图1-57　进行编组

17

08 在菜单栏中单击【工具】|【阵列】选项，弹出【阵列】对话框，将【增量】区域中【移动】左侧的【Y】轴参数设置为60，将【旋转】左侧的【Y】轴参数设置为20，将【阵列维度】区域下的【数量】的【1D】值设置为30，如图1-58所示。

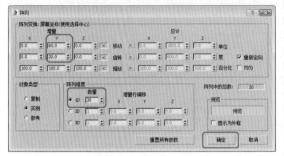

图1-58　进行阵列

09 选择【创建】|【几何体】|【平面】选项，在【顶】视图中进行创建，将【长度】、【宽度】都设为20000，如图1-59所示。

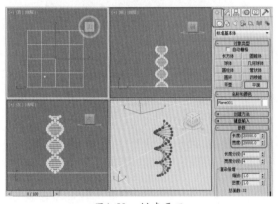

图1-59　创建平面

10 按M键打开【材质编辑器】，选择一个空的样本球，将其名称设为【平面】，将材质球的类型设为【标准（Standard）】，在【明暗器基本参数】卷展栏中将明暗器类型设为【Blinn】，在【Blinn基本参数】卷展栏中将【环境光】和【漫反射】的RGB值设为"30，30，30"，在【反射高光】选项组中，将【高光级别】设为70，将【光泽度】设为25，将制作好的材质指定给【平面】对象，如图1-60所示。

11 选择【创建】|【摄影机】|【标准】|【目标】选项，在【顶】视图中进行创建，在【参数】卷展栏中，将【镜头】设为35mm，激活【透视】视图，按C键，将【透视】视图转换为【摄影机】视图，如图1-61所示。

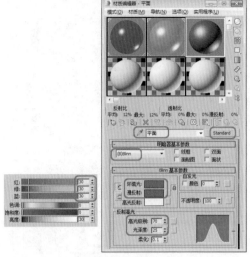

图1-60　设置材质

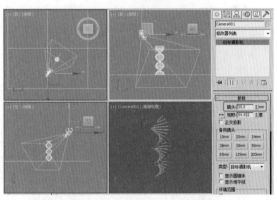

图1-61　创建【目标】摄影机

12 选择【创建】|【灯光】|【泛光】命令，在【顶】视图中进行创建一盏泛光灯，并调整位置，如图1-62所示。

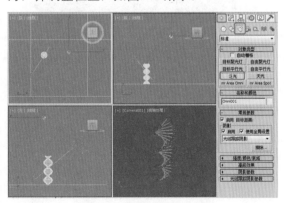

图1-62　创建【泛光】灯

13 在【常规参数】卷展栏中取消选中【阴影】选项组下的【启用】复选框，在【强度/颜色/衰减】卷展栏中将【倍增】设为0.1，如图1-63所示。

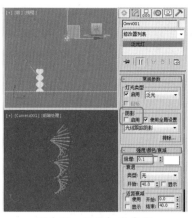

图1-63 设置灯光参数

14 选择上一步创建的泛光灯，对其进行复制并调整位置，如图1-64所示。

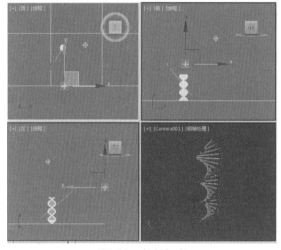

图1-64 复制灯光

15 选择【创建】|【灯光】|【标准】|【天光】命令，在【顶】视图中创建【天光】，如图1-65所示。

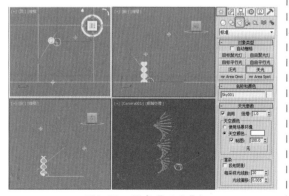

图1-65 创建【天光】

16 选择【创建】|【灯光】|【标准】|【目标聚光灯】选项，在【前】视图中

进行创建，切换到【修改】命令面板，在【常规参数】卷展栏中的【阴影】选项组中取消对【使用全局设置】复选框的选择，在【强度/颜色/衰减】卷展栏中将【倍增】设为5，并将其后的色块的RGB值设为"0，140，0"，在【聚光灯参数】卷展栏中将【聚光区/光束】设为35，将【衰减区/区域】设为45，将【阴影参数】卷展栏中【对象阴影】选项组中的【密度】设为0.7，如图1-66所示。

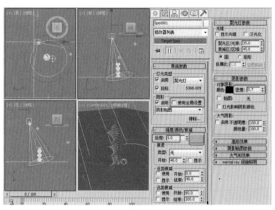

图1-66 设置【目标聚光灯】

17 在菜单栏中选择【自定义】|【首选项】命令，弹出【首选项设置】对话框，选择【Gamma和LUT】选项卡，取消对【启用Gamma/LUT校正】复选框的选择，并单击【确定】按钮，如图1-67所示。

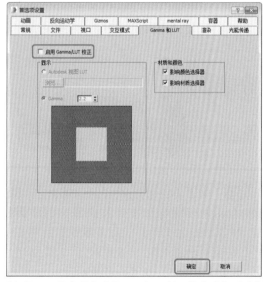

图1-67 取消对【启用Gamma/LUT校正】复选框的选择

18 激活【摄影机】视图，切换到【公用】参数卷展栏，将【产品级】设为【默认扫

描器渲染器】，单击【渲染】按钮进行渲染即可，如图1-68所示。

图1-68　设置渲染器

1.8.2　挂表

下面我们讲解如何利用本节学习的知识来制作挂表，完成后的效果如图1-69所示，其具体操作方法如下。

图1-69　挂表

01　单击【创建】 ※ 【几何体】 ○ 【圆柱体】工具按钮，在【前】视图中创建圆柱体，将其命名为【表】，在【参数】卷展栏中将【半径】设置为50，【高度】设置为10，【边数】设置为50，如图1-70所示。

02　在视图中选中圆柱体并右击，在弹出的快捷菜单中选择【转换为】|【转换为可编辑多边形】选项，如图1-71所示。

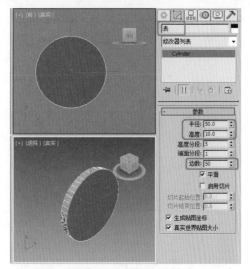

图1-70　创建圆柱体

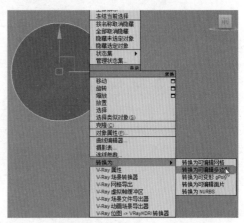

图1-71　转换为可编辑多边形

03　将当前选择集定义为【多边形】，在【前】视图中选择图1-72所示的多边形，并按Delete键将其进行删除，删除后的效果如图1-72所示。

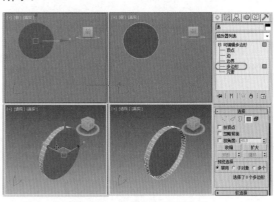

图1-72　删除多余的多边形

04　关闭当前选择集在【修改器列表】中选择【壳】修改器，在【参数】卷展栏中的

【内部量】文本框中输入3，在【外部量】文本框中输入5，并按Enter键确认，如图1-73所示。

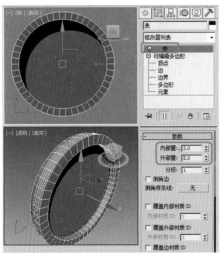

图1-73　添加【壳】修改器

05　单击【创建】 📷 |【图形】 🔾 |【圆】工具按钮，在【前】视图中创建一个圆，将其命名为【内部装饰001】，在【参数】卷展栏中设置【半径】为7，并按Enter键确认，如图1-74所示。

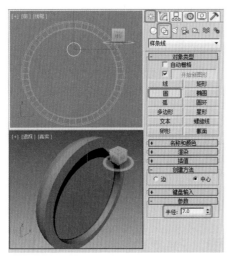

图1-74　创建圆

06　在视图中选择创建的圆并右击，在快捷菜单中选择【转换为】|【转换为可编辑样条线】命令，如图1-75所示。

07　在【修改】命令面板中，将当前选择集定义为【顶点】，使用【选择并移动】工具选中最上侧和最下侧的顶点，右击，在弹出的快捷菜单中选择【Bezier角点】命令，如图1-76所示。

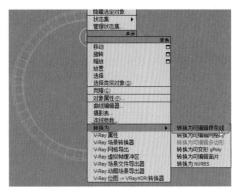

图1-75　转换为样条线

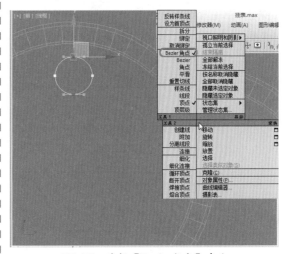

图1-76　选择【Bezier角点】命令

08　然后对选中的控制点的控制手柄进行调整，调整完成后的效果如图1-77所示。

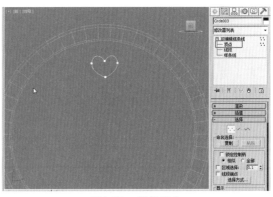

图1-77　调整顶点

09　在视图中调整对象的位置，如图1-78所示。

10　确定【内部装饰001】处于选中状态，在【修改器列表】中选择【挤出】修改器，在【参数】卷展栏中的【数量】文本框中输入1，如图1-79所示。

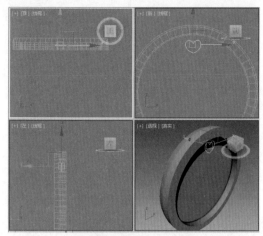

图1-78　调整位置

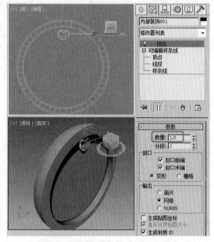

图1-79　添加【挤出】修改器

11 在【前】视图中选择【内部装饰001】，切换到【层次】![icon]命令面板，在【轴】卷展栏中单击【仅影响轴】按钮，在【前】视图中将轴的位置调整到【表】的中心位置，如图1-80所示。

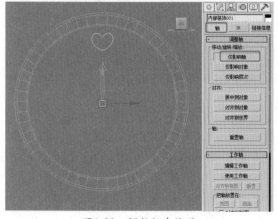

图1-80　调整轴点位置

12 调整完成后再次单击【仅影响轴】按钮以将其关闭，在菜单栏中选择【工具】|【阵列】命令，在弹出的对话框中将【旋转】左侧Z轴下的值设置为30，在【对象类型】选项组中选择【实例】单选按钮，在【阵列维度】选项组中将【1D】的【数量】设置为12，单击【确定】按钮，如图1-81所示。

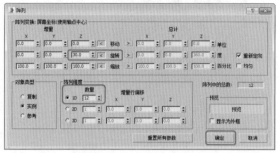

图1-81　设置【阵列】

13 阵列完成后选择【表】对象，切换到【修改】命令面板![icon]，选择【UVW贴图】修改器，在【参数】卷展栏中取消对【真实世界贴图大小】复选框的选择，选择【平面】单选按钮，在【对齐】选项组中选择【Z】单选按钮，并单击【适配】按钮，如图1-82所示。

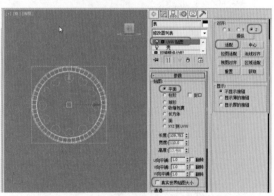

图1-82　添加【UVW贴图】修改器

14 在菜单栏中选择【自定义】|【首选项】命令，弹出【首选项设置】对话框，选择【Gamma和LUT】选项卡，取消对【启用Gamma/LUT校正】复选框的选择，并单击【确定】按钮，如图1-83所示。

15 按M键打开【材质编辑器】对话框，选择一个空的样本球，将其名称设为【表盘】，单击名称后面的按钮，在弹出的【材质/贴图浏览器】对话框中选择【材质】|【标准】|【标准】选项，单击【确定】按钮，如图1-84所示。

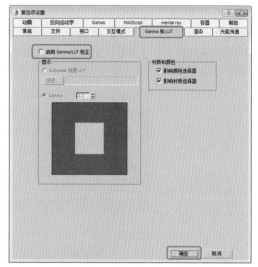

图1-83　取消对【启用Gamma/LUT校正】复选框的选择

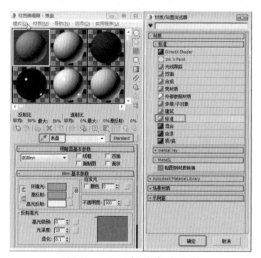

图1-84　设置材质球的类型

16　在【明暗器基本参数】卷展栏中将明暗器类型设为【金属】，在【金属基本参数】卷展栏中将【环境光】的RGB值设为"0，0，0"，【漫反射】的RGB值设为"255，218，13"，【高光级别】设为80，【光泽度】设为65，如图1-85所示。

17　切换到【贴图】卷展栏中并单击【反射】后面的【无】按钮，在弹出的【材质/贴图浏览器】对话框中选择【贴图】|【标准】|【位图】选项，单击【确定】按钮，在弹出【选择位图图像文件】对话框中选择随书附带光盘中的"CDROM|Map|Gold05.jpg"文件，并单击【打开】按钮，在【坐标】卷展栏中选择【纹理】单选按钮，取消对【使用真实世界比例】复选框的选择，将【瓷砖】下的UV分别设为0.4、0.1，

【模糊偏移】设为0.1，单击【转到父对象】按钮，将【反射】后面的数值设为50，将制作好的对象指定给所有对象，如图1-86所示。

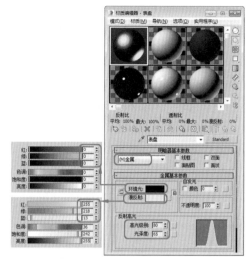

图1-85　设置材质

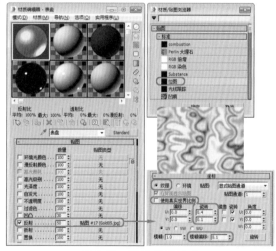

图1-86　设置贴图材质

18　单击【确定】按钮，选择【创建】|【图形】|【文本】工具，在【参数】卷展栏中将字体设置为【经典趣体简】，将【大小】设置为8，在【文本】文本框中输入【12】，在【前】视图中的【内部装饰001】上单击，即可创建出文字曲线，如图1-87所示。

19　在【前】视图中选择文本，切换至【修改】命令面板中，在【修改器列表】中选择【挤出】修改器，在【参数】卷展栏中的【数量】文本框中输入1，按Enter键确认，并在其他视图中调整文本的位置，如图1-88所示。

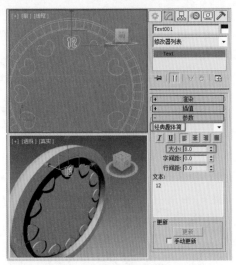

图1-87　创建文字

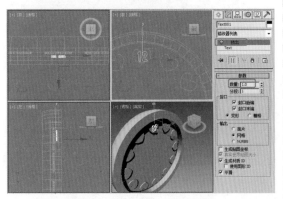

图1-88　添加【挤出】修改器

20 选择一个空的样本球，将名称设为【数字】，并将材质球的类型设为【标准】，在【明暗器基本参数】卷展栏中将明暗器类型设为【各向异性】，在【各向异性基本参数】卷展栏中将【环境光】和【漫反射】的RGB值设为"255，255，255"，将【自发光】选项组中的【颜色】设为20，在【反射高光】选项组中将【高光级别】、【光泽度】、【各向异性】分别设为95、65、85，将制作好的材质指定给文字对象，如图1-89所示。

21 在【前】视图中选择创建的文本，切换到【层次】命令面板，选中【轴】按钮，在【调整轴】卷展栏中选中【仅影响轴】按钮，在【前】视图将轴的位置调整到【表】的中心位置，如图1-90所示。

22 再次单击【仅影响轴】按钮，将其关闭，在菜单栏中选择【工具】|【阵列】命令，

在弹出的对话框中将【旋转】左侧Z轴下的值设置为30，在【对象类型】选项组中选择【复制】单选按钮，在【阵列维度】选项组中将【1D】的【数量】设置为12，如图1-91所示。

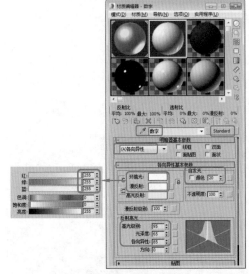

图1-89　设置材质

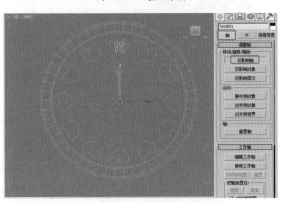

图1-90　调整轴

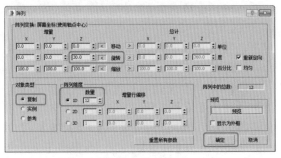

图1-91　进行阵列

23 切换至【修改】命令面板，在堆栈中选择【Text】，在【文本】文本框中对文字进行修改，如图1-92所示。

图1-92 修改文字

24 在工具栏中选择【选择并旋转】工具
⟲，单击【角度捕捉】按钮⚿，对文字进行适
当旋转，效果如图1-93所示。

图1-93 进行调整

25 在视图中选择所有文字，在菜单栏中
选择【组】|【成组】命令，并将【组名】设为
【数字】，如图1-94所示。

图1-94 进行编组

26 使用同样的方法选择所有的【内装
饰】对象，并对其进行编组，将【组名】设为
【内装饰】，如图1-95所示。

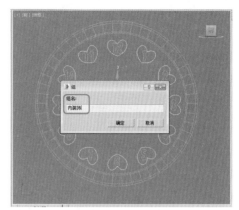

图1-95 进行编组

27 选择【创建】|【图形】|【样条线】|
【圆】命令，在【顶】视图中进行创建，并将
【半径】设为53，如图1-96所示。

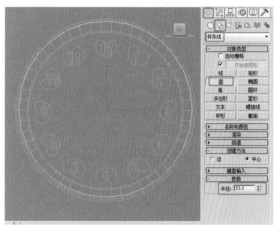

图1-96 绘制【圆】

28 进入【修改】命令面板中，对其添加
【挤出】修改器，将【数量】设为1，如图1-97
所示。

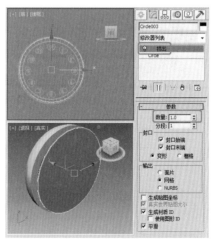

图1-97 添加【挤出】修改器

㉙ 继续对其添加【UVW贴图】修改器，在【参数】卷展栏中取消对【真实世界贴图大小】复选框的选择，并选择【平面】单选按钮，如图1-98所示。

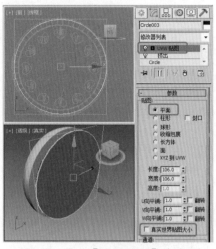

图1-98　添加【UVW贴图】修改器

㉚ 按M键打开【材质编辑器】对话框，将名称设为【花纹】，将材质球的类型设为【标准】，切换到【贴图】卷展栏中，单击【漫反射颜色】后面的【无】按钮，在弹出的对话框中选择【贴图】|【标准】|【位图】选项，单击【确定】按钮，在弹出的对话框中选择贴图文件夹中的50804.jpg素材文件，在【坐标】卷展栏中，取消选中【使用真实世界比例】复选框，并将【瓷砖】下的UV都设为1，并将制作好的材质指定给上一步创建的圆，如图1-99所示。

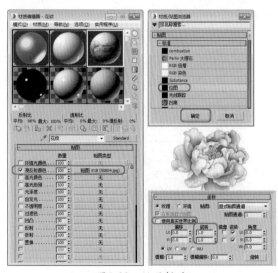

图1-99　设置材质

㉛ 在视图中调整所有对象的位置，如图1-100所示。

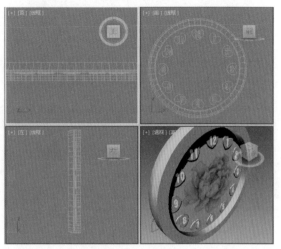

图1-100　调整位置

㉜ 在场景中选择所有对象，在菜单栏中选择【组】|【成组】命令，将【组名】设为【挂表】，如图1-101所示。

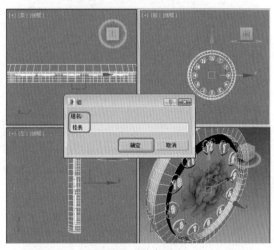

图1-101　进行编组

㉝ 单击【系统图表】按钮，在弹出的下拉列表中选择【导入】|【合并】命令，如图1-102所示。

㉞ 在弹出【合并文件】对话框中选择随书附带光盘中的"CDROM|Scenes|Cha01|挂表装饰.max"素材文件，单击【打开】按钮，在弹出的【合并】对话框中选择【装饰】对象，并单击【确定】按钮，如图1-103所示。

㉟ 对【装饰】对象添加【表盘】材质，在场景中调整【挂表】和【装饰】对象的位置，如图1-104所示。

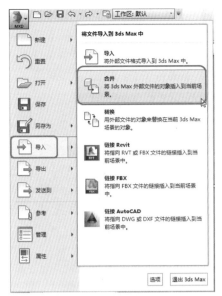

图1-102　创建球体

图1-103　重置场景

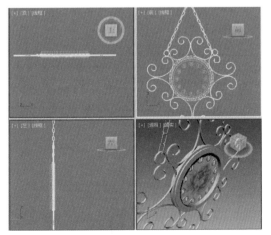

图1-104　调整位置

36 按8键弹出【环境和效果】对话框，在其中单击【环境贴图】选项组中的【无】按

钮，在弹出的【材质/贴图浏览器】对话框选择【位图】选项，单击【确定】按钮，选择随书附带光盘中的"Map|R2K2.jpg"素材文件，单击【打开】按钮，如图1-105所示。

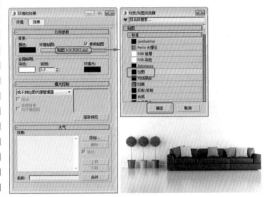

图1-105　设置环境贴图

37 按M键，打开材质编辑器，选择上一步添加的贴图，按着鼠标左键并将其拖至一个空的样本球上，在弹出的对话框中选择【实例】选项，并单击【确定】按钮，在【坐标】卷展栏中将【贴图】设为【屏幕】，如图1-106所示。

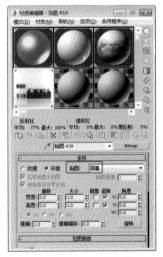

图1-106　设置贴图

38 激活【透视】视图，在菜单栏执行【视图】|【视口背景】|【环境背景】命令，如图1-107所示。

39 选择【创建】[图标]|【摄影机】[图标]|【目标】命令，在【顶】视图中进行创建，将【镜头】设为35mm，激活【摄影机】视图，按C键将其转换为【摄影机】视图，并在视图中进行调整，如图1-108所示。

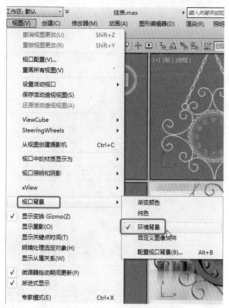

图1-107 选择【环境背景】

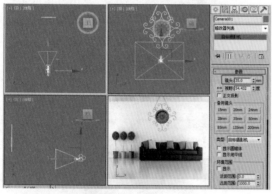

图1-108 创建【目标】摄影机

40 选择【创建】|【灯光】|【标准】|【天光】命令，在【顶】视图中进行创建，在【参数】卷展栏中将【倍增】设为0.8，选中【天空颜色】单选按钮，如图1-109所示。

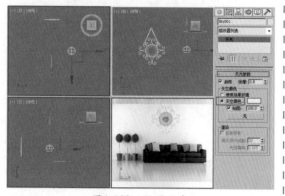

图1-109 设置天光

41 选择【创建】【几何体】【标准基本体】|【平面】命令，在【前】视图中进行创建，在【参数】卷展栏中将【长度】和【宽度】都设为1000，如图1-110所示。

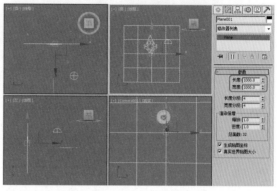

图1-110 设置平面

42 选择上一步创建的平面对象，单击鼠标右键，在弹出的对话框中选择【对象属性】命令，弹出【对象属性】对话框，在【常规】选项卡的【显示属性】选项组中单击【对象】按钮，选中【透明】复选框，单击【确定】按钮，如图1-111所示。

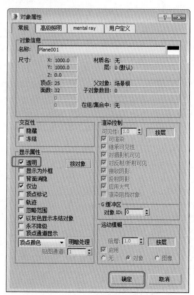

图1-111 勾选【透明】复选框

43 按M键打开材质编辑器，选择一个新的样本，单击【名称】按钮，在弹出的【材质/贴图】对话框中选择【材质】|【标准】|【无光/投影】选项，单击【确定】按钮并将材质指定给平面对象，如图1-112所示。

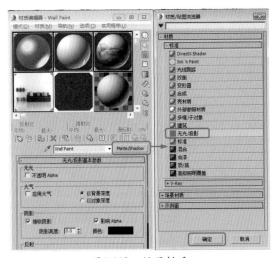

图1-112　设置材质

44 在【顶】视图中创建【目标聚光灯】，在【常规参数】卷展栏中选中【启用】复选框，取消【使用全局设置】复选框的选择，并将其类型设置为【光线跟踪阴影】，在【强度/颜色/衰减】卷展栏中将【倍增】设为0.2，如图1-113所示。

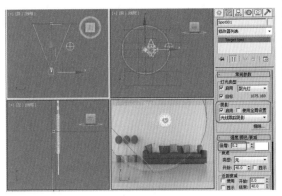

图1-113　创建【目标聚光灯】

45 按F10键打开【渲染设置】对话框，切换到【公用】选项卡，在【指定渲染器】卷展栏中将【产品级】设为【默认扫描线渲染器】，单击【渲染】按钮进行渲染，如图1-114所示。

图1-114　设置渲染器

第2章 基础物体建模

2.1 二维建模的意义

在实际操作中，二维图形是三维模型建立的一个重要的基础。二维图形在制作中有以下用途。

【作为平面和线条物体】对于封闭的图形，加入网格物体编辑修改器，可以将它变为无厚度的薄片物体，用作地面、文字图案、广告牌等，也可以对它进行点面的加工，产生曲面造型；并且设置相应的参数后，这些图形也可以渲染，默认情况下以一个星形作为截面，产生带厚度的实体，还可以指定贴图坐标，如图2-1所示。

作为【挤出】、【车削】等加工成型的截面图形可以经过【挤出】修改来增加厚度，从而产生三维框，【车削】将曲线图形进行中心旋转放样，产生三维模型，图2-2所示为对样条曲线添加【车削】修改器的效果。

【作为放样物体使用的曲线】在放样过程中，使用的曲线都是图形，它们可以作为路径、截面图形，图2-3所示为放样图形后并使用【缩放】命令调整的效果。

【作为运动的路径】图形可以作为物体运动时的运动轨迹，使物体沿着它进行运动，如图2-4所示。

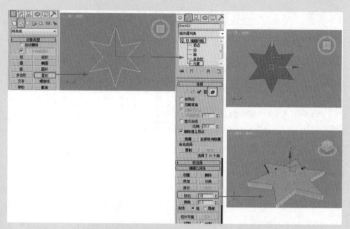

图2-1 创建平面和线条物体并为其施加修改器后的效果

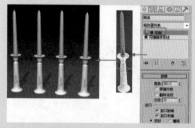

图2-2 对样条线添加车削后的效果

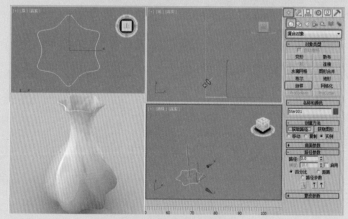

图2-3 使用二维图形进行放样

图2-4 使用二维图形作为运动路径

2.2　二维图形的创建

2D图形的创建是通过【创建】 |【图形】 面板下的选项实现的，创建图形面板如图2-5所示。

大多数的曲线类型都有共同的设置参数，如图2-6所示。下面对它们进行总体认识。

图2-5　创建图形面板　图2-6　图形的通用参数

各项通用参数的功能说明如下。

【渲染】卷展栏用来设置曲线的可渲染属性。

▶ 在渲染中启用：选中此复选框，可以在视图中显示渲染网格的厚度。

▶ 在视口中启用：可以与【显示渲染网格】选项一起选择，它可以控制以视窗的设置参数在场景中显示网格（该选项对渲染不产生影响）。

▶ 使用视口设置：控制图形按视图设置进行显示。

▶ 生成贴图坐标：对曲线指定贴图坐标。

▶ 视口：基于视图中的显示来调节参数（该选项对渲染不产生影响）。当【显示渲染网格】和【使用视口设置】两个复选框被选择时，该选项可以被选择。

▶ 渲染：基于渲染器来调节参数，当【渲染】单选项被选中时，系统可以根据【厚度】参数值来渲染图形。

▶ 厚度：设置渲染时曲线的粗细大小。

▶ 边：控制被渲染的线条由多少个边的圆形作为截面。

▶ 角度：调节横截面的旋转角度。

【插值】卷展栏：用来设置曲线的光滑程度。

▶ 步数：设置两顶点之间有多少个直线片段来构成曲线，该数值越高，曲线越光滑。

▶ 优化：自动检查曲线上多余的【步数】片段。

▶ 自适应：自动设置【步数】数值，以产生光滑的曲线，对于直线其【步数】值为0。

【键盘输入】即使用键盘方式绘制图形，只要输入所需要的坐标值、角度值以及参数值即可，不同的工具会有不同的参数输入方式。

另外，除了【文本】、【截面】和【星形】工具之外，其他的创建工具都有一个【创建方法】卷展栏，该卷展栏中的参数需要在创建对象之前选择，这些参数一般用来确定是以边缘作为起点创建对象还是以中心作为起点创建对象。只有【弧】工具的两种创建方式与其他对象有所不同。

2.2.1　创建线

【线】工具可以绘制任何形状的封闭或开放型曲线（包括直线），如图2-7所示。

01　选择【创建】 |【图形】 |【样条线】|【线】工具，单击视图以确定线条的第一个节点。

02　移动鼠标到达想要结束线段的位置并单击以创建一个节点，单击鼠标右键结束直线段的创建。

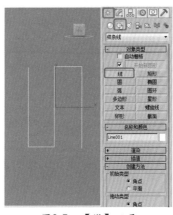

图2-7　【线】工具

在绘制线条时，当线条的终点与第一个节点重合时，系统会提示是否关闭图形，单击【是】按钮时即可创建一个封闭的图形；如果单击【否】按钮，则继续创建线条。在创建线条时，通过按住鼠标并拖动的方式，可以创建曲线。

在命令面板中，【线】拥有自己的参数设置，如图2-8所示。这些参数需要在创建线条之前进行设置。【线】中的【创建方法】卷展栏中的各项目的功能说明如下。

图2-8　【创建方法】卷展栏

▶ 初始类型：单击鼠标后，拖曳出的曲线类型，包括【角点】和【平滑】两种，可以绘制出直线和曲线。

▶ 拖动类型：设置按压并拖动鼠标时引出的曲线类型，包括【角点】、【平滑】和【Bezier】3种，贝赛尔曲线是最优秀的曲度调节方式，通过两个滑杆来调节曲线的弯曲。

2.2.2　创建圆形

【圆】工具用来建立圆形，如图2-9所示。

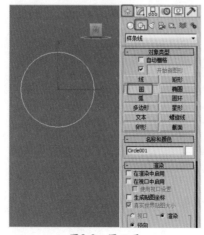

图2-9　圆工具

选择【创建】|【图形】|【圆】工具，然后在场景中单击并拖动鼠标以创建圆形。在【参数】卷展栏中只有一个半径参数可设置，如图2-10所示。

图2-10　【参数】卷展栏

半径：设置圆形的半径大小。

2.2.3　创建弧

【弧】工具用来制作圆弧曲线和扇形，如图2-11所示。

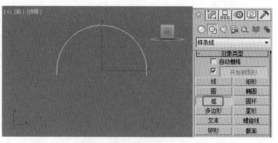

图2-11　【弧】工具

01 选择【创建】|【图形】|【样条线】|【弧】工具，在视图中单击并拖动鼠标，从而拖出一条直线。

02 到达一定的位置后松开鼠标，移动并单击鼠标确定圆弧的大小。

当完成对象的创建之后，可以在命令面板中对其参数进行修改。如图2-12所示。

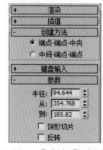

图2-12　【参数】卷展栏

【弧形】工具各项目的功能说明如下。

▶ 【创建方法】

● 端点-端点-中央：这种建立方式是先引出一条直线，以直线的两端点作为弧的两端点，然后移动鼠标来确定弧长。

● 中间-端点-端点：这种建立方式是先引

出一条直线，以此作为圆弧的半径，然后移动鼠标来确定弧长，使用这种建立方式来建立扇形非常方便。

► 【参数】

● 半径：设置圆弧的半径大小。

● 从/到：设置弧起点和终点的角度。

● 饼形切片：勾选此复选框，将建立封闭的扇形。

● 反转：将弧线方向反转。

2.2.4　创建多边形

【多边形】工具可以制作任意边数的正多边形，可以产生圆角多边形，如图2-13所示。

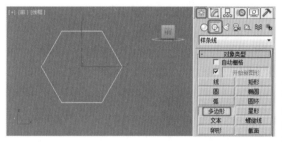

图2-13　【多边形】工具

选择【创建】 |【图形】 |【样条线】 |【多边形】工具，然后在视图中单击并拖动鼠标创建多边形。在【参数】卷展栏中可以对多边形的半径、边数等参数进行设置，其参数面板如图2-14所示。

图2-14　【参数】卷展栏

► 半径：设置多边形半径的大小。

► 内接/外接：确定以外切圆半径还是内切圆半径作为多边形的半径。

► 边数：设置多边形的边数。

► 角半径：制作带圆角的多边形，设置圆角半径的大小。

► 圆形：将多边形设置为圆形。

2.2.5　创建文本

【文本】工具可以直接产生文字图形，在

中文Windows平台下可以直接产生各种字体的中文字形，字形的内容、大小、间距都可以调整，在完成了动画制作后，仍可以修改文字的内容。

选择【创建】 |【图形】 |【文本】工具，然后在【参数】卷展栏中的文本框中输入文本，在视图中单击即可创建文本图形，如图2-15所示。在【参数】卷展栏中可以对文本的字体、字号、间距以及文本的内容进行修改，文本参数卷展栏如图2-16所示。

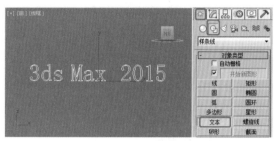

图2-15　创建文本

图2-16　【参数】卷展栏

► 大小：用于设置文字的大小尺寸。

► 字间距：用于设置文字之间的间隔距离。

► 行间距：用于设置文本行与行之间的距离。

► 文本：用来输入文本。

► 更新：设置修改参数后，视图是否立刻进行更新显示。遇到处理大量文字时，为了加快显示速度，可以选中【手动更新】复选框，自行指示更新视图。

2.2.6　创建截面

【矩形】工具是经常用到的一个工具，它可以用来创建矩形，如图2-17所示。

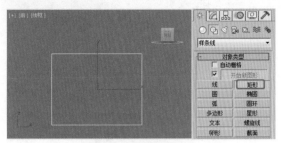

图2-17　【矩形】工具

创建矩形与创建圆形的方法基本上一样，都是通过单击并拖动鼠标来创建。在【参数】卷展栏中包含3个常用参数，如图2-18所示。

图2-18　【参数】卷展栏

► 长度/宽度：设置矩形长、宽值。
► 角半径：设置矩形的四角是直角还是有弧度的圆角。

2.2.7　创建星形

【星形】工具可以建立多角星形，尖角可以钝化为圆角，用于制作齿轮图案；尖角的方向可以扭曲，从而产生倒刺状锯齿；通过参数的变换可以产生许多奇特的图案，因为它是可以渲染的，所以即使交叉，也可以用作一些特殊的图案花纹，如图2-19所示。

图2-19　【星形】工具

星形的创建方法如下所述。

01　单击【创建】▓|【图形】▓|【样条线】|【星形】按钮，在视图中单击并拖动鼠标，拖曳出一级半径。

02　松开鼠标并移动鼠标，拖曳出二级半径，单击以完成星形的创建。

【参数】卷展栏如图2-20所示。

图2-20　【参数】卷展栏

► 半径1/半径2：分别设置星形的内径和外径。
► 点：用于设置星形的尖角个数。
► 扭曲：用于设置尖角的扭曲度。
► 圆角半径1/圆角半径2：分别设置尖角的内外倒角圆半径。

2.2.8　创建螺旋线

【螺旋线】工具用来制作平面或空间的螺旋线，常用于完成弹簧、线轴等造型，如图2-21所示，该工具还可用来制作运动路径。

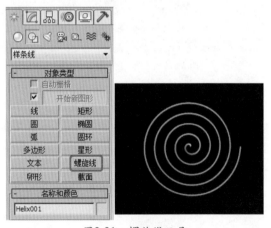

图2-21　螺旋线工具

螺旋线的创建方法如下所述。

01　选择【创建】▓|【图形】▓|【样条线】|【螺旋线】工具，在【顶视图】中单击并拖动鼠标，拉出一级半径。

02　松开鼠标并移动鼠标，拖曳出螺旋线的高度。

03　单击鼠标，确定螺旋线的高度，然后再移动鼠标，拉出二级半径后再次单击鼠标，完成螺旋线的创建。

在【参数】卷展栏中可以设置螺旋线的两个半径、圈数等参数，【参数】卷展栏如图2-22所示。

图2-22　【参数】卷展栏

- ▶ 半径1/半径2：设置螺旋线的内径和

外径。
- ▶ 高度：设置螺旋线的高度，此值为0时，是一个平面螺旋线。
- ▶ 圈数：设置螺旋线旋转的圈数。
- ▶ 偏移：设置在螺旋高度上，螺旋圈数的偏向强度。
- ▶ 顺时针/逆时针：分别设置两种不同的旋转方向。

2.3　建立二维复合造型

单独使用以上介绍的工具一次只能制作一个特定的图形，如圆形、矩形等。当我们需要创建一个复合图形时，则需要在【创建】|【图形】命令面板中，将【对象类型】卷展栏中的【开始新图形】复选框取消选中。在这种情况下，创建圆形、星形、矩形以及椭圆形等图形时，将不再创建单独的图形，而是创建一个复合图形，它们共用一个轴心点。也就是说，无论创建多少图形，都将作为一个图形对待，如图2-23所示。

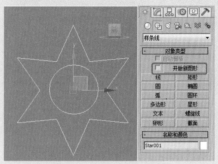

图2-23　制作复合图形

2.4　【编辑样条线】修改器与【可编辑样条线】功能

【编辑样条线】修改器是为图形添加修改器，图形创建时的参数不丢失；而与其相似的【可编辑样条线】是将图形转化为可编辑样条线，转化后图形原来的创建参数将失去，应用于创建参数的动画也将同时丢失。

下面通过一个例子来学习为图形添加【编辑样条线】修改器的方法。

01　启动3ds Max 2015，选择【创建】|【图形】【样条线】|【星形】工具，在【前】视图中单击并拖动鼠标，创建一个星形，如图2-24所示。

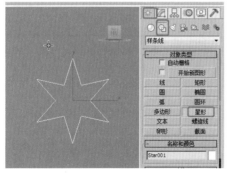

图2-24　创建星形

02　切换至【修改】命令面板，在

【修改器到表】中选择【编辑样条线】修改器，如图2-25所示，为创建的星形添加【编辑样条线】修改器，如图2-26所示。

图2-25　选择【编辑样条　图2-26　添加【编辑样条
　　　 线】修改器　　　　　　　线】修改器

除了上述方法可以将对象转换为样条线外，也可以在视图中创建的星形上单击鼠标右键，在弹出的快捷菜单中选择【转换为】|【转换为可编辑样条线】命令，如图2-27所示。创建的星形即

可被转换为可编辑样条线，如图2-28所示。

图2-27　选择【转换为可编辑样条线】命令

图2-28　转换为可编辑样条线

在将图形转换为可编辑样条线后，在【修改】命令面板 的下方会出现5个卷展栏。其中【渲染】和【插值】卷展栏与创建图形时的卷展栏相同，如图2-29所示。

【选择】卷展栏如图2-30所示，在该卷展栏的上方有3个子物体层级按钮 、 、 ，分别对应物体层级中的【顶点】、【线段】和【样条线】。单击3个子物体层级按钮就可进入相应的子物体层级。

【软选择】卷展栏如图2-31所示。【软选择】卷展栏控件允许部分地选择相邻的子对象，

在对选择的子对象进行变换时，在场景中被部分选定的子对象就会平滑地进行绘制，这种效果会因距离或部分选择的强度而产生衰减。

【几何体】卷展栏包含有比较多的参数，在父物体层级或不同的子物体层级下，该卷展栏中可用的选项不同，图2-32所示为在父物体层级下的【几何体】卷展栏。

图2-29　【渲染】与【插值】　　图2-30　【选择】卷
卷展栏　　　　　　　　　展栏

图2-31　【软选择】　图2-32　【几何体】卷展栏
卷展栏

2.5　【顶点】子物体层级

在对二维图形进行编辑操作时，最基本、最常用的操作就是对【顶点】选择集的修改，图2-33所示为选择圆环的所有顶点。

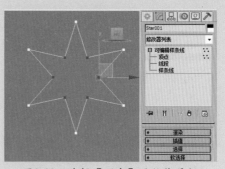

图2-33　选择【顶点】子物体层级

进入【顶点】子物体层级之后，展开【选择】卷展栏，此卷展栏用于对选择物体的过程进行控制，如图2-34所示，其各项参数的作用如下所述。

图2-34 【选择】卷展栏

▶ 、 和 ：用于3种层级的切换。

▶ 锁定控制柄：用来锁定所有选择点的控制手柄，通过它可以同时调整多个选择点的控制手柄；选中【相似】单选按钮，可以将相同方向的手柄锁定；选中【全部】单选按钮，可以将所有的手柄锁定。

▶ 区域选择：和其右侧的微调框配合使用，用来确定面选择的范围，在选择点时可以将单击处一定范围内的点全部选择。

▶ 线段端点：通过单击线段来选择顶点。在顶点子对象中，启用并选择接近用户要选择的顶点的线段。如果有大量重叠的顶点并且想要选择特定线段上的顶点时，可以使用此选项。经过线段时，光标会变成十字形状。通过按住 Ctrl 键，可以将所需对象添加到选择内容。

▶ 显示：选中【显示顶点编号】复选框时，在视图中会显示出节点的编号；选中【仅选定】复选框时，只显示被选中的节点的编号。

在【顶点】子物体层级下，当选中一个顶点时，可以看到被选择的顶点都有两个控制手柄，在选择的顶点上单击鼠标右键，在弹出的快捷菜单中可以看到有4种类型的顶点：【Bezier角点】、【Bezier】、【角点】和【平滑】。

▶ 平滑：创建平滑连续曲线的不可调整的顶点。平滑顶点处的曲率是由相邻顶点的间距决定的，如图2-35所示。

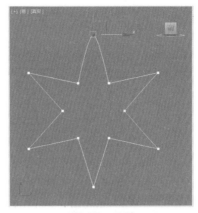

图2-35 平滑

▶ 角点：创建锐角转角的不可调整的顶点，如图2-36所示。

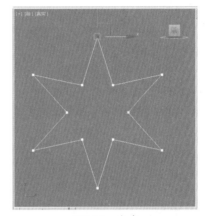

图2-36 角点

▶ Bezier：带有锁定连续切线控制柄的不可调整的顶点，用于创建平滑曲线。顶点处的曲率由切线控制柄的方向和量级确定，如图2-37所示。

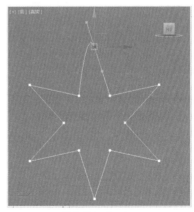

图2-37 Bezier

▶ Bezier角点：带有不连续的切线控制柄的不可调整的顶点，用于创建锐角转角。线段离开转角时的曲率是由切线控制柄的方向和量级设置的,如图2-38所示。

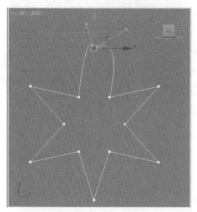

图2-38　Bezier角点

选择【顶点】子物体层级,除了经常用到【优化】按钮来进行加点外,还有一些常用的命令,其功能介绍如下。

► 优化:允许为图形添加顶点,而不更改图形的原始形状,有利于修改图形,图2-39所示为原始图形与使用【优化】增加顶点的效果。

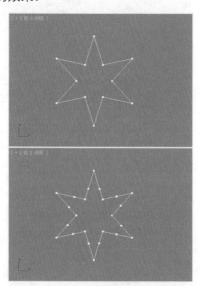

图2-39　使用【优化】按钮

► 断开:使点断开,将闭合的图形变为开放的图形,如图2-40所示。

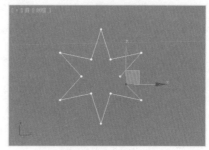

图2-40　【断开】顶点

► 插入:与【优化】按钮的功能相似,都是加点命令,只是【优化】按钮是在保持原图形不变的基础上增加顶点,而【插入】按钮是一边加点一边改变原图形的形状。

► 设置首顶点:将所选的顶点设为第一点。

► 焊接:将两个断点合并为一个点,通常在使用了样条线的【修剪】后,必须将顶点全部选中,并对顶点进行焊接。

► 【圆角】、【切角】:允许对选择的顶点进行圆角或切角操作,并增加新的控制点,如图2-41所示。

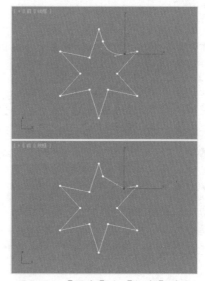

图2-41　【圆角】与【切角】效果

2.6　【线段】子物体层级

　　【线段】是连接两个点之间的线段,当用户对线段进行变换操作时也相当于在对两端的点进行变换操作,如图2-42所示。

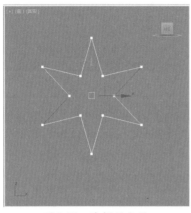

图2-42 选择的分段

进入【分段】子物体层级后，在【几何体】卷展栏中提供了多个命令以用来调整线段，其中比较常用的命令如下。

► 断开：将选择的线段断开，类似于点的打断。
► 隐藏：将选择的线段隐藏。
► 全部取消隐藏：显示所有隐藏的线段。
► 删除：将选择的线段删除。
► 拆分：该命令和其后的微调按钮配合使用，用于在选择的线段中平均插入若干个点。

2.7 【样条线】子物体层级

【样条线】级别是二维图形中另一个功能强大的次物体修改级别，相连接的线段即为一条样条曲线。在样条曲线级别中，【轮廓】与【布尔】运算的设置最为常用，尤其是在建筑效果图的制作当中，如图2-43所示。

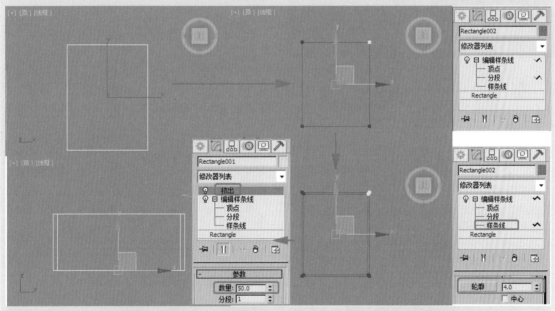

图2-43 为样条曲线设置轮廓并指定挤出修改器可以制作墙体

► 轮廓：制作样条线的副本，所有侧边上的距离偏移量由其右侧的【轮廓宽度】微调器指定。选择一个或多个样条线，然后使用微调器动态地调整轮廓位置，或单击【轮廓】，然后拖动样条线。如果样条线是开口的，生成的样条线及其轮廓将生成一个闭合的样条线。
► 布尔：对二维图形进行布尔运算前用【附加】按钮将要进行运算的二维图形合并。布尔运算包括【并集】、【差集】和【相交】3种方式。
► 镜像：将选择的样条线进行镜像变换，与工具栏中的 工具的功能类似，包括【水平镜像】、【垂直镜像】和【双向镜像】。
► 反转：将样条线节点的编号前后对调。

2.8　上机练习

2.8.1　茶几

本案例将介绍如何制作茶几，该案例首先利用【切角长方体】制作桌面，然后在对其进行复制及调整，从而制作出茶几的其他部分，并为其指定材质，最后为其添加摄影机及灯光即可，效果如图2-44所示。

图2-44　茶几

01　新建一个空白场景文件，选择【创建】|【几何体】|【扩展基本体】|【切角长方体】工具，在【顶】视图中创建一个切角长方体，在【参数】卷展栏中将【长度】、【宽度】、【高度】、【圆角】、【圆角分段】分别设置为650、1000、6、1、8，如图2-45所示。

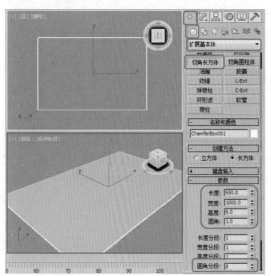

图2-45　创建切角长方体

02　使用【选择并移动】工具选择创建的切角长方体，按Ctrl+V快捷键，在弹出的对话框中单击【复制】单选按钮，如图2-46所示。

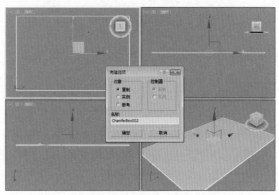

图2-46　设置【克隆选项】

03　单击【确定】按钮，切换至【修改】命令面板中，在【参数】卷展栏中将【长度】、【宽度】、【高度】、【圆角】分别设置为648、998、3、0.5，并在视图中调整其位置，如图2-47所示。

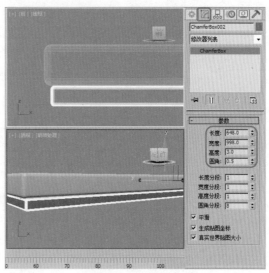

图2-47　修改对象参数

04　在【前】视图中选择最上方的切角长方体，在【前】视图中按住Shift键并沿【Y】轴向下拖动，在弹出的对话框中单击【复制】单选按钮，如图2-48所示。

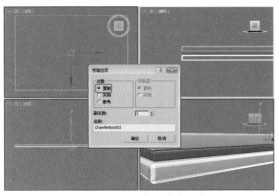

图2-48　设置【克隆选项】

05　设置完成后，单击【确定】按钮，在【参数】卷展栏中将【高度】设置为24，并在视图中调整其位置，效果如图2-49所示。

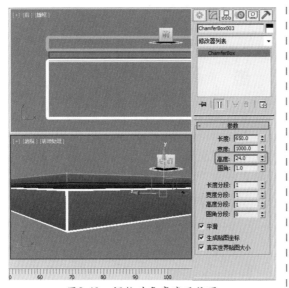

图2-49　调整对象高度及位置

06　在视图中选择除【ChamferBox002】外的其他切角长方体，按M键，在弹出的对话框中选择一个材质样本球，为其指定标准材质，将其命名为【茶几主体】，在【明暗器基本类型】卷展栏中将明暗器类型设置为【（P）Phong】，在【Phong基本参数】卷展栏中将【环境光】的RGB值设置为"238，230，201"，将【自发光】设置为60，在【反射高光】选项组中将【高光级别】、【光泽度】分别设置为98、87，如图2-50所示。

07　在【贴图】卷展栏中将【反射】右侧的【数量】设置为8，单击其右侧的【无】按钮，在弹出的对话框中选择【平面镜】选项，

如图2-51所示。

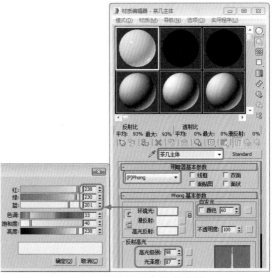

图2-50　设置材质基本参数

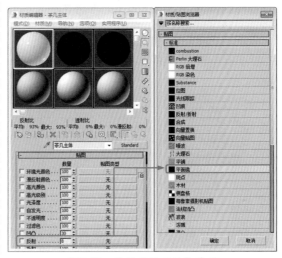

图2-51　选择【平面镜】选项

08　单击【确定】按钮，在【平面镜参数】卷展栏中选中【应用于带ID的面】复选框，如图2-52所示。

09　单击【将材质指定给选定对象】按钮，再在视图中选择中间的切角长方体，在【材质编辑器】对话框中选择一个材质样本球，为其指定标准材质，将其命名为【装饰】，在【Blinn基本参数】卷展栏中将【环境光】的RGB值设置为"32，32，32"，将【自发光】设置为68，在【反射高光】选项组中将【高光级别】、【光泽度】分别设置为100、50，如图2-53所示。

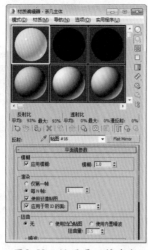

图2-52　设置平面镜参数

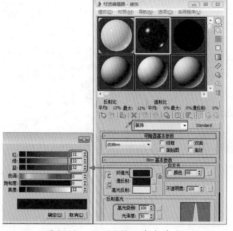

图2-53　设置Blinn基本参数

[10] 在【贴图】卷展栏中将【反射】右侧的【数量】设置为15，并单击其右侧的【无】按钮，在弹出的对话框中选择【平面镜】选项，如图2-54所示。

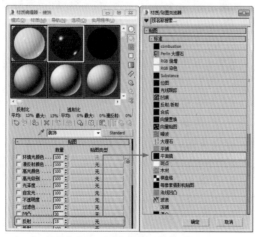

图2-54　选择【平面镜】选项

[11] 单击【确定】按钮，在【平面镜参数】卷展栏中选中【应用于带ID的面】复选框，如图2-55所示。

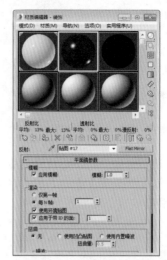

图2-55　设置平面镜参数

[12] 单击【将材质指定给选定对象】按钮，指定完成后，关闭【材质编辑器】对话框，选择【创建】|【图形】|【矩形】工具，在【顶】视图中创建一个矩形，在【参数】卷展栏中将【长度】、【宽度】、【角半径】分别设置为340、50、22，如图2-56所示。

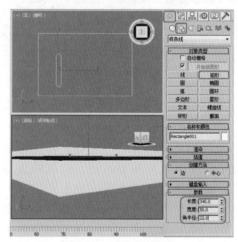

图2-56　创建一个图形

[13] 切换至【修改】命令面板，在修改器下拉列表中选择【挤出】修改器，在【参数】卷展栏中将【数量】设置为279.5，将【分段】设置为3，如图2-57所示。

[14] 确认该对象处于选中状态，右击，在弹出的快捷菜单中选择【转换为】|【转换为可编辑多边形】命令，如图2-58所示。

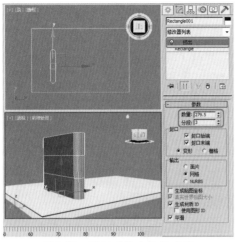

图2-57 添加【挤出】修改器

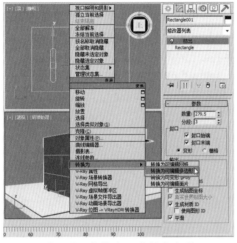

图2-58 转换为可编辑多边形

15 切换至【修改】命令面板，将当前选择集定义为【顶点】，在视图中调整顶点的位置，调整后的效果如图2-59所示。

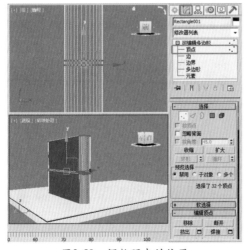

图2-59 调整顶点的位置

16 将当前选择集定义为【多边形】，在视图中选择如图2-60所示的多边形。

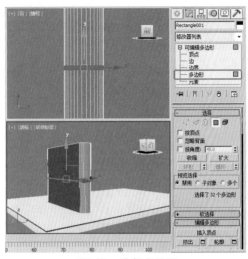

图2-60 选择多边形

17 在【编辑多边形】卷展栏中单击【倒角】右侧的【设置】按钮，将倒角类型设置为【局部法线】，将【高度】、【轮廓】分别设置为－1.7、－1.0，如图2-61所示。

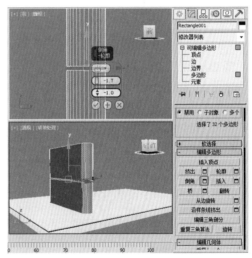

图2-61 设置倒角值

18 设置完成后，单击【确定】按钮，关闭当前选择集，确认该对象处于选中状态，按M键，在弹出的对话框中选择【茶几主体】材质样本球，将该材质指定给选定对象，如图2-62所示。

19 将当前选择集定义为【多边形】，在【材质编辑器】对话框中选择【装饰】材质样本球，将材质指定给选定对象按钮即可，如图2-63所示。

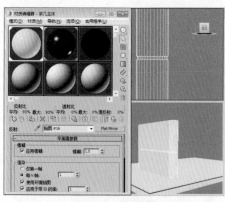

图2-62 指定材质

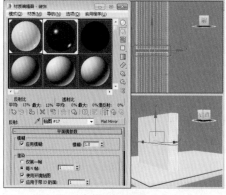

图2-63 选择多边形并指定材质

20 关闭【材质编辑器】对话框，在选中的多边形上右击，在弹出的快捷菜单中选择【转换为】|【转换为可编辑多边形】命令，如图2-64所示。

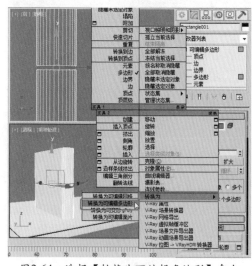

图2-64 选择【转换为可编辑多边形】命令

21 在视图中选择【ChamferBox003】对象，使用【选择并移动】工具在【前】视图中按住Shift键并沿Y轴向下进行移动，在弹出的对话框中单击【复制】单选按钮，如图2-65所示。

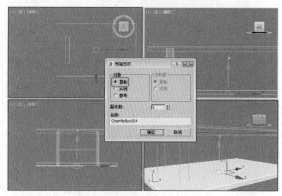

图2-65 设置【克隆选项】

22 设置完成后，单击【确定】按钮，选中复制后的对象，切换至【修改】命令面板，在【参数】卷展栏中将【长度】、【宽度】、【高度】、【圆角】分别设置为500、340、120、2，并在视图中调整其位置，如图2-66所示。

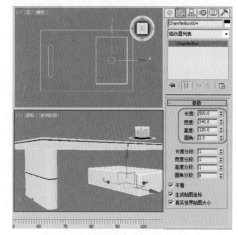

图2-66 调整切角长方体的参数

23 调整完成后，在视图中再对切角长方体进行复制，并调整其参数和位置，效果如图2-67所示。

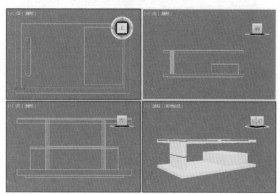

图2-67 复制切角长方体后的效果

24 在视图中选择前面所创建的圆角矩形，在视图中对其进行复制，并调整其位置及大小，调整后的效果如图2-68所示。

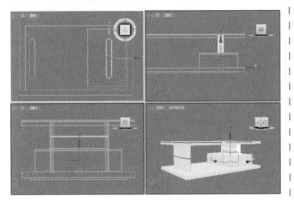

图2-68 复制并调整对象后的效果

25 按8键，在弹出的对话框中选择【环境】选项卡，在【公用参数】卷展栏中单击【环境贴图】下的【无】按钮，在弹出的对话框中选择【位图】选项，如图2-69所示。

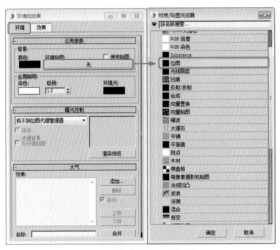

图2-69 选择【位图】选项

26 单击【确定】按钮，在弹出的对话框中选择随书附带光盘中的"CDROM|Map|茶几背景.jpg"贴图文件，如图2-70所示。

27 单击【打开】按钮，按M键，打开【材质编辑器】对话框，在【环境和效果】对话框中选择【环境贴图】下的材质，按住鼠标并将其拖曳至一个新的材质样本球上，在弹出的对话框中单击【实例】单选按钮，如图2-71所示。

28 单击【确定】按钮，在【贴图】卷展栏中将【贴图】设置为【屏幕】，如图2-72所示。

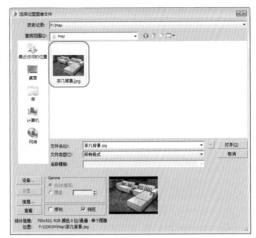

图2-70 选择贴图文件

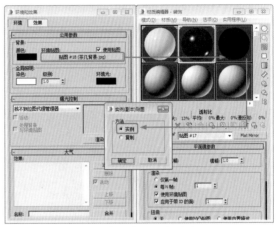

图2-71 单击【实例】单选按钮

图2-72 设置贴图类型

29 关闭【环境和效果】、【材质编辑器】对话框，激活【透视】视图，在菜单栏中单击【视图】按钮，在弹出的下拉列表中选择【视口背景】|【环境背景】命令，如图2-73所示。

图2-73　选择【环境背景】命令

30　选择【创建】|【摄影机】|【目标】工具，在【顶】视图中创建一架摄影机，激活【透视】视图，按C键将其转换为摄影机视图，在其他视图中调整摄影机的位置及角度，效果如图2-74所示。

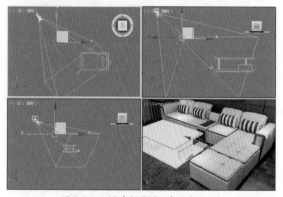

图2-74　创建摄影机并进行调整

31　按Shift+C快捷键将摄影机进行隐藏，选择【创建】|【几何体】|【平面】工具，在【顶】视图中创建一个平面，在【参数】卷展栏中将【长度】、【宽度】分别设置为833、1189，如图2-75所示。

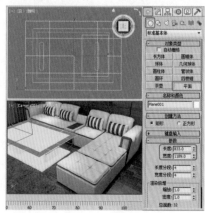

图2-75　创建平面

32　使用【选择并移动】工具在视图中选中创建的平面并右击，在弹出的快捷菜单中选择【对象属性】命令，如图2-76所示。

图2-76　选择【对象属性】命令

33　在弹出的对话框中选择【常规】选项卡，在【显示属性】选项组中单击【按对象】按钮，选中【透明】复选框，如图2-77所示。

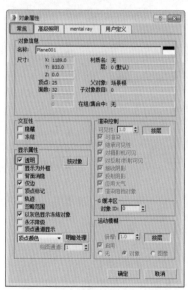

图2-77　勾选【透明】复选框

34　设置完成后，单击【确定】按钮，在视图中调整平面的位置，按M键，在弹出的对话框中选择一个新的材质样本球，单击名称右侧的按钮，在弹出的对话框中选择【无光/投影】选项，如图2-78所示。

35　单击【确定】按钮，单击【将材质指定给选定对象】按钮，关闭【材质编辑器】对话框，选择【创建】|【灯光】|【标准】|【天光】工具，在【顶】视图中创建一个天光，在

【天光参数】卷展栏中勾选【渲染】选项组中的【投射阴影】复选框，如图2-79所示。

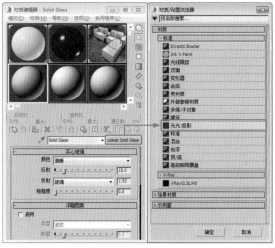

图2-78 选择【无光/投影】选项

图2-79 创建天光

36 在视图中调整灯光的位置，并将001.max素材文件导入至场景中，同时调整其大小及位置，如图2-80所示。

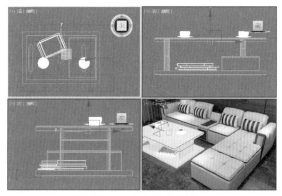

图2-80 合并场景后的效果

37 合并完成后，对完成后的场景进行保存及渲染输出即可。

2.8.2 简约台灯

下面将介绍如何制作简约台灯，其效果如图2-81所示，其具体操作步骤如下。

图2-81 简约台灯

01 新建一个空白场景，选择【创建】|【图形】|【矩形】工具，在【顶】视图中绘制一个矩形，将其命名为【灯具框架】，在【参数】卷展栏中将【长度】、【宽度】都设置为110，如图2-82所示。

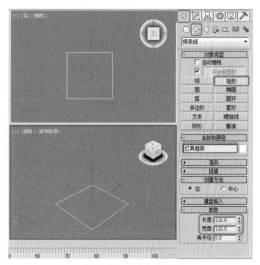

图2-82 创建图形

02 使用【选择并移动】工具选中该矩形，按Ctrl+V快捷键，在弹出的对话框中单击【复制】单选按钮，如图2-83所示。

03 设置完成后，单击【确定】按钮，选中复制后的对象，切换至【修改】命令面板，在【参数】卷展栏中将【长度】、【宽度】都设置为102，如图2-84所示。

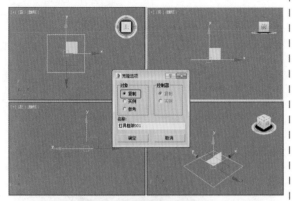

图2-83　设置【克隆选项】

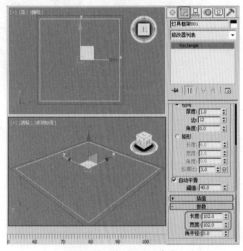

图2-84　修改矩形参数

04　确认该矩形处于选中状态，右击，在弹出的快捷菜单中选择【转换为】|【转换为可编辑样条线】命令，如图2-85所示。

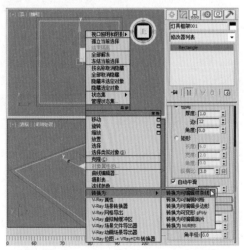

图2-85　选择【转换为可编辑样条线】命令

05　在【几何体】卷展栏中单击【附加】按钮，在视图中选择【灯具框架】，如图2-86所示。

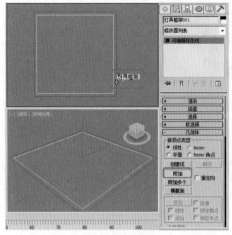

图2-86　附加图形

06　再次单击【附加】按钮以将其关闭，在修改器下拉列表中选择【挤出】修改器，在【参数】卷展栏中将【数量】设置为110，如图2-87所示。

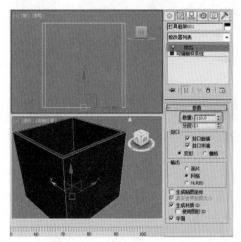

图2-87　添加【挤出】修改器

07　选择【创建】|【几何体】|【长方体】工具，在【前】视图中创建一个长方体，为其指定一种颜色，在【参数】卷展栏中将【长度】、【宽度】、【高度】分别设置为100、100、10，如图2-88所示。

08　使用【选择并移动】工具调整该对象的位置，激活【顶】视图，在工具栏中单击【镜像】按钮，在弹出的对话框中单击【镜像轴】选项组中的【Y】单选按钮，将【偏移】设置为100，在【克隆当前选择】选项组中单击【复制】单选按钮，如图2-89所示。

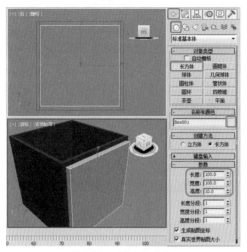

图2-88 创建长方体

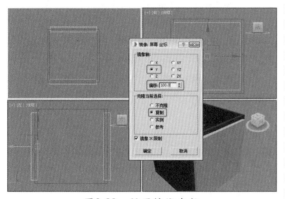

图2-89 设置镜像参数

09 设置完成后，单击【确定】按钮，在视图中选中两个长方体，在工具栏中右击【角度捕捉切换】按钮，在弹出的对话框中将【角度】设置为90，将其关闭，按A键打开角度捕捉开关，在工具箱中单击【选择并旋转】工具，在【顶】视图中按住Shift键并沿Z轴旋转90度，如图2-90所示。

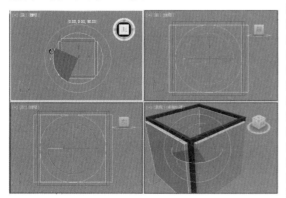

图2-90 旋转对象

10 在弹出的对话框中单击【复制】单选按钮，单击【确定】按钮，按A键关闭捕捉开关，选择任意一个长方体，右击，在弹出的快捷菜单中选择【转换为】|【转换为可编辑多边形】命令，如图2-91所示。

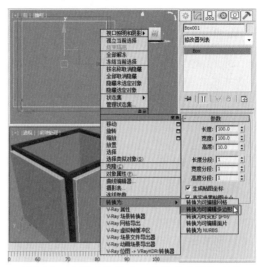

图2-91 选择【转换为可编辑多边形】命令

11 切换至【修改】命令面板中，在【编辑几何体】卷展栏中单击【附加】按钮，在视图中选择所有的长方体，如图2-92所示。

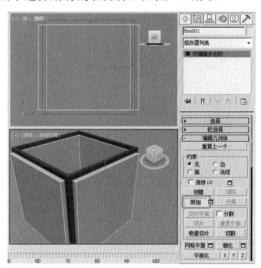

图2-92 附加对象

12 再次单击【附加】按钮以将其关闭，在视图中选择【灯具框架001】对象，选择【创建】|【几何体】|【复合对象】|【布尔】工具，在【拾取布尔】卷展栏中单击【拾取操作对象B】按钮，在视图中拾取附加后的长方体，如图2-93所示。

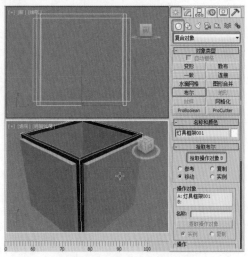

图2-93　拾取布尔对象

13　选择【创建】|【几何体】|【长方体】工具，在【顶】视图中创建一个长方体，将其命名为【底座001】，为其指定一种颜色，在【参数】卷展栏中将【长度】、【宽度】、【高度】分别设置为102、102、0.5，如图2-94所示。

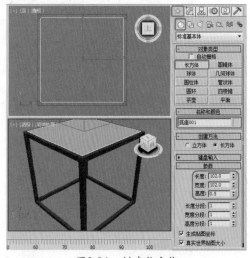

图2-94　创建长方体

14　在视图中调整其位置，选择【创建】|【几何体】|【扩展基本体】|【切角圆柱体】工具，在【顶】视图中创建一个切角圆柱体，将其命名为【底座002】，在【参数】卷展栏中将【半径】、【高度】、【圆角】、【圆角分段】、【边数】分别设置为26、5、0.5、12、24，如图2-95所示。

15　选中切角圆柱体，对其进行复制，并调整其半径及位置，效果如图2-96所示。

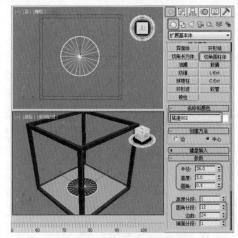

图2-95　创建切角圆柱体

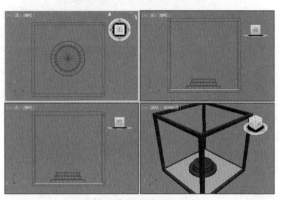

图2-96　复制并调整其位置

16　按Ctrl+A快捷键，按M键，在弹出的对话框中选择一个新的材质样本球，为其指定一种标准材质，在【Blinn基本参数】卷展栏中将【环境光】的RGB值设置为"255，255，255"，将【自发光】中的【颜色】设置为43，在【反射高光】选项组中将【高光级别】、【光泽度】分别设置为108、74，如图2-97所示。

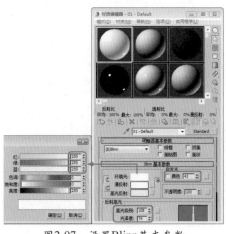

图2-97　设置Blinn基本参数

17 在【贴图】卷展栏中将【反射】右侧的【数量】设置为10，单击其右侧的【无】按钮，在弹出的对话框中选择【位图】选项，如图2-98所示。

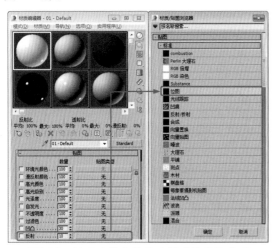

图2-98 设置反射参数并选择【位图】选项

18 单击【确定】按钮，在弹出的对话框中选择随书附带光盘中的"CDROM|Map 003.tif"位图文件，如图2-99所示。

图2-99 选择位图文件

19 单击【打开】按钮，在【坐标】卷展栏中单击【纹理】单选按钮，取消选中的【使用真实世界比例】复选框，将【瓷砖】下的【U】、【V】都设置为1，如图2-100所示。

20 设置完成后，单击【将材质指定给选定对象】按钮，关闭【材质编辑器】对话框，选择【创建】|【几何体】|【标准基本体】|【球体】工具，在【顶】视图中创建一个球体，将其命名为【灯泡】，在【参数】卷展栏中将【半径】设置为14，如图2-101所示。

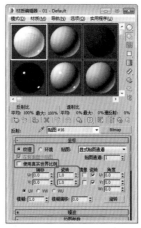

图2-100 设置坐标参数

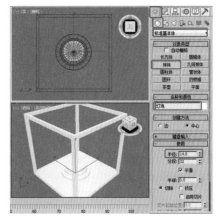

图2-101 创建球体

21 在视图中调整球体对象的位置，按M键，在弹出的对话框中选择一个新的材质样本球，为其指定一种标准材质，将其命名为【灯】，在【Blinn基本参数】卷展栏中将【环境光】的RGB值设置为"255，255，247"，将【自发光】中的【颜色】设置为100，如图2-102所示。

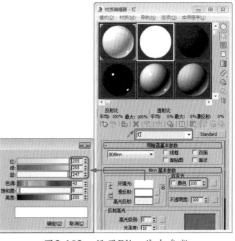

图2-102 设置Blinn基本参数

22 在【贴图】卷展栏中单击【漫反射】右侧的【无】按钮，在弹出的对话框中选择【渐变坡度】选项，如图2-103所示。

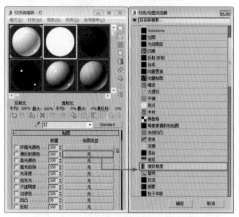

图2-103　选择【渐变坡度】选项

23 单击【确定】按钮，在【坐标】卷展栏中取消选中【使用真实世界比例】复选框，将【瓷砖】下的【U】、【V】都设置为1，在【渐变坡度参数】卷展栏中将左侧的色块的RGB值设置为"255，246，188"，将位置50处的色块的RGB值设置为"255，255，255"，将【渐变类型】设置为【径向】，如图2-104所示。

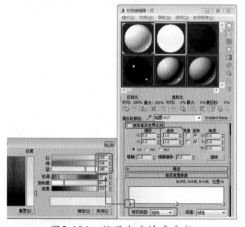

图2-104　设置渐变坡度参数

24 设置完成后，将材质指定给选定对象，关闭【材质编辑器】对话框，选择【创建】|【几何体】|【长方体】工具，在【顶】视图中创建一个长方体，将其命名为【灯罩】，在【参数】卷展栏中将【长度】、【宽度】、【高度】分别设置为102、102、101，如图2-105所示。

25 在视图中调整该对象的位置，按M键，在弹出的对话框中选择一个新的材质样本球，为其指定一种标准材质，将其命名为【灯

罩】，在【Blinn基本参数】卷展栏中将【环境光】的RGB值设置为"252，245，249"，将【自发光】中的【颜色】设置为49，将【不透明度】设置为90，如图2-106所示。

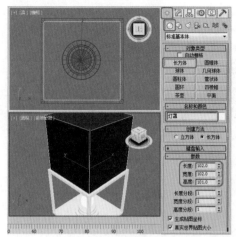

图2-105　创建长方体

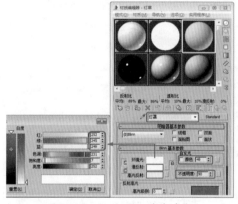

图2-106　设置Blinn基本参数

26 将设置完成后的材质指定给选定对象，使用同样的方法创建其他对象，并根据前面所介绍的方法为对象添加摄影机以及灯光等，效果如图2-107所示。

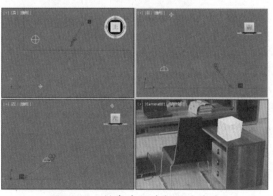

图2-107　创建其他对象后的效果

第3章　材质与贴图

3.1　材质概述

　　材质的制作是一个相对复杂的过程，也是3ds Max中的难点之一。材质就是指对真实物体视觉效果的模拟，这种视觉效果通过颜色、质感、反射、透明度、自发光、表面粗糙程度、纹理结构等诸多要素显示出来。而这些视觉要素都可以在3ds Max中用相应的参数来进行设置，各项要素的变化和组合使物体呈现出不同的视觉特性。

　　在3ds Max中制作的三维对象本身不具备任何表面特征，通过设置材质的颜色、光泽度和自发光等基本参数，能够简单地模拟出物体的表面特性，但除此之外还应具有一定的纹理或特征，因此材质还包含有多种贴图通道，通过在贴图通道中设置不同类型的贴图，可以创作出千变万化的材质，也更加真实地模拟出物体的表面特征。

3.2　材质编辑器与材质/贴图浏览器

　　【材质编辑器】对话框是3ds Max中重要的组成部分之一，使用它可以定义、创建和使用材质，通过材质编辑器可以将没有生命的几何体模型转变成栩栩如生的现实中的对象，甚至那些只能想象而在现实中不存在的物体都能够在3ds Max中活灵活现地展现出来。

　　【材质/贴图浏览器】对话框提供全方位的材质和贴图浏览选择功能。

　　下面将分别对【材质编辑器】和【材质/贴图浏览器】对话框进行介绍。

3.2.1　材质编辑器

　　从整体上看，【材质编辑器】可以分为菜单栏、材质示例窗、工具按钮（又分为工具栏和工具列）以及参数控制区4大部分，如图3-1所示。

1.　菜单栏

　　菜单栏位于【材质编辑器】的顶端，这些菜单命令与【材质编辑器】中的图标按钮作用相同。

　　【模式】菜单中的命令用于控制材质编辑器的显示模式。

　　【材质】菜单如图3-2所示。

图3-1　【材质编辑器】对话框

图3-2　【材质】菜单

- 获取材质：与【获取材质】按钮 ![icon] 的功能相同，用于显示材质/贴图浏览器，利用它可以选择材质或贴图。

- 从对象选取：与【从对象拾取材质】按钮 ![icon] 的功能相同，可以从场景中的一个对象中选择材质。

- 按材质选择：与【按材质选择】按钮 ![icon] 的功能相同，可以基于【材质编辑器】对话框中的活动材质选择对象。

- 在ATS对话框中高亮显示资源：如果活动材质使用的是已跟踪的资源（通常为位图纹理）的贴图，则打开【资源跟踪】对话框，同时资源以高亮显示。

- 指定给当前选择：与【将材质指定给选定对象】按钮 ![icon] 的功能相同，可将活动示例窗中的材质应用于场景中当前选定的对象。

- 放置到场景：与【将材质放入场景】按钮 ![icon] 的功能相同，在编辑材质之后更新场景中的材质。

- 放置到库：与【放入库】按钮 ![icon] 的功能相同，可以将选定的材质添加到当前库中。

- 更改材质/贴图类型：用于改变当前材质/贴图的类型。

- 生成材质副本：与【生成材质副本】按钮 ![icon] 的功能相同。

- 启动放大窗口：等同于双击活动示例窗或在当前示例窗中右击，在弹出的快捷菜单中选择【放大】命令。

- 另存为.FX文件：用于将活动材质另存为FX类型的文件。

- 生成预览：与【生成预览】按钮 ![icon] 的功能相同，显示【创建材质预览】对话框，创建动画材质的AVI类型的文件。

- 查看预览：与【播放预览】按钮 ![icon] 的功能相同，该按钮位于【生成预览】按钮的子列表中。

- 保存预览：与【保存预览】按钮 ![icon] 的功能相同，该按钮位于【生成预览】按钮的子列表中。

- 显示最终结果：与【显示最终结果】按钮 ![icon] 的功能相同，用于在示例窗中显示最终结果或只显示材质的当前层级。

- 视口中的材质显示为：与【在视口中显示标准贴图】按钮 ![icon] 的功能相同。

- 重置示例窗旋转：恢复示例窗中示例球默认的角度方位，与右击活动示例窗所弹出的快捷菜单中的【重置旋转】命令的作用相同。

- 更新活动材质：更新当前材质。

【导航】菜单如图3-3所示。

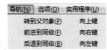

图3-3　【导航】菜单

- 转到父对象（P）向上键：与【转到父对象】按钮 ![icon] 的功能相同，可以在当前材质中向上移动一个层级。

- 前进到同级（F）向右键：与【转到下一个同级项】按钮的功能相同，移动到当前材质中相同层级的下一个贴图或材质。

- 后退到同级（B）向左键：与【转到下一个同级项】按钮的功能相反，可以返回前一个同级材质。

【选项】菜单如图3-4所示。

图3-4　【选项】菜单

- 将材质传播到实例：选择该选项后，当前的材质球中的材质将指定给场景中所有互相具有属性的对象，如果没有选择该选项，则当前材质球中的材质只指定给选择的对象。

- 手动更新切换：与【材质编辑器选项】中的【手动更新】复选框功能相同。

- 复制/旋转 拖动模式切换：相当于右击活动示例窗所弹出的快捷菜单中的【拖动/复制】命令或【拖动/旋转】命令。

- 背景：与【背景】按钮 ![icon] 的功能相同，启用背景并将多颜色的方格背景添加到活动示例窗中。

- ▶ 自定义背景切换：设置是否显示自定义背景。

- ▶ 背光：与【背光】按钮 的功能相同，启用【背光】并将背光添加到活动示例窗中。

- ▶ 循环3×2、5×3、6×4示例窗：与右击活动示例窗所弹出的快捷菜单中的【3×2示例窗】、【5×3示例窗】、【6×4示例窗】选项相似，可以在3种材质球示例窗模式间循环切换。

- ▶ 选项：与【选项】按钮 的功能相同，会弹出图3-5所示的【材质编辑器选项】对话框，主要是控制有关编辑器自身的属性。

图3-5 【材质编辑器选项】对话框

【实用程序】菜单如图3-6所示。

图3-6 【实用程序】菜单

- ▶ 渲染贴图：与右击活动示例窗所弹出的快捷菜单中的【渲染贴图】命令的作用相同。

- ▶ 按材质选择对象：与【按材质选择】按钮 的功能相同。

- ▶ 清理多维材质：对多维/子对象材质进行分

析，显示场景中所有包含未分配任何材质ID的子材质，可以让用户选择删除任何未使用的子材质，然后合并多维子对象材质。

- ▶ 实例化重复的贴图：在整个场景中查找具有重复"位图"贴图的材质。如果场景中有不同的材质使用了相同的纹理贴图，那么创建实例将会减少在显卡上的重复加载，从而提高显示的性能。

- ▶ 重置材质编辑窗口：用默认的材质类型替换材质编辑器中的所有材质。

- ▶ 精简材质编辑器窗口：将【材质编辑器】中所有未使用的材质设置为默认类型，只保留场景中的材质，并将这些材质移动到材质编辑器的第一个示例窗中。

- ▶ 还原材质编辑器窗口：在使用前两个命令之一时，3ds Max将【材质编辑器】的当前状态保存在缓冲区中，使用此命令可以利用缓冲区的内容还原编辑器的状态。

2. 材质示例窗

材质示例窗用来显示材质的调节效果，共有24个示例球。当调节参数时，其效果会立刻反映到示例球上，用户可以根据示例球的显示来判断材质的效果。示例窗可以变小或变大。示例窗的内容不仅可以是球体，还可以是其他几何体，包括自定义的模型；示例窗的材质可以直接拖动到对象上进行指定。

在示例窗中，窗口都以黑色边框显示，如图3-7中的左图所示。当前正在编辑的材质所在的窗口称为活动示例窗，它具有白色边框，如图3-7右图所示。如果要对材质进行编辑，首先要在其示例窗上单击，将其激活。

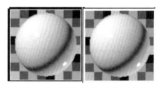

图3-7 未激活与激活的示例窗

对于示例窗中的材质，有一种同步材质的概念，当一个材质指定给场景中的对象，它便成为了同步材质。其特征是四角有三角形标记，如果对同步材质进行编辑操作，场景中的对象也会随之发生变化，不需要再进行重新指定。图3-8所示为将材质指定给对象后，激活与未激活该示例窗的效果。

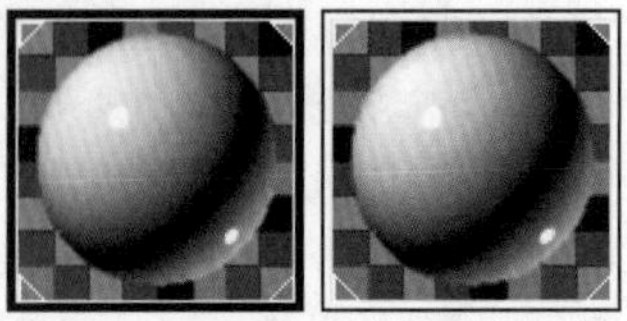

图3-8　将材质指定给对象后的效果

示例窗中的材质可以方便地执行拖动操作，从而进行各种复制和指定活动。将一个材质窗口拖动到另一个材质窗口之上，释放鼠标，即可将它复制到新的示例窗中。对于同步材质，复制后会产生一个新的材质，它已不属于同步材质，因为同一种材质只允许有一个同步材质出现在示例窗中。

材质和贴图的拖动是针对软件内部的全部操作而言的，拖动的对象可以是示例窗、贴图按钮或材质按钮等，它们分布在材质编辑器、灯光设置、环境编辑器、贴图置换命令面板以及资源管理器中，相互之间都可以进行拖动操作。作为材质，还可以直接将其拖动到场景中的对象上，进行快速指定。

在激活的示例窗中单击鼠标右键，可以弹出一个右键快捷菜单，如图3-9所示。右键快捷菜单中各个选项的说明如下。

图3-9　右键快捷菜单

▶ 拖动/复制：这是默认的设置模式，支持示例窗中的拖动复制操作。

▶ 拖动/旋转：这是一个非常有用的工具，选择该选项后，在示例窗中拖动鼠标，可以转动示例球，便于观察其他角度的材质效果。图3-10所示为旋转示例窗的效果。

▶ 重置旋转：恢复示例窗中默认的角度方位。

▶ 渲染贴图：只对当前贴图层级的贴图进行渲染，可以渲染为静态或动态图像。如果是材质层级，那么该项不被启用。当选择

该选项后会弹出【渲染贴图】对话框，如图3-11所示。

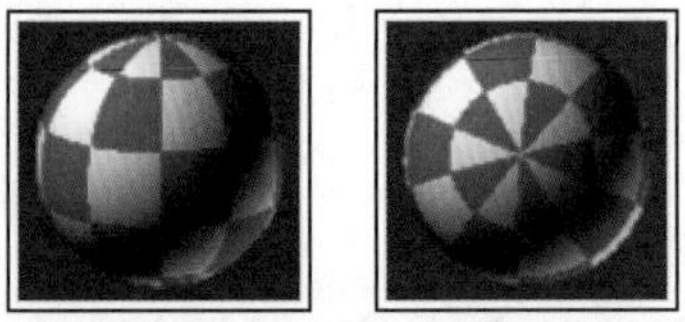

图3-10　旋转后的示例窗效果

图3-11　【渲染贴图】对话框

▶ 选项：与选择【选项】菜单中的【选项】命令的作用相同，会弹出【材质编辑器选项】对话框。

▶ 放大：可以将当前材质以一个放大的示例窗显示，它独立于材质编辑器，以浮动框的形式存在，这有助于更清楚地观察材质效果，每一个材质只允许有一个放大窗口，最多可同时打开24个放大窗口。通过拖动它的四角可以任意放大其尺寸。

▶ 3×2示例窗、5×3示例窗、6×4示例窗：用来设计示例窗中各示例小窗的显示布局，材质示例窗中一共有24个小窗口，当以6×4方式显示时，它们可以完全显示出来，只是比较小；如果以5×3或3×2方式显示，可以手动拖动窗口，显示出隐藏在内部的其他示例窗。示例窗的不同显示方式如图3-12所示。

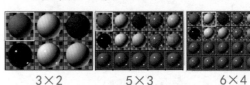

3×2　　　　　5×3　　　　　6×4

图3-12　示例窗的不同显示方式

示例窗中的示例样本是可以更改的。3ds Max提供了球体、柱体和立方体3种基本示例样本。这对大多数材质来讲已经足够了，不过在

此处3ds Max做了一个开放性的设置，允许指定一个特殊的造型作为示例样本，可以参照下面的步骤进行操作。

01　在场景中先制作一个简单的模型，如图3-13所示，对场景进行保存。

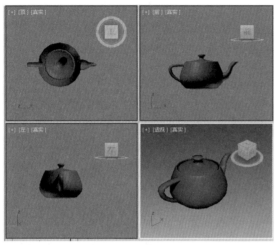

图3-13　制作的模型

02　按M键，打开【材质编辑器】对话框，在该对话框中单击【选项】按钮，打开【材质编辑器选项】对话框，在【自定义采样对象】组中单击【文件名】后的长条按钮，在弹出的【打开文件】对话框中选择刚才保存的场景文件，单击【打开】按钮，如图3-14所示。

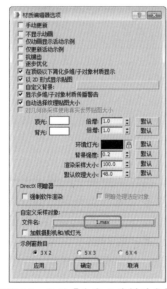

图3-14　设置【自定义采样对象】

03　单击【确定】按钮，返回到【材质编辑器】对话框，单击【采样类型】按钮且不松开鼠标左键，在弹出的子菜单中单击按钮按

钮，当前示例窗中的样本就变成了指定的物体样式，如图3-15所示。

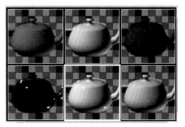

图3-15　选择【采样类型】

3.　工具栏

示例窗的下面是工具栏，可以用来控制各种材质，工具栏上的按钮大多用于材质的指定、保存和层级跳跃。

工具栏下面是材质的名称，材质的命名很重要，对于多层级的材质，在此处可以快速地进入其他层级的材质。右侧是一个【类型】按钮，单击该按钮可以打开【材质/贴图浏览器】对话框，工具栏如图3-16所示。

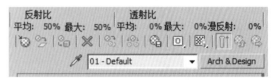

图3-16　工具栏

➤ 【获取材质】按钮：单击该按钮，可以打开【材质/贴图浏览器】对话框。在该对话框中可以进行材质和贴图的选择，也可以调出材质和贴图，从而进行编辑修改。对于【材质/贴图浏览器】对话框，可以在不同地方将它打开，不过它们在使用上也是有区别的。

➤ 【将材质放入场景】按钮：在编辑完材质之后将它重新应用到场景中的对象上，允许使用这个按钮是有条件的：首先在场景中有对象的材质与当前编辑的材质同名，其次当前材质不属于同步材质。

一般在初步完成材质的制作后会指定给对象，此时它变为同步材质，如果需要对其修改，且又不丢失目前的材质设置，这时可以拖动并复制一个非同步重命名材质，对它进行编辑，然后单击【将材质指定给选定对象】按钮，可以将它重新指定给对象，它本身也变成同步材质。

► 【将材质指定给选定对象】按钮🔗：将当前激活示例窗中的材质指定给场景中当前选择的对象，同时此材质会变为一个同步材质。贴图材质被指定后，如果对象还未进行贴图坐标的指定，在最后渲染时也会自动进行坐标指定，如果单击【在视口中显示标准贴图】按钮🔲，则在视图中可以看到贴图效果，同时也会自动进行坐标指定。

如果在场景中已有一个同名的材质存在，那么在指定材质时会弹出一个【指定材质】对话框，如图3-17所示。

图3-17 【指定材质】对话框

► 将其替换：会以新的材质代替旧的同名材质。

► 重命名该材质：将当前材质更改为另一个名称。如果要重新进行名称指定，可以在【名称】文本框中输入。

► 【重置贴图/材质为默认设置】按钮❌：对当前示例窗的编辑项目进行重新设置，即全部材质/贴图的设置都将丢失；如果处在贴图层级，将恢复为最初始的贴图设置；如果当前材质为同步材质，则单击此按钮将弹出【重置材质/贴图参数】对话框，如图3-18所示。在该对话框中选择第一个单选按钮会影响场景中的所有对象，但仍保持为同步材质。选择第二个单选按钮只影响当前示例窗中的材质，变为非同步材质。

图3-18 【重置材质/贴图参数】对话框

► 【生成材质副本】按钮🔗：该按钮只针对同步材质起作用。单击该按钮，会将当前同步材质复制成一个相同参数的非同步材质，并且名称相同，以便在编辑时不影响场景中的对象。

► 【使唯一】按钮🔗：这个按钮可以将贴图关联复制为一个独立的贴图，也可以将一个关联子材质转换为独立的子材质，并对子材质重新命名。通过单击该按钮，可以避免在对【多维/子对象】材质中的顶级材质进行修改时，影响到与其相关联的子材质，起到保护子材质的作用。

► 【放入库】按钮🔗：单击该按钮，会将当前材质保存到当前的材质库中，这个操作会直接影响到磁盘，该材质会永久保留在材质库中，关机后也不会丢失。单击该按钮后会弹出【放置到库】对话框，在此对话框中可以确认材质的名称，如图3-19所示。如果名称与当前材质库中的某个材质重名，则单击【确定】按钮后会弹出【材质编辑器】提示框，单击【是】按钮，系统会以新的材质覆盖原有材质，单击【否】按钮，则不进行保存操作。

图3-19 【放置到库】对话框

► 【材质ID通道】🔲：通过材质的特效通道可以在Video Post视频合成器和Effects特效编辑器中为材质指定特殊效果。例如要制作一个发光效果，可以让指定的对象发光，也可以让指定的材质发光。如果要让对象发光，则需要在对象的属性设置框中设置对象通道；如果要让材质发光，则需要通过此按钮来指定材质特效通道。单击此按钮且不松开鼠标左键，可展开一个通道选项，这里有15个通道可供选择。选择好通道后，在Video Post视频合成器中加入发光过滤器，在发光过滤器的设置中通过设置【材质ID】与材质编辑器中相同的通道号码，即可对此材质进行发光处理。

在Video Post视频合成器中只识别材质ID号，所以如果两个不同材质指定了相同的材质特效通道，都会一同进行特技处理，由于这里有15个通道，表示一个场景中只允许有15个不同材质的不同发光效果，如果发光效果相同，不同的材质也可以设置为同一材质特效通道，以便在Video Post视频合成器中的制作更为简单。0通道表示不使用特效通道。

▶ 【在视口中显示明暗处理贴图】按钮：在贴图材质的贴图层级中此按钮可用，单击该按钮，可以在场景中显示出材质的贴图效果。如果是同步材质，对贴图的各种设置调节也会同步影响场景中的对象，这样就可以很轻松地进行贴图材质的编辑工作。

虽然即时贴图显示对制作带来了便利，但也为系统增添了负担。如果场景中有很多对象存在，最好不要显示太多的即时贴图，不然会降低显示速度。如果用户的电脑中安装的显卡支持OpenGL或Direct3D显示驱动，那么可以在视图中显示多维复合贴图材质，包括【合成】和【混合】贴图。HEIDI driver（Software Z Buffer）驱动不支持多维复合贴图材质的即时贴图显示。

▶ 【显示最终结果】按钮：此按钮是针对多维材质或贴图材质等具有多个层级嵌套的材质作用的，在子层级中单击该按钮，将会显示出最终材质的效果（也就是顶级材质的效果），松开该按钮会显示当前层级的效果。

对于贴图材质，系统默认为启用状态，进入贴图层级后仍可看到最终的材质效果。对于多维材质，系统默认为禁用状态，以便进入子级材质后，可以看到当前层级的材质效果，这有利于对每一个级别材质的调节。

▶ 【转到父对象】按钮：向上移动一个材质层级，只在复合材质的子层级有效。

▶ 【转到下一个同级项】按钮：如果处在一个材质的子级材质中，并且还有其他子级材质，此按钮有效，可以快速移动到另一个同级材质中。例如，在一个多维子对象材质中，有两个子级对象材质层级，进入一个子级对象材质层级后，单击此按钮，即可跳入另一个子级对象材质层级中，对于多维贴图材质也适用。例如，同时有【反射】贴图和【凹凸】贴图的材质，在【反射】贴图层级中单击此按钮，可以直接进入【凹凸】贴图层级。

▶ 【从对象拾取材质】按钮：单击该按钮后，可以在场景中某一对象上获取其所附的材质，这时鼠标箭头会变为一个吸管，在有材质的对象上单击，即可将材质选择到当前示例窗中，并且变为同步材质，这是一种从场景中选择材质的好方法。

▶ 【材质名称编辑框】 01 - Default ：用于输入当前材质的名称，作用是显示并修改当前材质或贴图的名称，在同一个场景中，不允许有同名材质存在。

▶ 【类型】按钮 Arch & Design ：这是一个非常重要的按钮，通过它可以打开【材质/贴图浏览器】对话框，从中可以选择各种材质或贴图类型。如果当前处于材质层级，则只允许选择材质类型；如果处于贴图层级，则只允许选择贴图类型。选择后该按钮会显示当前的材质或者贴图类型名称。

在此处如果选择了一个新的混合材质或贴图，则会弹出【替换材质】对话框，如图3-20所示。如果选择【丢弃旧材质】单选按钮，将会丢失当前材质的设置，从而产生一个全新的混合材质；如果选择【将旧材质保存为子材质】单选按钮，则会将当前材质保留，以此作为混合材质中的一个子级材质。

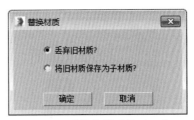

图3-20 【替换材质】对话框

4. 工具列

材质示例窗的右侧是工具列，在工具列中

的某些按钮还包含有子工具列表，工具列如图 3-21所示。

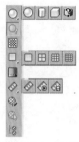

图3-21　工具列

- 【采样类型】按钮○：用于控制示例窗中样本的形态，包括球体、柱体、立方体和自定义形体。
- 【背光】按钮○：为示例窗中的样本增加一个背光效果，有助于金属材质的调节。
- 【背景】按钮▦：为示例窗增加一个彩色方格背景，主要用于调节透明材质和不透明贴图效果，选择菜单栏中的【选项】|【选项】命令，在弹出的【材质编辑器选项】对话框中单击【自定义背景】右侧的长条按钮，在打开的【选择背景位图文件】对话框中选择一个图像，然后单击【打开】按钮即可，返回到【材质编辑器选项】对话框，如图3-22所示。然后单击【确定】按钮，如果没有正常显示背景，可以在工具列中单击【背景】按钮，效果如图3-23所示。

图3-22　选择【自定义背景】

图3-23　指定背景后的效果

- 【采样UV平铺】按钮▢：用来测试贴图的重复效果，但只改变示例窗中的显示，并不对实际的贴图产生影响，其中包括几个重复级别，效果如图3-24所示。

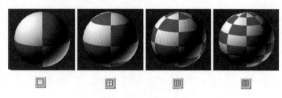

图3-24　【采样UV平铺】

- 【视频颜色检查】按钮▦：用于检查材质表面色彩是否超过视频限制，对于NTSC和PAL制视频色彩饱和度有一定限制，如果超过这个限制，颜色转化后会变模糊，所以要尽量避免发生这种情况。不过单纯从材质避免着手还是不够的，最后渲染的效果还决定于场景中的灯光，通过渲染控制器中的视频颜色检查可以控制最后渲染图像是否超过限制。比较安全的做法是将材质色彩的饱和度降低在85%以下。
- 【生成预览】按钮◈：用于制作材质动画的预览效果，对于进行了动画设置的材质，可以使用它来实时观看动态效果，单击该按钮会弹出【创建材质预览】对话框，如图3-25所示。

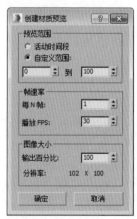

图3-25　【创建材质预览】对话框

- 【预览范围】选项组：设置动画的渲染区段。预览范围又分为【活动时间段】和【自定义范围】两部分。选择【活动时间段】单选按钮，可以将当前场景的活动时间段作为动画渲染的区段；选择【自定义范围】单选按钮，可以通过下面的文本框指定动画的区域，确定预览范围几帧到第几帧。

- 【帧速率】选项组：设置渲染和播放的速度。在【帧速率】选项组中包含【每N帧】和【播放FPS】。【每N帧】用于设置预览动画间隔几帧进行渲染；【播放FPS】用于设置预览动画播放时的速率，N制为30帧/秒，PAL制为25帧/秒。

- 【图像大小】选项组：设置预览动画的渲染尺寸。在【输出百分比】文本框中可以通过输入百分比数值来调节动画的尺寸。

▶ 【播放预览】按钮：启动多媒体播放器，播放预览动画。

▶ 【保存预览】按钮：将刚才完成的预览动画以avi格式进行保存。

▶ 【选项】按钮：与选择【选项】菜单栏中【选项】命令的作用相同，可以弹出【材质编辑器选项】对话框。

▶ 【按材质选择】按钮：这是一种通过当前材质选择对象的方法，可以将场景中全部附有该材质的对象一同选择（不包括隐藏和冻结的对象）。单击此按钮，打开【选择对象】对话框，全部附有该材质的对象名称都会显示在这里，单击【选择】按钮即可将它们一同选择。

▶ 【材质/贴图导航器】按钮：单击该按钮会弹出【材质/贴图导航器】对话框，该对话框是一个可以提供材质、贴图层级或复合材质子材质关系快速导航的浮动对话框。用户可以通过在导航器中单击材质或贴图的名称来快速实现对材质层级操作。反过来，用户在材质编辑器中的当前操作层级，也会反映在导航器中。在导航器中，当前所在的材质层级会以高亮度来显示。如果在导航器中单击一个层级，材质编辑器中也会直接跳到该层级，这样就可以快速地进入每一层级中并进行编辑操作了。用户可以直接从导航器中将材质或贴图拖曳到材质球上。

在这里提供了4种显示方式，分别为【查看列表】、【查看列表+图标】、【查看

小图标】和【查看大图标】，显示效果如图3-26所示。在导航器中，全部材质和贴图同样可以使用拖动复制的方法进行复制。

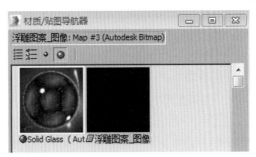

图3-26　显示方式

3.2.2　材质/贴图浏览器

3ds Max中的30多种贴图按照用法、效果等可以划分为2D贴图、3D贴图、合成器、颜色修改器、其他5大类。不同的贴图类型作用于不同的贴图通道，其效果也大不相同，这里着重讲解一些最常用的贴图类型。在材质编辑器的【贴图】卷展栏中单击任意一个贴图通道按钮，都会弹出贴图对话框。下面来介绍一下【材质/贴图浏览器】对话框，如图3-27所示。

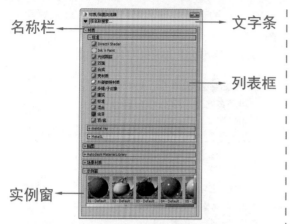

名称栏

文字条

列表框

实例窗

图3-27 【材质/贴图浏览器】对话框

1. 材质/贴图浏览器功能区域

浏览并选择材质或贴图，双击选项后它会直接进入当前活动的示例窗中，也可以通过拖动复制操作将它们拖动到允许复制的地方。

▶ 按名称搜索框：位于浏览器正上方的一个文本框，用于快速搜索材质和贴图，例如在其中输入"玻璃"，就会显示出以玻璃开头的所有材质。

▶ 【材质/贴图浏览器选项】按钮：位于【按名称搜索框】右侧，单击该按钮将显示【材质/贴图浏览器选项】菜单。

▶ 材质/贴图列表：主要包括材质和贴图的可滚动列表，此列表中又包含有若干个可展开或折叠的组。

2. 列表显示方式

在【材质/贴图列表】中任意组的标题栏上单击鼠标右键，在弹出的快捷菜单中选择【将组（和子组）显示为】命令，在弹出的子菜单中提供了5种列表显示类型，如图3-28所示。

图3-28 列表显示方式菜单

▶ 小图标：以小图标方式显示，并在图标下显示其名称，当鼠标停留于材质或贴图之上时，也会显示它的名称。

▶ 中等图标：以中等图标方式显示，并在图标下显示其名称，当鼠标停留于材质或贴图之上时，也会显示它的名称。

▶ 大图标：以大图标方式显示，并在图标下显示其名称，当鼠标停留于材质或贴图之上时，也会显示它的名称。

▶ 图标和文本：在文字方式显示的基础上，增加了小的彩色图标，可以近似地观察材质或贴图的效果。

▶ 文本：以文字方式显示。

3. 【材质/贴图浏览器选项】按钮

在【材质/贴图浏览器】对话框的左上角有一个按钮 ，单击该按钮会弹出一个菜单，下面将对此下拉菜单中常用的选项进行介绍。

▶ 新组：可以创建一个新组，在新组的名称栏上右击即可对新组进行设置。

▶ 新材质库：可创建一个新的材质库，在新材质库的名称上右击即可对新材质库进行设置。

▶ 打开材质库：从材质库中获取材质和贴图，允许调入.mat或.max格式的文件。.mat是专用材质库文件，.max是一个场景文件，它会将该场景中的全部材质调入。

▶ 材质：选中该选项后，可在列表框中显示出材质组。

▶ 贴图：选中该选项后，可在列表框中显示出贴图组。

▶ 示例窗：选中该选项后，可在列表框中显示出示例窗口。

▶ Autodesk Material Library：选中该选项后，可在列表框中显示Autodesk Material Library材质库。

▶ 场景材质：选中该选项后，可在列表框中显示出场景材质组。

▶ 显示不兼容：选中该选项后，可在列表框中显示出与当前活动渲染器不兼容的条目。

▶ 显示空组：选中该选项后，即使是空组也会显示出来。

▶ 附加选项：选中该选项后，会弹出一个子菜单，其中包括【重置材质/贴图浏览器】、【清除预览缩略图缓存】、【加载布局】和【保存布局为】选项，用户可根据自己的需要进行设置。

3.3　标准材质

　　标准材质类型为表面建模提供了非常直观的方式。在现实世界中，表面的外观取决于它如何反射光线。在3ds Max中，标准材质用来模拟对象表面的反射属性，在不使用贴图的情况下，标准材质为对象提供了单一均匀的表面颜色效果。

　　即使是【单一】颜色的表面，在光影、环境等影响下也会呈现出多种不同的反射结果。标准材质通过4种不同的颜色类型来模拟这种现象，它们是【环境光】、【漫反射】、【高光反射】和【过滤色】，不同明暗器类型中的颜色类型会有所变化。【漫反射】是对象表面在最佳照明条件下表现出的颜色，即通常所描述的对象本色；在适度的室内照明情况下，【环境光】的颜色可以选用深一些的【漫反射】颜色，但对于室外或者强烈照明情况下的室内场景，【环境光】的颜色应当指定为主光源颜色的补色；【高光反射】的颜色不外乎与主光源一致或是高纯度、低饱和度的漫反射颜色。

　　标准材质中包括【明暗器基本参数】、【基本参数】、【扩展参数】、【超级采样】、【贴图】和【mental ray连接】卷展栏。通过单击每个卷展栏的名称可以收起或展开对应的参数面板，当鼠标指针呈手形时可以进行上下滑动，右侧还有一个细的滑块可以进行面板的上下滑动。

　　其中的【超级采样】是在材质上执行一个附加的抗锯齿过滤。此操作虽然花费更多时间，却可以提高图像的质量。渲染非常平滑的反射高光、精细的凹凸贴图以及高分辨率时，超级采样特别有用。【mental ray连接】卷展栏可供所有类型的材质（多维/子对象材质和 mental ray 材质除外）使用，对于 mental ray 材质，该卷展栏是多余的。利用此卷展栏，可以向常规的 3ds Max 材质添加 mental ray 明暗处理。这些效果只能在使用 mental ray 渲染器时看到。

3.3.1　【明暗器基本参数】卷展栏

　　【明暗器基本参数】卷展栏如图3-29所示。【明暗器基本参数】卷展栏中共有8种明暗器类型：（A）各向异性、（B）Blinn、（M）金属、（ML）多层、（O）Oren-Nayar-Blinn、（P）Phong、（S）Strauss、（T）半透明明暗器。

图3-29　【明暗器基本参数】卷展栏

▶　线框：以网格线框的方式来渲染对象，它只能表现出对象的线架结构，对于线框的粗细，可以通过【扩展参数】卷展栏中的

【线框】项目来调节，【大小】值决定它的粗细，可以选择【像素】和【单位】两种单位，如果选择【像素】为单位，则对象无论远近，线框的粗细都将保持一致；如果选择【单位】为单位，则将以3ds Max内部的基本单元作为单位，会根据对象离镜头的远近而发生粗细变化。图3-30所示为线框的渲染效果。

图3-30　线框的渲染效果

▶ 双面：将对象法线相反的一面也进行渲染，通常计算机为了简化计算，只渲染对象法线为正方向的表面（即可视的外表面），这对大多数对象都适用，但有些敞开面的对象，其内壁看不到任何材质效果，这时就必须打开双面设置。图3-30中的左图为未选中【双面】复选框的渲染效果；图3-31中的右图为选中【双面】复选框的渲染效果。使用双面材质会使渲染变慢，最好的方法是对必须使用双面材质的对象才使用双面材质，而不要在最后渲染时再在【渲染设置】对话框中选择【强制双面】选项（它会强行对场景中的全部物体都进行双面渲染，一般在出现漏面但又很难查出是哪些模型出问题的情况下使用）。

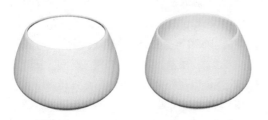

图3-31 未选中与选中【双面】复选框的渲染效果

▶ 面贴图：将材质指定给模型的全部面，如果是含有贴图的材质，则在没有指定贴图坐标的情况下，贴图会均匀分布在对象的每一个表面上。

▶ 面状：将对象的每个表面以平面化进行渲染，不进行相邻面的组群平滑处理。

■ 3.3.2 【基本参数】卷展栏

【基本参数】卷展栏主要用于指定对象贴图，设置材质的颜色、不透明度和光泽度等基本属性。选择不同的明暗器类型，【基本参数】卷展栏中将显示出该明暗器类型的相关控制参数，下面分别介绍以下8个【基本参数】卷展栏。

1. 各向异性基本参数】卷展栏

【各向异性】通过调节两个垂直正交方向上可见高光尺寸之间的差额，从而实现一种【重折光】的高光效果。这种渲染属性可以很好地表现毛发、玻璃和被擦拭过的金属等模型效果。它的基本参数大体上与Blinn相同，只在

高光和漫反射部分有所不同，【各向异性基本参数】卷展栏如图3-32所示。

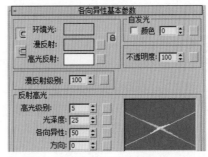

图3-32 【各向异性基本参数】卷展栏

颜色控制区域用来设置材质表面不同区域的颜色，包括【环境光】、【漫反射】和【高光反射】，调节方法为在色块上单击，弹出【颜色选择器】，如图3-33所示，从中进行颜色的选择。这个【颜色选择器】属于浮动框性质，只需打开一次即可。如果选择另一个材质区域，它也会自动影响新的区域色彩，在色彩调节的同时，示例窗中和场景中都会进行效果的即时更新显示。

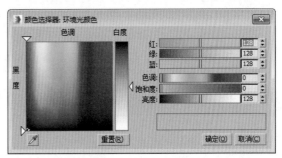

图3-33 颜色选择器

在色块右侧有个小的空白按钮，单击它们可以直接进入到该项目的贴图层级，为其指定相应的贴图，属于贴图设置的快捷操作，其他4个区域中的空白按钮功能与此相同。如果指定了贴图，在空白按钮上会显示为【M】字样，单击它可以快速进入该贴图层级，如果该项目贴图目前是关闭状态，则显示为【m】字样。

在左侧有两个【锁定】按钮，用于锁定【环境光】、【漫反射】和【高光反射】3种材质颜色中的两种（或将3种全部锁定），锁定的目的是使被锁定的两个区域颜色保持一致，调节一个时另一个也会随之变化。

▶ 环境光：控制对象表面阴影区的颜色。

▶ 漫反射：控制对象表面过渡区的颜色。

► 高光反射：控制对象表面高光区的颜色。

【自发光】选项组：使材质具备自身发光效果，常用于制作灯泡、太阳等光源对象。100%的发光度使阴影色失效，对象在场景中不受到来自其他对象的投影影响，自身也不受灯光的影响，只表现出漫反射的纯色和一些反光，其亮度值（HSV颜色值）保持与场景灯光一致。在3ds Max中，自发光颜色可以直接显示在视图中。在以前的版本中可以在视图中显示自发光值，但不能显示其颜色。

► 颜色：指定自发光有两种方式。一种是选中前面的复选框，使用带有颜色的自发光；另一种是取消对该复选框的选中，使用可以调节数值的单一颜色的自发光，对数值的调节可以看作是对自发光颜色的灰度比例进行调节。

► 不透明度：设置材质的不透明度百分比值，默认值为100，即不透明材质。降低值使透明度增加，值为0时变为完全透明材质。对于透明材质，还可以调节它的透明衰减，这需要在扩展参数中进行调节。

► 漫反射级别：控制漫反射的亮度。增减该值可以在不影响高光部分的情况下增减漫反射的亮度。调节范围为0～400，默认值为100。

► 高光级别：设置高光强度，默认值为5。

► 光泽度：设置高光的范围。值越高，高光范围越小。

► 各向异性：控制高光部分的各向异性和形状。值为0时，高光形状呈圆形；值为100时，高光变形为极窄条状。反光曲线示意图中的一条曲线用来表示"各向异性"的变化。

► 方向：用来改变高光部分的方向，范围为0～9999。

2. 【Blinn基本参数】卷展栏

Blinn高光点周围的光晕是旋转混合的，背光处的反光点形状为圆形，清晰可见，若增大【柔化】参数值，Blinn的反光点将保持尖锐的形态，从色调上来看，Blinn趋于冷色。【Blinn基本参数】卷展栏如图3-34所示。

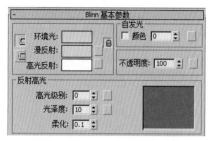

图3-34　【Blinn基本参数】卷展栏

柔化：对高光区的反光进行柔化处理，使它变得模糊、柔和。如果材质反光度值很低，反光强度值很高，这种尖锐的反光往往在背光处产生锐利的界线，增加【柔化】值可以更好地进行修饰。

其他的基本参数可参照【各向异性基本参数】卷展栏中相应参数的介绍。

3. 【金属基本参数】卷展栏

这是一种比较特殊的渲染方式，专用于金属材质的制作，可以提供金属所需的强烈反光。它取消了【高光反射】色彩的调节，反光点的色彩仅依据于【漫反射】色彩和灯光的色彩。

由于取消了【高光反射】色彩的调节，因此高光部分的高光度和光泽度设置也与Blinn有所不同。【高光级别】仍控制高光区域的亮度，而【光泽度】变化的同时将影响高光区域的亮度和大小，【金属基本参数】卷展栏如图3-35所示。

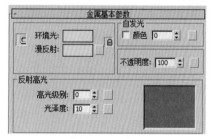

图3-35　【金属基本参数】卷展栏

其他的基本参数请参照前面的介绍。

4. 【多层基本参数】卷展栏

多层渲染属性与【各向异性】类型有相似之处，它的高光区域也属于【各向异性】类型，意味着从不同的角度产生不同的高光尺寸，当【各向异性】值为0时，它们根本是相同的，高光是圆形的，与Blinn、Phong相同；当【各向异性】值为100时，这种高光的各向异性达到最大程度的不同，在一个方向上高光非常尖锐，而另一个方向上光泽度可以单独控制。【多层基本参数】卷展栏如图3-36所示。

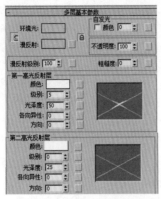

图3-36　【多层基本参数】卷展栏

▶ 粗糙度：设置由漫反射部分向阴影色部分进行调和的快慢。提升该值时，表面的不光滑部分随之增加，材质也显得更暗、更平。值为0时，则与Blinn渲染属性没有什么差别。默认值为0。

其他的基本参数请参照前面的介绍。

5.　【Oren-Nayar-Blinn基本参数】卷展栏

Oren-Nayar-Blinn渲染属性是Blinn的一个特殊变量形式。通过它附加的【漫反射级别】和【粗糙度】设置，也可以实现物质材质的效果。这种渲染属性常用来表现织物、陶制品等粗糙对象的表面，【Oren-Nayar-Blinn基本参数】卷展栏如图3-37所示。

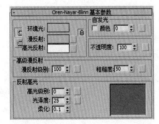

图3-37　【Oren-Nayar-Blinn基本参数】卷展栏

其他的基本参数请参照前面的介绍。

6.　【Phong基本参数】卷展栏

Phong高光点周围的光晕是发散混合的，背光处Phong的反光点为梭形，影响周围的区域较大。如果增大【柔化】参数值，Phong的反光点趋向于均匀柔和的反光，从色调上看，Phong趋于暖色，可以表现柔和的材质，常用于塑性材质，可以精确地反映出凹凸、不透

明、反光、高光和反射贴图效果。【Phong基本参数】卷展栏如图3-38所示。

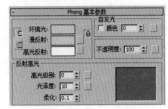

图3-38　【Phong基本参数】卷展栏

其他的基本参数请参照前面的介绍。

7.　【Strauss基本参数】卷展栏

Strauss提供了一种金属感的表面效果，比【金属】渲染属性更简洁，参数设置更简单。【Strauss基本参数】卷展栏如图3-39所示。

图3-39　【Strauss基本参数】卷展栏

▶ 颜色：设置材质的颜色。相当于其他渲染属性中的漫反射颜色选项，而高光和阴影部分的颜色则由系统自动计算。

▶ 金属度：设置材质的金属表现程度，由于其主要依靠高光表现金属程度，因此【金属度】需要配合【光泽度】才能更好地发挥效果。

其他的基本参数请参照前面的介绍。

8.　【半透明基本参数】卷展栏

【半透明明暗器】与Blinn类似，最大的区别在于能够设置半透明的效果。光线可以穿透这些半透明效果的对象，并且在穿过对象内部时产生离散效果。通常【半透明明暗器】用来模拟薄如窗帘、电影银幕、霜或者毛玻璃等材质效果。【半透明基本参数】卷展栏如图3-40所示。

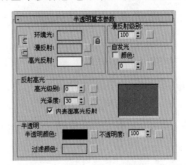

图3-40　【半透明基本参数】卷展栏

► 半透明颜色：半透明颜色是离散光线穿过对象时所呈现的颜色。设置的颜色可以不同于过滤颜色，两者互为倍增关系。单击色块可以选择颜色，右侧的空白按钮用于指定贴图。

► 过滤颜色：设置穿透材质光线的颜色，与半透明颜色互为倍增关系。单击色块可以选择颜色，右侧的空白按钮用于指定贴图。过滤颜色（或穿透色）是指透过透明或半透明对象（如玻璃）后的颜色。过滤颜色配合体积光可以模拟如彩光穿过毛玻璃后的效果，也可以根据过滤颜色为半透明对象产生的光线跟踪阴影配色。

► 不透明度：用百分率表示材质的透明、不透明程度。当对象有一定厚度时，能够产生一些有趣的效果。

半透明明暗器可以模拟实体对象次表面的离散，用于制作如玉石、肥皂、蜡烛等半透明对象的材质效果。

3.3.3　【扩展参数】卷展栏

标准材质中所有的明暗器类型扩展参数都相同，其内容涉及透明度、反射以及线框模式，还有标准透明材质真实程度的折射率设置。【扩展参数】卷展栏如图3-41所示。

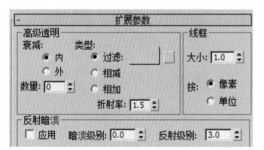

图3-41　【扩展参数】卷展栏

1.　【高级透明】选项组

该选项组用于控制透明材质的透明衰减设置。

► 内：由边缘向中心增加透明的程度，类似玻璃瓶的效果。

► 外：由中心向边缘增加透明的程度，类似云雾、烟雾的效果。

► 数量：指定衰减的程度。

► 类型：确定以哪种方式来产生透明效果。

► 过滤：计算经过透明对象背面颜色倍增的过滤色，单击色块可以改变过滤色；单击色块右侧的空白按钮用于指定贴图。

过滤或透射颜色是穿过例如玻璃等透明或半透明对象后的颜色，将过滤色与体积光配合使用可以产生光线穿过彩色玻璃的效果。过滤色的颜色能够影响透明对象所投射的【光线跟踪阴影】颜色。如图3-42所示，玻璃板的过滤色为红色，在其左侧的投影也显示为红色。

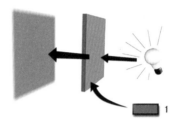

图3-42　过滤色效果

► 相减：根据背景色做递减色彩的处理。

► 相加：根据背景色做递增色彩的处理，常用做发光体。

► 折射率：设置带有折射贴图的透明材质的折射率，用来控制材质折射被传播光线的程度。当设置为1（空气的折射率）时，看到的对象像在空气中（空气有时也有折射率，例如热空气对景象产生的气浪变形）一样不发生变形；当设置为1.5（玻璃折射率）时，看到的对象会产生很大的变形；当折射率小于1时，对象会沿着它的边界反射。在真实的物理世界中，折射率是因光线穿过透明材质和眼睛（或者摄影机）时速度不同而产生的，它与对象的密度相关。折射率越高，对象的密度也就越大。

表3.1所示是最常用的几种物质的折射率。只需记住这几种常用的折射率即可，其实在三维动画软件中，不必严格地使用物理原则，只要能体现出正常的视觉效果即可。

表3.1　常见物质的折射率

材质	折射率	材质	折射率
真空	1	玻璃	1.5～1.7
空气	1.0003	钻石	2.419
水	1.333		

2. 【线框】选项组

在该选项组中可以设置线框的特性。

► 大小：设置线框的粗细，有【像素】和【单位】两种单位可供选择。

● 像素：像素为默认设置，用像素度量线框。对于像素选项来说，不管线框的几何尺寸多大，以及对象的位置近还是远，线框都总是有相同的外观厚度。

● 单位：单位用 3ds Max 单位测量连线。根据单位，线框在远处变得较细，在近距离范围内较粗，如同在几何体中经过建模一样。

3. 【反射暗淡】选项组

用于设置对象阴影区中反射贴图的暗淡效果。当一个对象表面有其他对象的投影时，这个区域将会变得暗淡，但是一个标准的反射材质却不会考虑到这一点，它会在对象表面进行全方位反射计算，从而失去了投影的影响，使对象变得通体光亮，场景也变得不真实。这时可以通过设置【反射暗淡】选项组中的两个参数来分别控制对象被投影区和未被投影区域的反射强度，这样可以将被投影区的反射强度值降低，使投影效果表现出来，同时增加未被投影区域的反射强度，以补偿损失的反射效果。

► 应用：选中此选项后反射暗淡将发生作用，通过设置其右侧的两个参数的值对反射效果产生影响。

► 暗淡级别：设置对象被投影区域的反射强度，值为1时，不发生暗淡影响，值为0时，被投影区域仍表现为原来的投影效果，不产生反射效果；随着值的降低，被投影区域的反射趋于暗淡，而阴影效果趋于强烈。

► 反射级别：设置对象未被投影区域的反射强度，它可以使反射强度倍增，远远超过反射贴图强度为100时的效果，一般用它来补偿反射暗淡对对象表面带来的影响。当值为3时（默认），其效果近似达到在没有应用反射暗淡时未被投影区的反射效果。

3.3.4 【贴图】卷展栏

【贴图】卷展栏中包含了每个贴图类型的按钮。单击贴图按钮可以打开【材质/贴图浏览器】对话框，但只能选择贴图，这里提供了30多种贴图类型，这些贴图都可以用在不同的贴图方式上。当选择一个贴图类型后，会自动进入其贴图设置层级中，以便进行相应的参数设置。单击【转到父对象】按钮 可以返回到贴图方式设置层级，这时该按钮上会出现贴图类型的名称，左侧复选框被选中，表示当前该贴图方式处于活动状态；如果取消对左侧复选框的选中，则会关闭该贴图方式对材质的影响。

【数量】文本框可设置该贴图影响材质的数量。例如，数量为100%时的漫反射贴图是完全不透光的，会遮住基础材质；数量为50%时是半透明的，将显示基础材质（漫反射、环境光和其他无贴图的材质颜色）。

不同的明暗器类型下的【贴图】卷展栏也略有不同，图3-43所示为Blinn明暗器类型下的【贴图】卷展栏。下面我们对该卷展栏中的几项内容进行讲解。

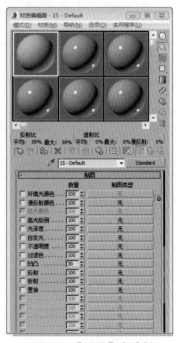

图3-43　【贴图】卷展栏

1. 环境光颜色

为对象的阴影区指定位图或程序贴图，默认是它与【漫反射】贴图被锁定，如果想对它进行单独贴图，应先在基本参数区中打开【漫反射】右侧的锁定按钮，解除它们之间的锁定。这种阴影色贴图一般不单独使用，默认是它与【漫反射】贴图联合使用，以表现最佳的贴图纹理。需要注意的是，只有在环境光值设置高于默认的黑色时，阴影色贴图才可见。可以通过选择【渲染】|【环境】命令打开【环境和效果】对话框并在其中调节环境光的级别，图3-44所示，图3-45所示为对【环境光颜色】使用贴图的效果。

图3-44　【环境和效果】对话框

图3-45　对【环境光颜色】使用贴图

2. 漫反射颜色

主要用于表现材质的纹理效果，当值为100%时，会完全覆盖漫反射的颜色，这就好像在对象表面使用油漆进行绘画一样，例如为墙壁指定砖墙的纹理图案，就可以产生砖墙的

效果。制作中没有严格要求非要将漫反射贴图与环境光贴图锁定在一起，通过对漫反射贴图和环境光贴图分别指定不同的贴图，可以制作出很多有趣的融合效果。但如果漫反射贴图用于模拟单一的表面，就需要将漫反射贴图和环境光贴图锁定在一起，图3-46应用【漫反射颜色】贴图后的效果。

图3-46　应用【漫反射颜色】贴图后的效果

➤ 漫反射级别：该贴图参数只存在于【各向异性】、【多层】、【Oren-Nayar-Blinn】和【半透明明暗器】4种明暗器类型下，如图3-47所示。主要通过位图或程序贴图来控制漫反射的亮度。贴图中白色像素对漫反射没有影响，黑色像素则将漫反射亮度降为0，处于两者之间的颜色依此对漫反射亮度产生不同的影响。图3-48应用【漫反射级别】贴图后的对比效果。

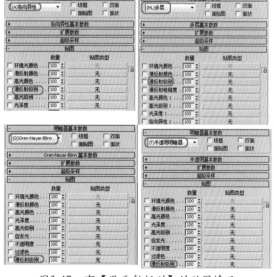

图3-47　有【漫反射级别】的贴图情况

图3-48　【漫反射级别】贴图显示效果

▶ 漫反射粗糙度：该贴图参数只存在于【多层】和【Oren-Nayar-Blinn】两种明暗器类型下。主要通过位图或程序贴图来控制漫反射的粗糙程度。贴图中白色像素增加粗糙程度，黑色像素则将粗糙程度降为0，处于两者之间的颜色依此对漫反射粗糙程度产生不同的影响，图3-49为花瓶添加【漫反射粗糙度】贴图后的效果。

图3-49　【漫反射粗糙度】贴图显示效果

3. 不透明度

可以通过在【不透明度】材质组件中使用位图文件或程序贴图来生成部分透明的对象。贴图的浅色（较高的值）区域渲染为不透明；深色区域渲染为透明；处于中间的值渲染为半透明，如图3-50所示。

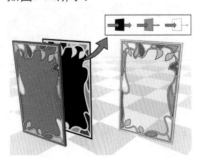

图3-50　不透明度贴图效果

将不透明度贴图的【数量】设置为100，应用于所有贴图，透明区域将完全透明。将【数量】设置为0，等于禁用贴图。如将中间的【数量】值与【基本参数】卷展栏上的【不透明度】值混合，则图的透明区域将变得更加不透明。

> 提示：
> 反射高光应用于不透明度贴图的透明区域和不透明区域，用于创建玻璃效果。如果使透明区域看起来像孔洞，也可以设置高光度的贴图。

4. 凹凸

通过图像的明暗强度来影响材质表面的光滑程度，从而产生凹凸的表面效果，白色图像产生凸起，黑色图像产生凹陷，中间色产生过渡。这种模拟凹凸质感的优点是渲染速度很快，但这种凹凸材质的凹凸部分不会产生阴影投影，在对象边界上也看不到真正的凹凸，对于一般的砖墙、石板路面，它可以产生真实的效果。但是如果凹凸对象很清晰地靠近镜头，并且要表现出明显的投影效果，应该使用置换，利用图像的明暗度可以真实地改变对象造型，但需要花费大量的渲染时间，图3-51为两种不同凹凸对象后的效果。

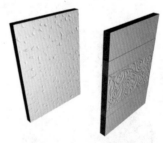

图3-51　凹凸贴图效果

> 提示：
> 在视图中不能预览凹凸贴图的效果，必须渲染场景后才能看到凹凸效果。

凹凸贴图的强度值可以调节到999，但是过高的强度会带来不正确的渲染效果，如果发现渲染后高光处有锯齿或者闪烁，应使用【超级采样】进行渲染。

5. 反射

反射贴图是很重要的一种贴图方式，要想

制作出光洁亮丽的质感，必须要熟练掌握反射贴图的使用，如图3-52所示。在3ds Max中有3种不同的方式制作反射效果。

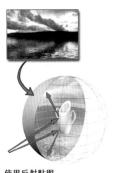

使用反射贴图

图3-52　反射贴图效果

▶ 基础贴图反射：指定一张位图或程序贴图作为反射贴图，这种方式是最快的一种运算方式，但也是最不真实的一种方式。对于模拟金属材质来说，尤其是片头中闪亮的金属字，虽然看不清反射的内容，但只要亮度够高即可，它最大的优点是渲染速度快。

▶ 自动反射：自动反射方式根本不使用贴图，它的工作原理是由对象的中央向周围观察，并将看到的部分贴到表面上。具体方式有两种，即【反射/折射】贴图方式和【光线跟踪】贴图方式。【反射/折射】贴图方式并不像光线跟踪那样追踪反射光线，真实地计算反射效果，而是采用一种六面贴图方式模拟反射效果，在空间中产生6个不同方向的90°视图，再分别按不同的方向将6张视图投影在场景对象上，这是早期版本提供的功能。【光线跟踪】是模拟真实反射形成的贴图方式，计算结果最接近真实，也是最花费时间的一种方式，这是早在3ds Max R2版本时就已经引入的一种反射算法，其效果真实，但渲染速度慢。目前一直在随版本更新进行速度优化和提升，不过比起其他第三方渲染器（例如mental ray、VRay）的光线跟踪，其计算速度还是要慢很多。

▶ 平面镜像反射：使用【平面镜】贴图类型作为反射贴图。这是一种专门模拟镜面反射效果的贴图类型，就像现实中的镜子一样，反射所面对的对象，属于早期版本提供的功能，因为在没有光线跟踪贴图和材质之前，【反射/折射】这种贴图方式没法对纯平面的模型进行反射计算，因此追加了【平面镜】贴图类型来弥补这个缺陷。

设置反射贴图时不用指定贴图坐标，因为它们锁定的是整个场景，而不是某个几何体。反射贴图不会随着对象的移动而变化，但如果视角发生了变化，贴图会像真实的反射情况那样发生变化。反射贴图在模拟真实环境的场景中的主要作用是为毫无反射的表面添加一点反射效果。贴图的强度值控制反射图像的清晰程度，值越高，反射也越强烈。默认的强度值与其他贴图设置一样为100%。不过对于大多数材质表面，降低强度值通常能获得更为真实的效果。例如一张光滑的桌子表面，首先要体现出的是它的木质纹理，其次才是反射效果。反射贴图一般都伴随着【漫反射】等纹理贴图使用，在【漫反射】贴图为100%的同时轻微加一些反射效果，可以制作出非常真实的场景。

在【基本参数】中增加光泽度和高光强度可以使反射效果更真实。此外，反射贴图还受【漫反射】、【环境光】颜色值的影响，颜色越深，镜面效果越明显，即便是贴图强度为100时。反射贴图仍然受到漫反射、阴影色和高光色的影响。

对于使用Phong和Blinn渲染方式的材质，【高光反射】的颜色强度直接影响反射的强度，值越高，反射也越强，值为0时反射会消失。对于使用【金属】渲染方式的材质，则是【漫反射】影响反射的颜色和强度，【漫反射】的颜色（包括漫反射贴图）能够倍增来自反射贴图的颜色，漫反射的颜色值（HSV模式）控制着反射贴图的强度，当颜色值为255时，反射贴图强度最大，当颜色值为0时，反射贴图不可见。

6. 折射

折射贴图用于模拟空气和水等介质的折射效果，使对象表面产生对周围景物的映像。但与反射贴图所不同的是，它所表现的是透过对象所看到的效果。折射贴图与反射贴图一样，锁定视角而不是对象，不需要指定贴图坐标，当对象移动或旋转时，折射贴图效果不会受到影响。具体

（续表）

材 质	IOR值
玻璃	1.5～1.7
钻石	2.419

的折射效果还受折射率的控制，在【扩展参数】面板中【折射率】控制材质折射透射光线的严重程度，值为1时代表真空（空气）的折射率，不产生折射效果；大于1时为凸起的折射效果，多用于表现玻璃；小于1时为凹陷的折射效果，对象沿其边界进行反射（如水底的气泡效果）。默认设置为1.5（标准的玻璃折射率）。不同参数的折射率效果如图3-53所示。

图3-53　不同参数的折射率效果

常见的折射率如表3.2所示（假设摄影机在空气或真空中）。

表3.2　常见折射率

材质	IOR值
真空	1（精确）
空气	1.0003
水	1.333

在现实世界中，折射率的结果取决于光线穿过透明对象时的速度，以及眼睛或摄影机所处的媒介，影响关系最密切的是对象的密度，对象密度越大，折射率越高。在3ds Max中，可以通过贴图对对象的折射率进行控制，而受贴图控制的折射率值总是在1（空气中的折射率）和设置的折射率值之间变化。例如，设置折射率的值为3，并且使用黑白噪波贴图控制折射率，则对象渲染时的折射率会在1～3之间进行设置，高于空气的密度；而在相同条件下，设置折射率的值为0.5时，对象渲染时的折射率会在0.5～1之间进行设置，类似于水下拍摄密度低于水的对象效果。

通常使用【反射/折射】贴图作为折射贴图，只能产生对场景或背景图像的折射表现，如果想反映对象之间的折射表现（如插在水杯中的吸管会发生弯折现象），应使用【光线跟踪】贴图方式或【薄壁折射】贴图方式。

3.4　复合材质与光线跟踪材质

3.4.1　复合材质

【复合材质】是指将两个或多个子材质组合在一起。复合材质类似于合成器贴图，但后者位于材质级别。将复合材质应用于对象可以生成复合效果。用户可以使用【材质/贴图浏览器】对话框来加载或创建复合材质。

不同类型的材质生成不同的效果，具有不同的行为方式，或者具有组合了多种材质的方式。不同类型的复合材质介绍如下。

► 混合：将两种材质通过像素颜色混合的方式混合在一起，与混合贴图一样的效果。

► 合成：通过将颜色相加、相减或不透明混合，可以将多达10种的材质混合起来。

► 双面：为对象内外表面分别指定两种不同的材质，一种为法线向外；另一种为法线向内。

► 变形器：使用【变形器】修改器来管理多种材质。

► 多维/子对象：可用于将多个材质指定给同一对象。当存储两个或多个子材质时，这些子材质可以通过使用【网格选择】修改器在子对象级别进行分配。还可以通过使用【材质】修改器将子材质指定给整个对象。

► 虫漆：将一种材质叠加在另一种材质上。

► 顶/底：存储两种材质。一种材质渲染在对象的顶表面；另一种材质渲染在对象的底表面，具体取决于面法线向上还是向下。

1. 混合材质

【混合材质】是指在曲面的单个面上将两种材质进行混合。可通过设置【混合量】参数来控制材质的混合程度，该参数可以用来绘制材质变形功能曲线，以控制随时间混合两个材质的方式。

混合材质的创建方法如下所述。

01 在【材质编辑器】对话框中激活一个新的材质样本球。

02 单击【Archa&Design】按钮，在弹出的【材质/贴图浏览器】对话框中选择【混合】选项，如图3-54所示。

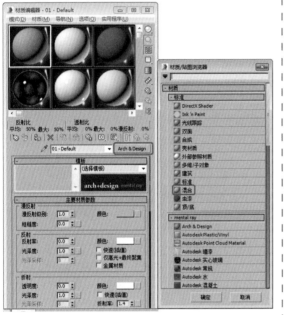

图3-54 选择【混合】材质

03 单击【确定】按钮，弹出【替换材质】对话框，在该对话框中用户可以选择是将示例窗中的旧材质丢弃还是保存为子材质，如图3-55所示。然后单击【确定】按钮，进入【混合基本参数】卷展栏中，如图3-56所示，可以在该卷展栏中进行参数设置。

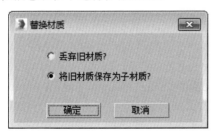

图3-55 【替换材质】对话框

图3-56 【混合基本参数】卷展栏

▶ 【材质1】/【材质2】：设置两个用来混合的材质。使用复选框来控制启用或禁用材质。

● 交互式：在视图中以平滑+高光方式交互渲染时，用于选择将哪一个材质显示在对象表面。

● 遮罩：设置用作遮罩的贴图。两个材质之间的混合度取决于遮罩贴图的强度。遮罩较明亮（较白）区域显示更多的【材质1】。而遮罩较暗（较黑）区域则显示更多的【材质2】。使用复选框来控制启用或禁用遮罩贴图。

● 混合量：确定混合的比例（百分比）。0表示只有【材质1】在曲面上可见；100表示只有【材质2】可见。如果已指定"遮罩"贴图，并且选中了【遮罩】的复选框，则该参数不可用。

▶ 【混合曲线】选项组：混合曲线影响进行混合的两种颜色之间变换的渐变或尖锐程度。只有指定遮罩贴图后，才会影响混合。

● 使用曲线：确定【混合曲线】是否影响混合。只有指定并激活遮罩时，该复选框才可用。

● 转换区域：通过调节【上部】和【下部】数值来控制混合曲线，当两值相近时，会产生清晰尖锐的融合边缘；当两值差距很大时，会产生柔和模糊的融合边缘。

2. 多维/子对象材质

使用【多维/子对象】材质可以为几何体的子对象级别分配不同的材质。创建多维材质，将其指定给对象并使用【网格选择】修改器选中面，然后将选择的多维材质中的子材质指定给选中的面。

如果该对象是可编辑网格，可以拖放材质到面的不同的选中部分，并随时构建一个【多维/子对象】材质。

子材质ID不取决于列表的顺序，可以输入新的ID值。单击【材质编辑器】中的【使唯一】按钮，允许将一个实例子材质构建为一个唯一的副本。

【多维/子对象基本参数】卷展栏如图3-57所示。

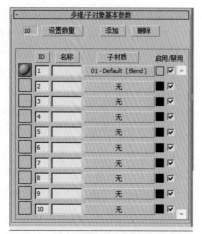

图3-57　【多维/子对象基本参数】卷展栏

▶ 设置数量：设置拥有子级材质的数目，注意如果减少数目，会将已经设置的材质丢失。

▶ 添加：添加一个新的子材质。新材质默认的ID号在当前ID号的基础上递增。

▶ 删除：删除当前选择的子材质。可以通过撤销命令取消删除。

▶ ID：单击该按钮可以将列表排序，其顺序开始于最低材质ID的子材质，结束于最高材质ID。

▶ 名称：单击该按钮后可以按名称栏中指定的名称进行排序。

▶ 子材质：按子材质的名称进行排序。子材质列表中的每个子材质都有一个单独的材质项。该卷展栏一次最多显示10个子材质；如果材质数超过10个，则可以通过右边的滚动条滚动列表。列表中的每个子材质都包含以下控件。

● 材质球：提供子材质的预览，单击材质球图标可以对子材质进行选择。

● D号：显示指定给子材质的ID号，同时

还可以在这里重新指定ID号。如果输入的ID号有重复，则系统会提出警告。

● 名称：可以在这里输入自定义的材质名称。

● 【子材质】按钮：该按钮用来选择不同的材质作为子级材质。其右侧颜色按钮用来确定材质的颜色，它实际上是该子级材质的【漫反射】值。最右侧的复选框可以对单个子级材质进行启用或禁用的开关控制。

3.4.2　光线跟踪材质

与标准材质一样，可以为光线跟踪颜色分量和各种其他参数使用贴图。色块和参数右侧的空白按钮用于打开【材质/贴图浏览器】对话框，从中可以选择对应类型的贴图。如果指定了贴图，在空白按钮上会显示【M】字样，单击它可以快速进入该贴图层级。如果该项目贴图目前是关闭状态，则显示为【m】字样。【光线跟踪基本参数】卷展栏如图3-58所示。

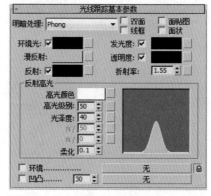

图3-58 【光线跟踪基本参数】卷展栏

▶ 明暗处理：在该下拉列表中可以选择一个明暗器。选择不同的明暗器，则【反射高光】选项组中显示的明暗器的控件也会不同，包括Phong、Blinn、金属、Oren-Nayar-Blinn和各向异性5种方式。

▶ 双面：与标准材质相同。选中该复选项时，在面的两侧着色和进行光线跟踪。在默认情况下，对象只有一面，以便提高渲染速度。

▶ 面贴图：将材质指定给模型的全部面。如果是一个贴图材质，则无需贴图坐标，贴图会自动指定给对象的每个表面。

- 线框：与标准材质中的线框属性相同，选中该复选项时，在线框模式下渲染材质。可以在【扩展参数】卷展栏中指定线框大小。

- 面状：将对象的每个表面作为平面进行渲染。

- 环境光：与标准材质的环境光含义完全不同，对于光线跟踪材质，它控制材质吸收环境光的多少，如果将它设为纯白色，即为在标准材质中将环境光与漫反射锁定。默认为黑色。启用名称右侧的复选框时，显示环境光的颜色，通过右侧的色块可以进行调整；禁用复选框时，环境光为灰度模式，可以直接输入或者通过调节按钮设置环境光的灰度值。

- 漫反射：代表对象反射的颜色，不包括高光反射。反射与透明效果位于过渡区的最上层，当反射为100%（纯白色）时，漫反射色不可见，默认为50%的灰度。

- 反射：设置对象高光反射的颜色，即经过反射过滤的环境颜色，颜色值控制反射的量。与环境光一样，通过启用或禁用名称右侧的复选框，可以设置反射的颜色或灰度值。此外，第二次启用复选框，可以为反射指定【菲涅尔】镜像效果，它可以根据对象的视角为反射对象增加一些折射效果。

- 发光度：与标准材质的自发光设置近似（禁用则变为自发光设置），只是不依赖于【漫反射】进行发光处理，而是根据自身颜色来决定所发光的颜色，默认为黑色。色块右侧的空白按钮用于指定贴图。禁用名称右侧的复选框，【发光度】选项变为【自发光】选项，通过微调按钮可以调节发光色的灰度值。

- 透明度：控制在光线跟踪材质背后经过颜色过滤所表现的色彩，黑色为完全不透明，白色为完全透明。将【漫反射】与【透明度】都设置为完全饱和的色彩，可以得到彩色玻璃的材质。禁用后，对象仍折射环境光，不受场景中其他对象的影响。色块右侧的空白按钮用于指定贴图。禁用名称右侧的复选框后，可以通过微调按钮调整透明色的灰度值。

- 折射率：设置材质折射光线的强度。

- 【反射高光】选项组：控制对象表面反射区反射的颜色，根据场景中灯光颜色的不同，对象反射的颜色也会发生变化。

  - 高光颜色：设置高光反射灯光的颜色，将它与【反射】颜色都设置为饱和色，可以制作出彩色铬钢效果。

  - 高光级别：设置高光区域的强度。值越高，高光越明亮，默认值为50。

  - 光泽度：影响高光区域的大小。光泽度越高，高光区域越小，高光越锐利。默认值为40。

  - 柔化：柔化高光效果。

- 环境：允许指定一张环境贴图，用于覆盖全局环境贴图。默认的反射和透明度使用场景的环境贴图，一旦在这里进行环境贴图的设置，将取代原来的设置。利用这个特性，可以单独为场景中的对象指定不同的环境贴图，或者在一个没有环境的场景中为对象指定虚拟的环境贴图。

- 凹凸：与标准材质的凹凸贴图的作用相同。单击该按钮可以指定贴图，使用微调器可更改凹凸量。

3.5 贴图通道

在材质应用中，贴图作用非常重要，因此，3ds Max提供了多种贴图通道，如图3-59所示。在不同的贴图通道中可以分别使用不同的贴图类型，从而使物体在不同的区域产生不同的贴图效果。

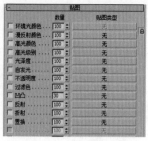

图3-59 【贴图】通道

3ds Max为标准材质提供了以下12种贴图通道。

▶ 【环境光颜色】贴图和【漫反射颜色】贴图：【环境光颜色】是最常用的贴图通道，它将贴图结果像绘画或壁纸一样应用到材质表面。在通常情况下，【环境光颜色】和【漫反射颜色】处于锁定状态。

▶ 【高光颜色】贴图：【高光颜色】使贴图结果只作用于物体的高光部分。通常将场景中的光源图像作为高光颜色通道来模拟一种反射，如在白灯照射下的玻璃杯上的高光点反射的图像。

▶ 【高光级别】贴图：该参数控制着材质高光的亮度，取值范围在0～999之间，参数值越大，其高光就越亮，曲线弧度也随之增高。

▶ 【光泽度】贴图：设置光泽组件的贴图不同于设置高光颜色的贴图。设置光泽的贴图会改变高光的位置，而高光颜色贴图会改变高光的颜色。

提示：

用户可以选择影响反射高光显示位置的位图文件或程序贴图。指定给光泽度决定曲面的哪些区域更具有光泽，哪些区域不太有光泽，具体情况取决于贴图中颜色的强度。贴图中的黑色像素将产生全面的光泽，白色像素将完全消除光泽，中间值会减少高光的强度。

▶ 【自发光】贴图：将贴图图像以一种自发光的形式贴图到物体表面，图像中纯黑色的区域不会对材质产生任何影响，不是纯黑的区域将会根据自身的颜色产生发光效果，发光的地方不受灯光以及投影的影响。

▶ 【不透明度】贴图：利用图像的明暗度在物体表面产生透明效果，纯黑色的区域完全透明，纯白色的区域完全不透明，这是一种非常重要的贴图方式，可以为玻璃杯加上花纹图案。

▶ 【过滤色】贴图：专用于过滤方式的透明材质，通过贴图在过滤色表面进行染色，形成具有彩色花纹的玻璃材质，它的优点是在体积光穿过物体或采用【光线跟踪】投影时，可以产生贴图滤过的光柱的阴影。

▶ 【凹凸】贴图：使对象表面产生凹凸不平的效果。位图上的颜色因灰度不同而突起，白色突起最高。因此用灰度位图作为凹凸贴图的效果最好。凹凸贴图常和漫反射贴图一起使用来增加场景的真实感。

▶ 【反射】贴图：常用来模拟金属、光滑玻璃表面的光泽，或用作镜面反射。当模拟对象表面的光泽时，贴图强度不宜过大，否则反射将不自然。

▶ 【折射】贴图：当用户观察水中的筷子时，筷子会发生弯曲，折射贴图就用来表现这种效果。定义折射贴图后，不透明度参数、贴图将被忽略。

▶ 【置换】贴图：与凹凸贴图通道的作用类似，按照位图颜色的不同灰度产生凹凸，它所产生的凹凸幅度更大一些。

3.6 上机练习

3.6.1 瓷器材质

本案例将介绍如何为茶杯添加瓷器材质，效果如图3-60所示，其具体操作步骤如下。

图3-60　打开的素材文件

01 按Ctrl+O组合键，在弹出的对话框中选择随书附带光盘中的"Scenes|Cha03|为茶杯添加瓷器材质.max"素材文件，如图3-61所示。

图3-61　选择素材文件

02 单击【打开】按钮，即可将选中的素材文件打开，效果如图3-62所示。

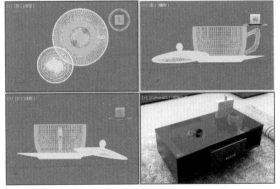

图3-62　打开的素材文件

03 按H键，在弹出的对话框中选择【茶杯】选项，如图3-63所示。

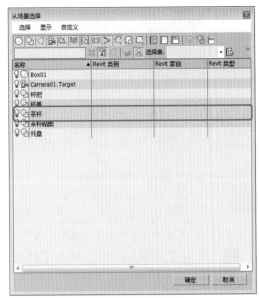

图3-63　选择【茶杯】选项

04 单击【确定】按钮，按M键，在弹出的对话框中选择一个材质样本球，将其命名为【白色瓷器】，在【Blinn基本参数】卷展栏中将【环境光】的RGB值设置为"255，255，255"，将【自发光】的【颜色】设置为30，在【反射高光】选项组中将【高光级别】、【光泽度】分别设置为100、83，如图3-64所示。

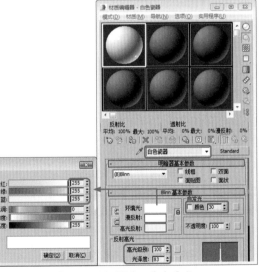

图3-64　设置Blinn基本参数

05 在【贴图】卷展栏中将【反射】右侧的【数量】设置为8，单击其右侧的【无】按钮，在弹出的对话框中选择【光线跟踪】选项，如图3-65所示。

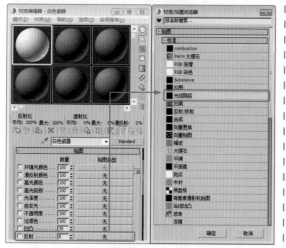

图3-65 设置反射数量并选择光线跟踪选项

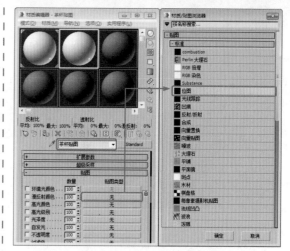

图3-67 选择【位图】选项

06 单击【确定】按钮，单击【将材质指定给选定对象】按钮，并使用同样的方法为【杯把】指定【白色瓷器】材质，按H键，在弹出的对话框中选择【茶杯贴图】对象，如图3-66所示。

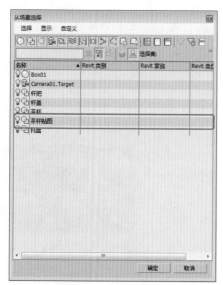

图3-66 选择对象

07 单击【确定】按钮，在【材质编辑器】对话框中选择【白色瓷器】材质样本球，按住鼠标将其拖曳至一个新的材质样本球上，将其命名为【茶杯贴图】，在【贴图】卷展栏中单击【漫反射】右侧的【无】按钮，在弹出的对话框中选择【位图】选项，如图3-67所示。

08 单击【确定】按钮，在弹出的对话框中选择随书附带光盘中的"Map|杯子.JPG"位图文件，如图3-68所示。

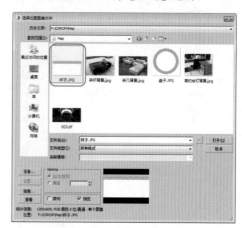

图3-68 选择位图文件

09 单击【打开】按钮，在【坐标】卷展栏中取消选中【使用真实世界比例】复选框，将【瓷砖】下的【U】、【V】都设置为1，如图3-69所示。

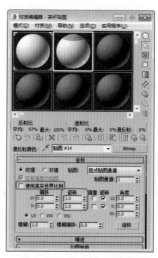

图3-69 设置坐标参数

10 设置完成后，单击【将材质指定给选定对象】按钮，按H键，在弹出的对话框中选择【杯盖】、【托盘】对象，如图3-70所示。

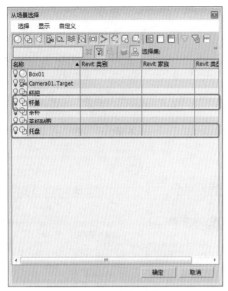

图3-70 选择对象

11 单击【确定】按钮，在【材质编辑器】对话框中选择【茶杯贴图】材质样本球，按住鼠标将其拖曳至一个新的材质样本球上，将其命名为【托盘】，在【贴图】卷展栏中单击【漫反射】右侧的材质按钮，在【位图参数】卷展栏中单击【位图】右侧的材质按钮，在弹出的对话框中选择"盘子.JPG"位图文件，单击【打开】按钮，如图3-71所示。

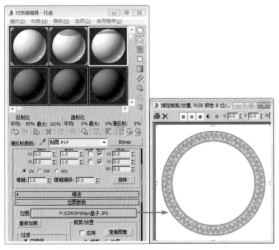

图3-71 替换位图文件

12 单击【将材质指定给选定对象】按钮，关闭【材质编辑器】对话框，激活摄影机视图，按F9键进行渲染，效果如图3-72所示。

图3-72 添加材质后的效果

3.6.2 不锈钢材质

本案例将讲解如何对休闲椅添加不锈钢材质，其材质的具体操作方法如下，完成后的效果如图3-73所示。

图3-73 休闲椅

01 启动软件后，打开随书附带光盘中的"Scenes|休闲椅.max"素材文件，如图3-74所示。

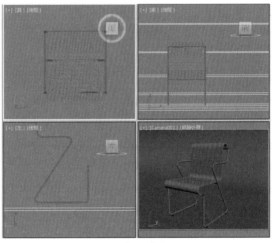

图3-74 打开素材文件

02 按M键，打开材质编辑器，选择一个新的样本球并将其命名为【坐垫】，单击名称后面的按钮，在弹出的【材质/贴图浏览器】

对话框中选择【标准】选项，单击【确定】按钮，如图3-75所示。

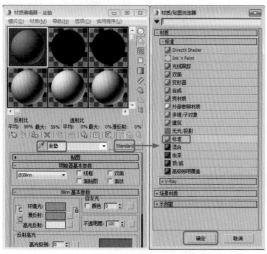

图3-75　设置材质球类型

03 在【明暗器基本参数】卷展栏中将明暗器类型设为【金属】，在【金属基本参数】卷展栏中，将【环境光】和【漫反射】的RGB值均设为"235，140，55"，将【自发光】下的【颜色】设为75，将【高光级别】设为24，【光泽度】设为94，将制作好的材质指定给【坐垫】对象，如图3-76所示。

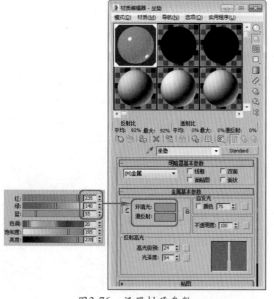

图3-76　设置材质参数

04 继续选择一个空的样本球并将其命名为【不锈钢】，将材质球的类型设为【标准】，在【明暗基本参数】卷展栏中将明暗器类型设为【金属】，在【金属基本参数】

卷展栏中将【环境光】的RGB值设为"0，0，0"，将【漫反射】的RGB值设为"255，255，255"，将【高光级别】设为100，【光泽度】设为80，如图3-77所示。

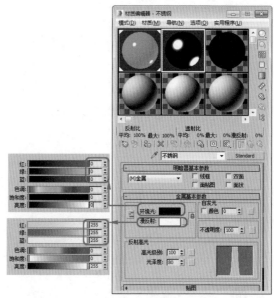

图3-77　设置材质

05 切换到【贴图】卷展栏中并单击【反射】后面的【无】按钮，在弹出的【材质/贴图浏览器】对话框选择【位图】选项，单击【确定】按钮，选择附带光盘中的"Msp|Bxgmap1.jpg"素材文件，在【坐标】卷展栏中将【贴图】设为【收缩包裹环境】，将【大小】下的【宽度】和【高度】都设为1，单击【转到父对象】按钮 ，将制作好的材质指定给【不锈钢】对象，如图3-78所示。

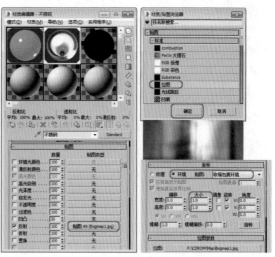

图3-78　设置材质

第4章 初识VRay

4.1 VRay渲染器

    VRay渲染器提供了一种特殊的材质——VRayMtl。在场景中使用该材质能够获得更加准确的物理照明（光能分布），更快的渲染，反射和折射参数调节更方便。使用VRayMtl，用户可以应用不同的纹理贴图，控制其反射和折射，增加凹凸贴图和置换贴图，强制直接全局照明计算，选择用于材质的BRDF，主要用于渲染一些特殊的效果，如次表面散射、光迹追踪、焦散、全局照明等。VRay是一种结合了光线跟踪和光能传递的渲染器，其真实的光线计算可以创建出专业的照明效果，可用于建筑设计、灯光设计、展示设计等多个领域。

    VRay有两种类型的安装版本，一种是基本安装版本。另一种是高级安装版本。基本安装版本价格较低，具备最基本的特征，主要的使用对象是学生和业余爱好者；而高级安装版则包含有几种特殊功能，主要面向专业人士。

基本安装版本包括以下功能。

► 真正的光影追踪反射和折射。

► 平滑的反射和折射。

► 基于抗锯齿的G缓冲。

► 光子贴图。

► 可再次使用的发光贴图（支持保存及导入），针对摄像机游历动画的增量采样。

► 可再次使用的焦散和全局光子贴图（支持保存及导入）。

► 具有解析采样功能的运动模糊。

► 支持真实的HDRI贴图，支持包括具有正确纹理坐标控制的*.hdr和*.rad格式的图像，可用于创建石蜡、大理石、磨砂玻璃。

► 面积阴影（软阴影），包括方形和球形发射器。

► 间接照明（也称全局光照明或全局光照），使用几种不同的算法，包括直接计算（强制性的）和辐射贴图。

► 采用准门特卡罗算法的运动模糊。

► 摄像机景深效果。

► 抗锯齿，包括固定的、简单的2级和自适应算法。

► 散焦功能。

► G缓冲（包括RGBA、材质／物体ID号、z-缓冲及速率等）。

► 高级安装版本，直接映射图像，不需要进行裁减，也不会产生失真。

► 具有正确物理照明的自带面积光。

► 具有更高物理精度和快速计算的自带材质。

► 基于TCP／IP通信协议，可使用工作室所有电脑进行分布式渲染，也可以通过互联网连接。

► 支持不同的摄像机镜头类型，如鱼眼、球形、圆柱形以及立方体形摄像机。

► 置换贴图，包括快速的2D位图算法和真实的3D置换贴图。

4.2 VRay渲染器的安装

    VRay渲染器的安装步骤非常简单，只需要按照提示一步一步地选择即可。下面对VRay渲染器的VRay灯光和阴影、VRay物体以及VRay渲染元素等功能，以及如何在3ds Max中访问或设置这些功能的具体方法进行介绍。

01 在硬盘的文件中，双击已下载或购买的VRay安装程序，弹出如图4-1所示的安装对话框，单击【继续】按钮。

图4-1　初始安装界面

02　出现【V-Ray 2.50.01 for 3ds Max2015 64bit（高级渲染器）中英文切换加强版】对话框后，选中【我同意"许可协议"中的条款】复选框，然后单击【我同意】按钮，如图4-2所示。

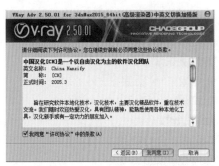

图4-2　VRay渲染器的许可证协议界面

03　弹出指定路径对话框，此路径需要与3ds Max Design 2015所在的根目录相同，可以使用默认路径。然后单击【继续】按钮，如图4-3所示。

图4-3　VRay的安装路径

04　在弹出的对话框中选择需要安装在的软件中，然后单击【继续】按钮，如图4-4所示。

05　弹出创建程序快捷方式的对话框，选择程序快捷方式的存放路径（根据使用习惯随意选择），然后单击【继续】按钮，如图4-5所示。

06　弹出【安装】对话框，对话框中显示出

软件的安装位置及软件的快捷方式所在的位置，单击【下一步】按钮，安装过程如图4-6所示。

图4-4　选择VRay安装到的软件

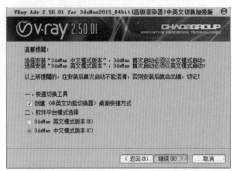

图4-5　创建程序快捷方式的对话框

图4-6　安装过程

07　【安装】完成后，弹出【安装向导完成】对话框，单击【完成】按钮，VRay渲染器就安装完成了，如图4-7所示。

图4-7　【安装向导完成】对话框

4.3 指定VRay为当前渲染器

若要使用VR材质就需要指定VRay渲染器，只有这样才可以使用VRay材质、灯光等功能。

01 启动3ds Max，按F10键，弹出【渲染设置】对话框。

02 在【公用】选项卡中，展开【指定渲染器】卷展栏，然后单击【产品级】后面的按钮 **...**。

03 在弹出的【选择渲染器】对话框中，选择V-Ray Adv 2.50.01渲染器，单击【确定】按钮，即可将VRay渲染器指定为当前激活使用的渲染器，整个流程如图4-8所示。

图4-8 指定VRay为当前渲染器

4.3.1 渲染参数的设置区域

渲染参数可以调整，渲染出图片的速度、质量、显示效果等功能，当我们在渲染图片时，可根据"是需要快速渲染图片，还是注重图片质量"来进行设置。

01 指定VRay为当前渲染器后，依然进入到【渲染设置】对话框中。

02 进入【V-Ray】选项卡，这里包括了VRay渲染器许可服务、产品信息以及渲染参数设置等9个卷展栏，如图4-9所示。

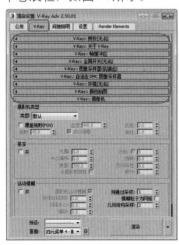

图4-9 渲染参数的设置

03 根据用户选择的图像采样器以及间接照明类型的不同，显示的渲染参数界面会有所不同。

4.3.2 VRay渲染元素的设置

VRay渲染元素可以理解为渲染时，同时输出了一些专供后期处理和合成用的一些通道或辅助图片，方便后期通过Photoshop进行处理。

01 在【渲染设置】对话框中，进入到【Render Elements（渲染元素）】选项卡。

02 在【渲染元素】卷展栏中单击【添加】按钮，会弹出【渲染元素】列表。

03 在该列表中列出了41种可用的VRay渲染元素，选择需要的选项，然后单击【确定】按钮，完成设置，整个流程如图4-10所示。

图4-10 VRay渲染元素的设置

4.3.3　VRay材质的调用

　　【材质编辑器】对话框，既可以在不使用VRay渲染器时使用，也可在使用VRay渲染器时使用，但需要通过【材质/贴图浏览器】对话框调用【V-Ray】卷展栏中的材质，并在【材质编辑器中】进行最终设置。

　　01　启动3ds Max，按M键，弹出【材质编辑器】对话框。

　　02　单击【Arch&Design】按钮，则会弹出【材质/贴图浏览器】对话框，在【V-Ray】卷展栏中，选择需要用的VRay材质，然后单击【确定】按钮，如图4-11所示。

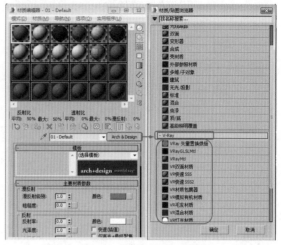

图4-11　VRay材质的调用

4.3.4　VRay贴图的调用

　　VRay贴图的调用与Max贴图材质的调用相仿，都是通过单击【漫反射】选项组中【颜色】右侧的贴图按钮，在弹出的【材质/贴图浏览器】对话框中选择【V-Ray】卷展栏中的材质贴图。

　　01　在【材质编辑器】对话框中单击任意一个贴图指定按钮。

　　02　在弹出的【材质/贴图浏览器】对话框中，选择需要的VRay贴图，然后单击【确定】按钮即可，如图4-12所示。

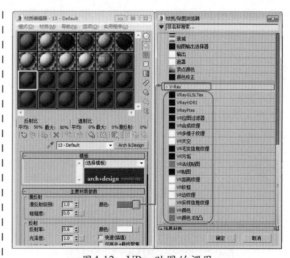

图4-12　VRay贴图的调用

4.3.5　VRay灯光的使用

　　使用了VRay的材质与VRay的渲染器后，还需要了解VRay灯光是如何创建使用的，下面将介绍如何创建VRay灯光。

　　01　单击【创建】　【灯光】　按钮。

　　02　在其下拉列表中选择【VRay】类型，即可进入VRay灯光的创建面板，如图4-13所示。

图4-13　VRay灯光的使用

4.3.6 VRay阴影的使用

当使用了VRay渲染器后，并在场景中创建了系统自带灯光，需要将灯光的阴影类型设置为VRay阴影，这样才可以被VRay渲染器渲染。

01 在场景中选择任意VRay渲染器支持的灯光。

02 进入其修改器面板，展开【常规参数】卷展栏，【阴影】选项组中的【启用】复选框默认为勾选状态，用于激活阴影。

03 在阴影类型下拉列表中选择【VRay阴影】类型即可完成阴影的使用，如图4-14所示。

4.3.7 VRay物体的创建

下面将简单介绍一下VRay物体的创建步骤。

01 单击【创建】 ⚙ |【几何体】 ◯ 按钮。

02 在其下拉列表中选择VRay类型，即可进入VRay物体的创建面板，如图4-15所示。

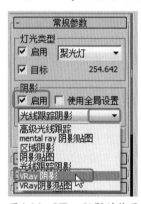 

图4-14 VRay阴影的使用　图4-15 VRay物体的创建

4.3.8 VRay置换修改器的使用

贴图置换是一种为场景中几何体增加细节的技术，这个概念非常类似于凹凸贴图，但凹凸贴图只是改变了物体表面的外观，属于一种shading效果，而贴图置换确实真正改变了表面的几何结构。

01 选择场景中存在的几何体，然后单击【修改】按钮 ⟋，进入修改命令面板。

02 在【修改器列表】中选择【VRay置换模式】修改器。此时该置换修改器就可以使用了，如图4-16所示。

图4-16 VRay置换修改器的使用

4.3.9 VRay大气效果的使用

VRay的大气效果作用与系统自带的大气效果功能基本相同，下面将介绍如何使用VRay的大气效果。

01 在主键盘区按8键，弹出【环境和效果】对话框。

02 在【环境】选项卡中，展开【大气】卷展栏。

03 单击【添加】按钮，在弹出的【添加大气效果】对话框中，选择需要的VRay大气效果，单击【确定】按钮即可完成使用，如图4-17所示。

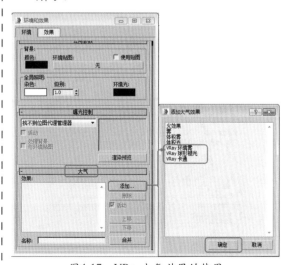

图4-17 VRay大气效果的使用

4.4　V-Ray::帧缓存

所谓帧缓存，简单地说将内存分出一部分空间，临时储存渲染出来的图像。如果帧缓存不开启，则在渲染的时候看不到光子的逐步传递的过程，只有在最后图像出现的时候才能看到里面光打得是否合适，并且不能在测试渲染的时候选择想提前查看的地方。开启帧缓存后，可以看到光子一步步传递的过程，若光打得不合适可以提前观测到，因而可以提前停止测试渲染，还可以渲染你想先看到的部位。这样的话就可以大大提高测试速度，从而提高效率。本节将介绍VRay渲染面板的主要参数和设置内容。

4.4.1　功能概述

在本小节中将对【V-Ray::帧缓存】的功能进行概括的介绍。

除了3ds Max自带的帧缓冲器外，用户也可将图像渲染到指定的VRay帧缓冲器，相对于3ds Max的帧缓冲器来说，VRay的帧缓冲器还有一些其他的功能：

► 允许用户在单一窗口观察所有的渲染元素，并且方便地在渲染元素之间进行切换；
► 保持图像为完整的32位浮点格式；
► 允许用户在渲染的图像上完成简单的颜色校正；
► 允许用户选择块的渲染顺序。

单击【渲染设置】按钮，弹出【渲染设置】对话框，切换到【V-Ray】选项卡，展开【V-Ray::帧缓冲区】卷展栏，如图4-18所示。

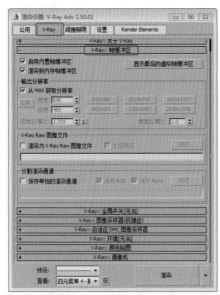

图4-18　【V-Ray::帧缓存】卷展栏

4.4.2　参数详解

本节将介绍【VRay::帧缓冲区】卷展栏中，各个选项参数的详细解说。

1. 常规参数

► 启用内置帧缓冲区：允许使用VRay渲染器内建的帧缓冲器。由于技术原因，3ds Max原始的帧缓存仍然存在，并且也可以被创建。不过，在这个功能启用后，VRay渲染器将不会渲染任何数据到3ds Max自身的帧缓存窗口中。为了防止过分占用系统内存，笔者建议此时把3ds Max原始的分辨率设为一个较低的值（例如100×90），并且在3ds Max的渲染设置的常规卷展栏中关闭虚拟帧缓存。

► 渲染到内存帧缓冲区：勾选此项，将创建VRay的帧缓存，并且可以使用它来存储色彩数据以便在渲染时或者渲染后进行观察。如果用户需要渲染很高分辨率的图像并且是用于输出的时候，则不要勾选此选项，否则系统的内存可能会被大量占用。此时的正确做法是使用下面要讲的【渲染为V-Ray Raw图像文件】选项。

► 显示最后的虚拟帧缓冲区：单击此按钮，系统可以显示最后一次使用的渲染的VFB窗口。

2. 输出分辨率

设置在VRay渲染器中使用的分辨率。

► 从MAX获取分辨率：勾选此复选项后，VRay渲染器的虚拟帧缓存将从3ds Max的常规渲染设置中获得分辨率。
► 宽度：以像素为单位设置在VRay渲染器中使用的分辨率的宽度。
► 高度：以像素为单位设置在VRay渲染器中

使用的分辨率的高度。

3. V-Ray Raw图像文件

▶ 渲染为V-Ray Raw图像文件：此特征在渲染时将VRay的原始数据直接写入到一个外部文件中，而不会在内存中保留任何数据。因此在渲染高分辨率图像的时候使用此特征可以方便地节约内存。若想要观察系统是如何渲染的，勾选后面的【生成预览】复选项即可。

▶ 生成预览：启用的时候将为渲染创建一个小的预览窗口。如果用户不使用VRay的帧缓冲器来节约内存，可以使用此特征从一个小窗口来观察实际渲染，这样一旦发现渲染中有错误，可以立即终止渲染。

▶ 浏览：单击此按钮，可选择保存渲染图像文件的路径。

4. 分割渲染通道

▶ 保存单独的渲染通道：此复选项允许用户将指定的特殊通道作为一个单独的文件并保存在指定的目录下。

▶ 保存RGB：勾选此复选项后，用户可以将渲染的图像保存为RGB颜色。

▶ 保存Alpha：勾选此复选项后，用户可以将渲染的图像保存为Alpha通道。

▶ 浏览：单击此按钮，可选择保存VRay渲染器G缓存文件的路径。

4.4.3　VFB工具条

VFB工具条可以设置当前选择通道，便于预览。单击各个按键可以选择要观察的通道，且可以在单色模式下观察渲染图像等操作。

单击【V-Ray::帧缓存】卷展栏中的【显示最后的虚拟帧缓冲区】按钮，弹出VRay帧缓存窗口，VFB工具条中的按钮用于渲染过程中查看效果或保存效果等操作，如图4-19所示。

▶ ●●●●● ●：这几个按钮用于设置当前选择的通道以及预览模式，用户也可以以单色模式来观察渲染图像。

▶ 【保存图像】按钮 🖫：将当前帧数据保存为文件。

▶ 【清除图像】按钮 ✖：清除帧缓存中的内容。开始新的渲染前，利用此按钮可避免与前面的图像产生混乱。

▶ 【复制到max帧缓冲区】按钮 ：为当前的VRay虚拟帧缓存创建一份3ds Max虚拟帧缓存副本。

▶ 【跟踪鼠标渲染】按钮 ：强制VRay优先渲染最靠近鼠标点的区域。这对于场景局部参数调试非常有用。

▶ 【显示像素信息】按钮 i：用于显示VRay帧缓存窗口任意一点的相关信息。按下此按钮后，在完成的帧缓冲器窗口中单击鼠标右键，马上会在一个独立的窗口中显示出图像像素的相关信息。

▶ 【使用颜色曲线校正】按钮 ：单击该按钮，打开【级别控制】对话框，以便用户确定不同色彩通道的颜色校正，同时将当前包含在缓冲器中的图像数据显示为直方图。用户在直方图上单击鼠标中键并拖动，可以调整缩放预览。

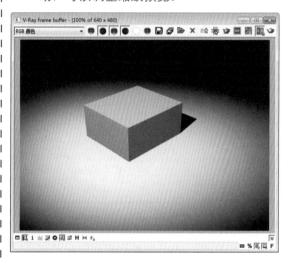

图4-19　【V-Ray::帧缓存】窗口

4.4.4　VFB快捷操作

在虚拟帧缓存处于激活状态下，用户可使用快捷键对虚拟帧缓存进行操作，表4.1、表4.2列出了用于操控虚拟帧缓存图像的快捷键。

表4.1　用于操控虚拟帧缓存图像的鼠标动作

鼠标动作	行为描述
Ctrl键+鼠标左击/Ctrl键+鼠标右击	图像放大/缩小
上下滚动鼠标滚轮	图像放大/缩小
双击鼠标左键	缩放图像到100%
单击鼠标右键	显示单击处像素点的参数信息对话框
鼠标中键拖曳	平移观察

表4.2　用于操控虚拟帧缓存图像的键盘快捷键

键盘快捷键	行为描述
+/-键	图像放大/缩小
*键	缩放图像到100%
方向键	向左、上、右下平移图像

4.5　V-Ray::全局开关

　　全局开关的主要用途，在进行渲染测试时，可根据需要，用于开启或关闭某些渲染项，还可对渲染的质量进行设置，从而灵活地进行测渲染，加快测试时的渲染速度，提高工作效率。

　　单击【渲染设置】按钮，弹出【渲染设置】对话框，切换到【V-Ray】选项卡，展开【V-Ray::全局开关】卷展栏，其主要的参数选项如图4-20所示。

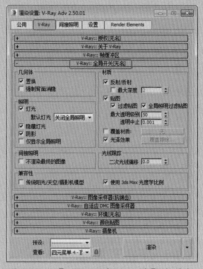

图4-20　【V-Ray::全局开关】卷展栏

4.5.1　几何体

　　用于设置VRay渲染器在进行渲染时对几何体的渲染效果。

▶ 置换：用于启动或禁止使用VRay自己的置换贴图。该复选项对于标准的3ds Max置换贴图不会产生影响，这些贴图是通过渲染对话框中的相应参数来进行控制的。

▶ 强制背面消隐：VRay默认是强制渲染双面的，如果要用法线修改器反转法线后看到里面的话，要勾选此选项，就能够渲染到里面。

4.5.2　照明

　　用于设置VRay渲染器在进行渲染时对灯光的渲染效果。

▶ 灯光：决定是否使用灯光，也就是说该复选项是VRay场景中的直接灯光的总开关，当然不包含3ds Max场景中的默认灯光。如果不勾选该复选项，VRay将使用默认灯光来渲染场景。所以当用户不希望使用渲染场景中的直接灯光时，只需要不同时勾选此复选项和下面的【默认灯光】选项即可。

▶ 【默认灯光】开关：当场景中不存在灯光

物体或禁止使用全局灯光的时候，该命令可启动或禁止3ds Max默认灯光的使用，如图4-21所示。

图4-21 【默认灯光】选项

► 隐藏灯光：允许或禁止隐藏灯光的使用。勾选此复选项，系统会渲染隐藏的灯光效果而不会考虑灯光是否被隐藏；取消勾选此复选项后，无论什么原因被隐藏的任何灯光都不会被渲染。

► 阴影：决定是否渲染灯光产生的阴影。

► 仅显示全局照明：勾选该复选项，直接光照将不会被包含在最终渲染的图像中。注意，在计算全局光照明的时候，直接光照明仍然会被考虑，但是最后只显示间接光照明的效果。

4.5.3 材质

用于设置VRay渲染器在进行渲染时对材质的渲染影响。

► 反射/折射：启动或禁止在VRay的贴图和材质中反射或折射的最大反弹次数，默认为5。

► 最大深度：用于设置VRay贴图或材质中反射/折射的最大反弹次数。不勾选此复选项，反射/折射的最大反弹次数使用材质/贴图的局部参数来控制；勾选此复选项，所有的局部参数设置将会被此参数的设置所取代。

► 贴图：启动或禁止使用纹理贴图。

► 过滤贴图：启动或禁止使用纹理贴图过滤。在激活的时候，过滤的深度使用纹理贴图的局部参数来控制；在禁止的时候，

不会进行纹理贴图过滤。

► 最大透明级别：用于控制透明物体被光线跟踪的最大深度。

► 透明中止：用于控制对透明物体的追踪在何时中止。如果追踪透明度的光线数量累计总数低于此选项设定的极限值，将会停止追踪。

► 覆盖材质：勾选此复选项以后，可以通过后面的材质槽来指定一种简单的材质来替代场景中所有物体的材质，以达到快速渲染的目的。该复选项常在调试渲染参数时使用。如果用户仅勾选了该复选项却没指定材质，VRay将自动使用3ds Max标准材质的默认参数设置，来替代场景中所有物体的材质并进行渲染。

► 光泽效果：此复选项允许使用一种非光滑的效果来代替场景中所有的光滑反射效果。它对测试渲染很有用处。

4.5.4 间接照明

用于设置VRay渲染器在进行渲染时对间接照明的渲染影响。

► 不渲染最终图像：选中该复选项后，VRay只计算相应的全局光照明贴图（光子贴图、灯光贴图和发光贴图）。这对于摄像机游历动画过程中的贴图计算是很有用的。

4.5.5 光线跟踪

用于设置VRay渲染器在进行渲染时对光线跟踪的渲染影响。

► 二级光线偏移：此参数定义针对所有次级光线的一个较小的正向偏移距离。正确设置此参数值可以避免渲染图像中在场景的重叠表面上出现黑斑。另外，在使用3ds Max的【渲染到纹理】特征的时候，正确设置此参数值也是有帮助的。

4.6 V-Ray::图像采样器（抗锯齿）

在VRay渲染器中，图像采样器（抗锯齿）可以在渲染的图像时，使像素网格颜色避免以点带面，这样可以提高渲染图像的精度，又避免了锯齿效果的产生。

4.6.1 功能概述

在VRay渲染器中，图像采样器是指采样和过滤的一种算法，它将产生最终的像素数组来完成图形的渲染。

VRay提供了几种不同的采样算法，尽管在使用后会增加渲染的时间，但是所有的采样器都支持3ds Max标准的抗锯齿过滤算法。用户可以在【固定】、【自适应确定性蒙特卡洛】和【自适应细分】采样器中根据需要选择一种使用。

在【渲染设置】对话框中的【V-Ray】选项卡中展开【V-Ray::图像采样器（抗锯齿）】卷展栏，如图4-22所示。

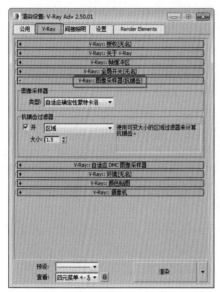

图4-22　【V-Ray::图像采样器（抗锯齿）】卷展栏

4.6.2 参数详解

本节将介绍【V-Ray::图像采样器（抗锯齿）】卷展栏中的各个选项参数的详细内容。

1.　【固定】采样器

这是VRay渲染器中最简单的一种采样器，对于每一个像素，它使用一个固定数量的样本而且只有一个参数来控制细分。

▶　细分：确定每一个像素使用的样本数量。当取值为1时，意味着在每一个像素的中心使用一个样本；当取值大于1时，将按照低差异的DMC序列来产生样本。

对于具有大量模糊特效（比如运动模糊，景深模糊，反射模糊，折射模糊）或高细节的纹理贴图场景，使用【固定图像采样器】是兼顾图像品质与渲染时间的最好选择。

> **提示：**
>
> 　　对于RGB色彩通道来说，由于要把样本限制在黑白范围之间，在使用了模糊效果的时候，可能会产生较暗的画面效果。解决这种情况的方案是为模糊效果增加细分的取值或者使用真RGB色彩通道。

2.　【自适应确定性蒙特卡洛】采样器

该采样器会根据每个像素和它相邻像素的亮度差异来产生不同数量的样本。值得注意的是，该采样器与VRay的rQMc采样器是相关联的，它没有自身的极限控制值，不过用户可以通过VRay的rQMc采样器中的Noise threshold参数来控制品质。

对于那些具有大量微小细节，如VRayFur物体或模糊效果（景深、运动模糊灯）的场景或物体，这个采样器是首选。它占用的内存比下面提到的自适应细分采样器要少。

▶　最小细分：定义每个像素使用的样本的最小数量。一般情况下，这个参数的设置很少需要超过1，除非有一些细小的线条无法正确表现。

▶　最大细分：定义每个像素使用的样本的最大数量，对于那些具有大量微小细节，比下面提到的【自适应细分】采样器占用的内存要少。

▶　显示采样：勾选此选项后，可以看到【自适应DMC】采样器的样本分布情况。

3.　【自适应细分】采样器

这是一个具有undersampling功能（分数采样，即每个像素的样本值低于1）的高级采样器。在没有VRay模糊特效（直接全局照明、景深和运动模糊等）的场景中，它是首选的采样器。它使用较少的样本就可以达到其他采样器使用较多样本才能够达到的品质，这样就减少了渲染时间。但是，在具有大量细节或者模糊特效的情况下它会比其他两个采样器更慢，图像效果也更差，这一点一定要牢记。比起另外两个采样器，它也会占用更多的内存。

► 最小速率：定义每个像素使用的样本的最小数量。值为0意味着一个像素使用一个样本，值为-1意味着每两个像素使用一个样本；值为-2则意味着每4个像素使用一个样本。

► 最大速率：定义每个像素使用的样本的最大数量。值为0意味着一个像素使用一个样本；值为1意味着每个像素使用4个样本；值为2则意味着每个像素使用8个样本。

► 颜色阈值：用于确定采样器在像素亮度改变方面的灵敏性。较低的值会产生较好的效果，但会花费较多的渲染时间。

► 对象轮廓：勾选此项，会使得采样器强行在物体的边缘轮廓进行超级采样，而不管它是否实际需要进行超级采样。注意，此项在使用景深或运动模糊的时候会失效。

► 法线阈值：勾选此项，将使超级采样沿法向急剧变化。同样，在使用景深或运动模糊的时候会失效。

► 随机采样：如果勾选此选项，样本将随机分布，默认为勾选状态。

► 显示采样：如果勾选此选项，可以看到【自适应细分】采样器的分布情况。

4. 抗锯齿过滤器

控制场景中材质贴图的过滤方式，用于改善纹理贴图的渲染效果。【抗锯齿过滤器】如图4-23所示。

图4-23 抗锯齿过滤器

► 开：勾选此复选项，启用抗锯齿过滤器。
  ● 区域：使用可变大小的区域过滤器来计算抗锯齿，这是3ds Max的原始过滤器。
  ● 清晰四方形：来自Neslon Max的清晰9像素重组过滤器。
  ● Catmull-Rom：具有轻微边缘增强效果

的25像素重组过滤器。常用的出图过滤器，可以显著地增加边缘的清晰度；使图像锐化，带来硬朗锐利的感觉（多被用于一般的图和白天的效果）。

● 图版匹配 / MaxR2：使用3ds Max R2的方法（无贴图过滤），将摄影机和场景或天光 / 投影元素与未过滤的背景图像相匹配。

● 四方形：基于四方形样条线的9像素模糊过滤器。

● 立方体：类似于四方形过滤器，是给予立方体样条线的25像素进行模糊过滤。其参数值同样不可调节。

● 视频：主要用于对输出NTSC和PAL格式影片的图像进行优化。其参数值不可调节。

● 柔化：可调整高斯柔化过滤器，用于适度模糊。

● Cook变量：一种通用过滤器。设置1～4.5的值将使图像变清晰，更高的值则使图像变模糊。

● 混合：在清晰区域和高斯柔化过滤器之间进行混合。

● Blackman：清晰但没有边缘增强效果的25像素过滤器。

● Mitchell-Netravali：两个参数的过滤器，在模糊、圆环化和各向异性之间交替使用。如果圆环化的值设置为大于0.5，则将影响图像的alpha通道。

● VRayLanczosFilter（蓝佐斯过滤器）：其参数值可以调节，当数值为2时，图像柔和细腻且边缘清晰；当数值为20时，图像类似于Photoshop中的高斯模糊+单反相机的景深和散景效果（数值低于0.5，图像会有溶解的效果；数值高于5后，开始出现边缘模糊效果）。

● VRaySincfilter（辛克函数过滤器）：其参数值可以调节，当数值为3时，图像边缘清晰，不同颜色之间过渡柔和，但是品质一般；数值为20时，图像锐利，不同颜色之间的过渡也稍显生硬，高光点出现黑白色旋涡状效果且被放大。

● VRayBoxFilter（VR盒子过滤器）：其参数值可以调节，当参数为1.5时，场景边缘较为模糊，阴影和高光的边缘也是模糊的，质量一般；参数为20时，图像彻底模糊了，场景色调会略微偏冷（白蓝色）。

● VRayTriangleFilter（VR三角形过滤器）：其参数值可以调节，当参数为2时，图像柔和且比盒子过滤器稍微清晰；当参数为20时，图像彻底模糊，但是模糊程度比盒子过滤器较差，且场景色调略微偏暖（参数值介于0.5-2之间，数值越小，越清晰；参数值小于0.5，会出现溶解效果）。

▶ 大小：可以增加或减小应用到图像中的模糊量。只有在下拉列表中选择【柔化】过滤器时，该选项才可用。当选择其他任何过滤器时，该微调器不可用。将其设置为1.0时可以有效地禁用过滤器。

> 提示：
>
> 某些过滤器在【大小】控件下方显示其他由过滤器指定的参数。

4.6.3 专家点拨

在本节中对【V-Ray::图像采样器（抗锯齿）】中的重点参数进行了讲解。

对于一个给出的场景来说，哪一个采样器才是最好的选择呢?下面提供一些选择的技巧。

对于仅有一点模糊效果的场景或纹理贴图，选择具有【分数采样】功能的【自适应细分】采样器，可以说是无与伦比的。

当一个场景具有高细节的纹理贴图或大量几何学细节且只有少量的模糊特效时，【自适应确定性蒙特卡洛】采样器是不错的选择，特别是这种场景需要渲染动画的时候，而如果使用【自适应细分】采样器可能会导致动画抖动。

对于具有大量的模糊特效或高细节的纹理贴图的场景，【固定】采样器是兼顾图像品质和渲染时间的最好选择。

关于内存的使用，在渲染的过程中，采样器会使用一些物理内存来储存每一个渲染块的信息或数据，所以使用较大的渲染块尺寸可能会占用较多的系统内存，尤其在使【自适应细分】采样器时特别明显，因为系统会单独保存所有从渲染块采集的子样本的数据。换句话说，另外两个采样器仅仅只保存从渲染块采集的子样本的合计信息，因而占用的内存会较少。

4.7 V-Ray::间接照明（GI）

间接照明就是把直接照明的光进行反射，再反射，让直接光照不到的阴影也被照亮而不至于出现死黑的情况。直接照明和间接照明加起来就是全局照明。

4.7.1 功能概述

在本小节中将对【V-Ray::间接照明（GI）】的功能进行概括的介绍。

这个卷展栏主要用于控制是否使用全局照明，全局光照渲染引擎使用什么样的搭配方式，以及对间接照明强度的全局控制。同样可以对饱和度、对比度进行简单调节。

单击【渲染设置】按钮，弹出【渲染设置】对话框，切换到【间接照明】选项卡，展开【V-Ray::间接照明（GI）】卷展栏，如图4-24所示。

图4-24 【VRay::间接照明（GI）】卷展栏

4.7.2　参数详解

本节将介绍【V-Ray::间接照明（GI）】卷展栏中的各个选项参数的详细内容。

【开】复选框：决定是否计算场景中的间接光照明。

1.　【全局照明焦散】选项组

全局光焦散描述的是全局照明产生焦散的一种光学现象。它可以由天光和自发光物体等产生。但是由直接光照产生的焦散不受这些参数的控制，可以单独使用【焦散】卷展栏中的参数来控制直接光照明的焦散，不过，全局照明焦散需要更多的样本，否则会在全局照明计算中产生噪波。

▶ 全局照明折射焦散：控制间接光穿过透明物体（如玻璃）时是否会产生折射焦散。注意，这与直接穿过透明物体而产生的焦散不是一样的。例如，在表现天光穿过窗口情形的时候可能会需要计算全局照明折射焦散。

▶ 全局照明反射焦散：控制间接光照射到镜射表面时是否会产生反射焦散。默认情况下为关闭状态，它不但对最终的全局照明计算贡献很小，而且还会产生用户所不希望看到的噪波。

2.　【渲染后处理】选项组

这部分主要是对增加到最终渲染图像前的间接光照明进行一些额外的修正。默认的设定值可以确保产生物理精度效果，当然用户也可以根据自己需要进行调节。一般情况下，建议使用默认参数值。

▶ 饱和度：控制全局照明的饱和度。数值越高，饱和度越强。值为0意味着从全局照明方案中去除所有的色彩，仅保留灰白色；参数为默认值1意味着不对全局照明方案中的色彩进行任何修改；值在1.0以上则意味着将增强全局照明中的色彩饱和度。

▶ 对比度：此参数是与下面的【对比度基准】一起联合起作用的，它可以增强全局照明的对比度。当对比度取值为0的时候，全局照明的对比度变得完全一致，此时的对比度由【对比度基准】参数的取值来决定；值是1的时候，意味着不对全局照明方案中的对比度进行任何修改；值在1.0以上则意味着将增强全局照明的对比度。

▶ 对比度基准：此参数用于定义对比度增强的基本数值，从而确保全局照明的值在对比度计算过程中保持不变。

3.　【首次反弹】选项组

▶ 倍增值：这个参数用来控制一次反弹光的倍增器，数值越高，一次反弹的光的能量越强，渲染场景越亮。注意，使用默认值1.0就可以得到一个很好的效果。设置其他数值也是允许的，但是都没有使用默认值精确。

▶ 全局照明引擎：允许用户选择一种前面介绍过的全局照明渲染引擎，如图4-25所示。

图4-25　全局照明引擎

● 发光图：是基于发光缓存技术的，基本思路是仅计算场景中某些特定点的间接照明，然后对剩余的点进行插值计算。

● 光子图：建立在追踪从光源发射出来的并能够在场景中相互反弹的光线微粒（称之为光子）的基础上。这些光子在场景中来回反弹，撞击各种不同的表面，这些碰撞点被储存在光子贴图中。光子贴图重新计算照明和发光贴图不同，对于发光贴图，混合临近的全局照明样本通常采用简单的插补，而对于光子贴图则需要评估一个特定点的光子密度。密度评估的概念是光子贴图的核心，V-Ray可以使用几种不同的方法来完成光子的密度评估。

● BF算法：选择它将促使VRay使用直接计算来作为初级漫反射的全局照明引擎。

● 灯光缓存：灯光缓存装置是一种近似于场景中全局光照明的技术，与光子贴图类似，但是没有过多的局限性。灯光装置是建立在追踪摄影机可见的光线路径上的，每一次沿路径的光线反弹都会储存照明信息，它们组成了三维的结构，这一点非常类似于光子贴图。它可以直接使用，也可以被用于发光贴图或直接计算时的光线二次反弹计算。

4. 【二次反弹】选项组

► 倍增值：此参数用来确定在场景照明计算中次级漫射反弹的效果。接近于1的值可能使场景趋向于漂浮，而在0附近的取值将使场景变得暗淡。注意，默认的取值1.0可以得到一个很好的效果。设置其他数值也是允许的，但是都没有使用默认值精确。

► 无：表示不计算场景中的次级漫射反弹。使用此选项可以产生没有间接光色彩渗透的天光图像。

► 光子贴图：选择它将促使VRay使用光子贴图来作为次级漫反射全局照明引擎。

► BF算法：选择它将促使VRay使用直接计算来作为次级漫反射全局照明引擎。

► 灯光缓存：选择它将促使VRay使用灯光贴图来作为初级漫反射全局照明引擎。

4.7.3　专家点拨

在本节中对【V-Ray::间接照明（GI）】卷展栏中的重点参数进行了讲解。

VRay没有单独的天光系统。天光效果可以通过在3ds Max的【环境】对话框中设置背景颜色或环境贴图得到，也可以在VRay自己的【环境】卷展栏中设置。

如果用户将初级和次级漫反射的值都使用默认的1.0，可以得到非常精确的物理照明图像。虽然将其设置为其他的数值也是可以的，但是都无法达到使用默认值精确的效果。

4.8　VRay渲染器的相关术语

在本节中将对VRay渲染器的相关术语进行介绍。

► 解析采样：VRay渲染器计算运动模糊的方法之一。与其他耗时的采样方法不一样，解析采样可以完全模糊移动的三角形。在某一个给定的时间段，解析采样会考虑所有与给定光线相交的所有三角形。不过，正是由于其完美性，在具有快速运动的高数量多边形场景中其速度会特别慢。

► 抗锯齿/图像采样：一种可以使具有高对比度边缘和精细细节的物体和材质产生平滑图像的特殊技术。VRay通过在需要时获得额外的样本来得到抗锯齿效果。为了确定是否需要更多的样本，VRay会比较相邻图像样本之间的颜色（或者其他参数）差异。这种比较可以通过使用几种方法来完成，VRay支持固定比率、简单的2级和自适应抗锯齿方法。

► 面积光：一种描述非点状光源的术语，这种光源可以产生面积阴影。VRay通过使用VRayLight来支持面积光的渲染。

► 面积阴影/软阴影：一种被模糊的阴影

（或者说是具有模糊边缘的阴影），它是由非点状光源产生的。VRay可以通过使用VRay阴影或面积光产生面积阴影效果。

► 双向反射分布功能：表现某个表面的反射属性的最常规方法之一就是使用双向反射分布功能。它是一种定义表面的光谱和立体反射特性的函数。VRay支持3种双向反射分布功能类型：Phong、Blinn和Ward。

► 二元空间划分树：一种为了加速光线和三角形的相交运算而重组场景几何体的特殊数据结构。目前VRay提供有两种类型的BSP树，一种是静态BSP树，用于无运动模糊的场景；另一种是运动模糊的BSP树。

► 渲染块：当前帧的一块矩形区域，在渲染过程中是相互独立的。将一帧图像划分成若干渲染块可以优化资源利用（CPU、内存等），它也被用于分布式渲染中。

► 焦散：焦散描述的是被不透明物体折射的光线撞击漫反射表面产生的效果。

► 景深：在场景中某个特殊的点上，图像就显得很清晰，而在这个点之外图像则显得很模糊，其模糊程度取决于摄像机的快门参数和距摄像机的距离。这和真实世界中的摄像机的工作原理类似，因此这种效果对获得照片级渲染图像尤其有帮助。

▶ 分布式渲染：一种利用所有可用计算机资源的技术（使用机器中的所有CPU或者局域网中的所有机器等）。分布式渲染将当前工作帧划分为若干渲染区域，并使局域网中所有已经联接的机器都优先计算渲染效果。整体的分布式渲染能确保VRay在渲染单帧的时候使用大多数的设备，但是对于渲染动画序列来说，使用3ds Max标准的网络渲染可能会更有效。

▶ G缓冲：这个术语描述的是在图像渲染过程中产生的各种数据集合，这些数据包括Z值、材质ID号、物体ID号和非限制颜色等。这些数据对于渲染图像的后期处理非常有用。

▶ 高动态范围图像：包含高动态范围颜色值的图像，即颜色值的范围超过0～1或者0～255。这种类型的图像通常被用作环境贴图，以此来照亮场景。

▶ 间接光照明：在真实的世界中，当光线粒子撞击物体表面的时候，会在各个方向上产生具有不同密度的多重反射光线，这些光线在它们传输的方向上也可能会撞击其他物体，从而产生更多的反射光线。这个过程将多次重复，直到光线被完全吸收，因此，也被称做全局光照明。

▶ 发光贴图：VRay中的间接光照明通常是通过计算GI样本来获得的，发光贴图是一种特殊的缓存，在发光贴图中VRay保存了预先计算的GI样本。在渲染处理过程中，当VRay需要某个特殊的GI样本时，它会通过对最靠近的储存在发光贴图中预先计算的GI样本进行插值计算来获得。预先计算完成后，发光贴图可以被保存为文件，以便在后面的渲染时根据需要进行调用。这个特征对渲染摄像机游历动画特别有用。另外，VRayLight的样本也可以被存储在发光贴图中。

▶ 低精度计算：在某些情况下，VRay不需要计算某条光线对渲染最终图像贡献的绝对精度，此时，VRay将使用速度较快、精度较低的方法来计算，并将使用较少的样本。这可能会导致细微的噪波效果，但却减少了渲染花费的时间。当VRay切换到低精度计算模式的时候，用户可以通过改变降级深度值的方法来控制优化程度。

4.9 V-Ray::发光图

在本节中将介绍【V-Ray::反光图】卷展栏中各参数的功能。

4.9.1 功能概述

在本小节中将对【V-Ray::发光图】的功能进行概括的介绍。在此允许用户控制和调节发光贴图的各项参数，其只有在发光贴图被指定为当前初级漫射反弹引擎的时候才能被激活。

下面先来看一下发光贴图是如何工作的。

发光（Irradiance）是由3D空间中任意一点来定义的一种功能，它描述了从全部可能的方向发射到这一点的光线。通常情况下，发光（Irradiance）在每一个方向每一点上都是不同的，但是对它可以采取两种有效的约束：第

一种约束是表面发光（surface irradiance），换句话说就是发光到达的点位于场景中物体表面上，这是一种自然限制，因为人们一般只对场景中的物体照明计算有兴趣，而物体一般是由表面来定义的；第二种约束是漫射表面发光（diffuse surface irradiance），它关心的是被发射到指定表面上的特定点的全部光线数量，而不会考虑到这些光线来自哪一个方向。

在大多数简单的情况下，如果假设物体的材质是纯白的和漫反射的，则可以认为物

体表面的可见颜色代表漫射表面发光（diffuse surface irradiance）。

在VRay渲染器中，发光贴图（irradiance map）在计算场景中物体的漫射表面发光的时候会采取一种优化计算方法：因为在计算间接光照明的时候，并不是场景的每一个部分都需要同样的细节表现，它会自动判断，在重要的部分进行高精度的全局照明计算（例如两个物体的结合部位或者具有锐利全局照明阴影的部分等），在不重要的部分进行低精度的全局照明计算（例如巨大而均匀的照明区域）。发光贴图因此需要被设置为自适应的状态。

发光贴图（irradiance map）实际上是计算3D空间点的集合（称之为点云）的间接光照明。当光线发射到物体表面，VRay会在发光贴图中寻找是否具有与当前点类似的方向和位置的点，从这些已经被计算过的点中提取各种信息，VRay根据这些信息，决定是否对当前点的间接光照明计算，并以发光贴图中已经存在的点来进行充分的内插值替换。如果不替换，当前点的间接光照明会被计算，并被保存在发光贴图中。

在【间接照明】选项卡中展开【V-Ray::发光图】卷展栏，如图4-26所示。

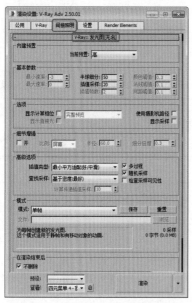

图4-26　【V-Ray::发光图】卷展栏

■ 4.9.2　参数详解

本节将介绍【V-Ray::发光图】卷展栏中和各个选项参数的详细内容。

1.　【内建预置】选项组

系统提供了8种系统预设的模式供用户选择，如无特殊情况，这几种模式就可以满足用户的一般需要。用户可以使用这些预设来设置颜色、法向、距离以及最小/最大比率等参数，如图4-27所示。

图4-27　内建预置

► 自定义：如果选择这个模式，用户就可以根据需要设置发光贴图的参数，这也是默认的选项。

► 非常低：这个预没模式仅仅对预览有用，它只能表现场景中的普通照明。

► 低：一种低品质的用于预览目的的预设模式。

► 中：一种中等品质的预设模式，在场景中不需要太多细节的情况下可以产生好的效果。

► 中-动画：一种中等品质的预设动画模式，其目标就是减少动画中的闪烁。

► 高：一种高品质的预设模式，可以在大多数情形下应用（即使是具有大量细节的动画）。

► 高-动画：主要用于解决高预设模式下渲染动画产生的闪烁问题。

► 非常高：一种极高品质的预设模式，一般用于有大量极细小的细节或极复杂的场景。

> **提示：**
> 这些预设模式都是针对典型的640×480分辨率下的图像。如果使用更大的分辨率，则需要调低预设模式中的最小/最大比率的值。

2.　【基本参数】选项组

► 最小速率：这个参数用于确定原始全局照明通道的分辨率。0意味着使用与最终渲染图像相同的分辨率，这将使得发光贴图类似于直接计算全局照明的方法；-1意味着使用最终渲染图像一半的分辨率。通常需要设置它为负值，以便快速地计算大而平坦区域的全局照明，这个参数类似于（尽管不完全一样）【自适应细分图像】采样器中的最小比率参数。

► 最大速率：这个参数确定全局照明通道的最终分辨率，类似于（尽管不完全一样）【自适应细分图像】采样器中的最大比率参数。

► 颜色阀值：这个参数确定发光贴图算法对间接光照明变化的敏感程度。较大的值意味着较小的敏感性；较小的值将使发光贴图对照明的变化更加敏感，因而可以得到更高品质的渲染图像。

► 法线阀值：这个参数用来确定发光贴图算法对表面法线变化以及细小表面细节的敏感程度。较大的值意味着较小的敏感性；较小值将使发光贴图对表面曲率以及细小细节更加敏感。

► 间距阀值：这个参数确定发光贴图算法对两个表面距离变化的敏感程度。值为0意味着发光贴图完全不考虑两个物体间的距离；较高的值则意味着将在两个物体之间接近的区域放置更多的样本。

► 半球细分：这个参数决定单个全局照明样本的品质。较小的取值可以获得较快的速度，但是也可能会产生黑斑。较高的取值可以得到简化的图像。它类似于图像采样器的细分参数。它并不代表被追踪光线的实际数量，光线的实际数量接近于这个参数的平方值，同时还受QMc采样器相关参数的控制。

► 插值采样：此参数定义被用于插值计算的全局照明样本的数量。较大的值会趋向于模糊全局照明的细节（即使最终的效果很光滑），较小的取值会产生更光滑的细节，但是如果使用较低的半球光线细分值，最终效果可能会产生黑斑。

3. 【选项】选项组

► 显示计算相位：勾选此复选项的时候，VRay在计算发光贴图的时候将显示发光贴图的通道。这使得用户可以在最终渲染完

成前对间接照明有一个基本掌握。它被启用的时候，会减慢渲染计算的速度，特别是在渲染大图像的时候。在演染到场的时候，这个参数可以忽略——因为在那种情况下计算相位不会被显示。

► 显示直接光：此复选项只在【显示计算相位】复选项被选中的时候才能被激活。它将促使VRay在计算发光贴图的时候，显示初级漫射反弹除了间接照明外的直接照明。

► 显示采样：该复选项被勾选的时候，VRay将在VFB窗口中以小原点的形态直观地显示发光贴图中使用的样本情况。

4. 【高级选项】选项组

► 插值类型：VRay内部提供了4种样本插值方式供用户选择，为高级光照贴图的样本的相似点进行插补。

● 权重平均值（好/平滑）：根据发光贴图中全局照明样本点到插补点的距离和法向差异进行简单的混合得到。

● 最小平方适配（好/光滑）：这是默认的设置类型，它将设法计算一个在发光贴图样本之间最合适的全局照明的值。它可以产生比加权平均值更平滑的效果，但速度较慢。

● 三角剖分（好/精确）：几乎所有其他的插补方法都有模糊效果，确切地说，它们都趋向于模糊间接照明中的细节，都有密度偏置的倾向。与它们不同的是，【三角剖分（好/精确）】不会产生模糊，它可以保护场景细节，避免产生密度偏置。但是由于它没有模糊效果，可能会产生更多的噪波（模糊趋向于隐藏噪波）。为了得到充分的效果，可能需要更多的样本，这可以通过增加发光贴图的半球细分值或者较小QMC采样器中的噪波临界值的方法来完成。

● 最小平方权重/泰森多边形权重（测试）：这种方法是对最小平方适配方法缺点的修正，它的速度相当缓慢。

虽然各种插值类型都有它们自己的用途，但是【最小平方适配（好/光滑）】类型和【Delone三角剖分（好/精确）】类型是较好的

选择。【最小平方适配（好/光滑）】可以产生模糊效果，隐藏噪波，从而得到光滑的效果，使用它对具有大的光滑表面的场景来说是很不错的。【Delone三角剖分（好/精确）】是一种更精确的插补方法，一般情况下，需要设置较大的半球细分值和较高的最大比率值（发光贴图），因而也需要更多的渲染时间，但是却可以产生没有模糊的精确效果，尤其适用具有大量细节的场景。

▶ 查找采样：这个选项是在渲染过程中使用的，它决定发光贴图中被用于插补基础的合适点的选择方法，系统提供了4种方法供用户选择，我们来看一下主要的3种方法。

● 最近（草图）：这种方法将简单地选择发光贴图中那些最靠近插补点的样本（至于有多少点被选择由插补样本参数来确定）。这是一种最快的查找方法，而且只用于VRay早期的版本。这个方法的缺点是当发光贴图中某些地方样本密度发生改变的时候，它将在高密度的区域选取更多的样本数量，在使用模糊插值方法的时候，将会导致密度偏置，即在有些地方（大多数全局照明阴影的边缘）出现不正确的插值或明显的人工痕迹。

● 重叠（很好/快速）：这是默认的选项，是针对Nearest（最靠近的）方法产生密度偏置的一种补充。它把插补点在空间划分成4个区域，设法在它们之间寻找相等数值的样本。

● 基于密度（最好）：这种方法是为弥补上述两种方法的缺点而存在的。它需要对发光贴图的样本进行一个预处理，也就是对每一个样本的影响半径进行计算。这个半径值在低密度样本的区域是较大的，在高密度样本的区域是较小的。当在任意点进行插补的时候，将会选择影响半径范围内的所有样本。该方法的优点是在使用模糊插补方法的时候，会产生连续的平滑效果。

▶ 计算传递插值采样：是在发光贴图计算过程中使用的，它描述的是已经被采样算法计算的样本数值。较好的取值范围是

10～25，其中较低的数值可以加快计算传递，但是会导致信息存储不足，较高的取值将减慢速度，增加更多的附加采样。一般情况下，这个参数值应设置为15左右。

▶ 多过程：在发光贴图计算过程中使用，勾选该选项，将促使VRay使用多通道模式计算发光贴图；不勾选该选项，VRay仅使用当前通道计算发光贴图。

▶ 随机采样：在发光贴图计算过程中使用，勾选该选项，图像样本将随机放置；不勾选，屏幕上将产生排列成网格的样本。默认的状态为勾选，推荐使用此状态。

▶ 检查采样可见性：在渲染过程中使用的。它将促使VRay仅使用发光贴图中的样本在插补点直接可见。它可以有效地防止灯光穿透两面且接受完全不同照明的薄壁物体时候产生的漏光现象。当然，由于VRay要追踪附加的光线来确定样本的可见性，所以它会减慢渲染速度。

5. 【模式】选项组

这个选项组允许用户选择使用发光图的方法。

▶ 单帧：在这种模式下，系统对整个图像计算一个单一的发光贴图，每一帧都计算新的发光贴图。在分布式渲染的时候，每一个渲染服务器都各自计算它们自己的针对整体图像的发光贴图。这是渲染移动物体动画的时候采用的模式，但是用户要确保发光贴图有较高的品质，从而避免图像闪烁。

▶ 多帧增量：这个模式在渲染以摄像机移动的帧序列（也称为摄像机游历动画）的时候很有用。VRay将会为第一个渲染帧计算一个新的全图像的发光贴图，而对于剩下的渲染帧，VRay设法重新使用或精炼已经计算了且存在的发光贴图。发光贴图具有足够高的品质也可以避免图像闪烁。这个模式也能够被用于网络渲染中——每一个渲染服务器都计算或精炼它们自身的发光贴图。

▶ 从文件：使用这种模式，在渲染序列开始帧的时候，VRay会简单地导入一个提供的发光贴图，并在动画的所有帧中都使用这

个发光贴图。在整个渲染过程中不会计算新的发光贴图。这种模式也可以用于渲染摄像机游历动画，同时在网络渲染模式下也可以取得很好的效果。

▶ 添加到当前贴图：在这种模式下，VRay将计算全新的发光贴图，并把它增加到内存里已经存在的贴图中。这种模式对渲染静态场景的多重视角汇聚的发光贴图是非常有帮助的。

▶ 增量添加到当前贴图：在这种模式下，VRay将使用内存中已存在的贴图，仅在某些没有足够细节的地方对其进行精炼。这种模式对渲染静态场景或摄像机游历动画的多重视角汇聚的发光贴图是非常有帮助的。

▶ 块模式：在这种模式下，一个分散的发光贴图会被运用在每一个渲染区域（渲染块）中。这在使用分布式渲染的情况下尤其有用，因为它允许发光贴图在几部电脑之间进行计算。块模式运算速度可能会有点慢，因为在相邻两个区域的边界周围的边都要进行计算，而且得到的效果也不会太好，但是用户可以通过设置较高的发光贴图参数来减少它的影响（例如使用高的预设模式、更多的半球细分值或者在QMC采样器中使用较低的噪波阀值等）。

用户选择哪一种模式需要根据具体场景中的渲染任务来确定（静态场景、多视角的静态场景、摄像机游历动画或者运动物体的动画等），没有一个固定的模式适合于任何场景。

下面介绍一下发光贴图控制按钮。

▶ 保存：单击此按钮，将当前计算的发光贴图保存到内存中已经存在的发光贴图文件中。使用前提是【渲染结束时光子图处理】选项组中的【不删除】选项被勾选，否则VRay会自动在渲染任务完成后删除内存中的发光贴图。

▶ 重置：单击此按钮，可以清除储存在内存中的发光贴图。

▶ 浏览：在选择【从文件】模式的时候，单击此按钮，可以从硬盘上选择一个存在的发光贴图文件并导入。另外，用户可以在编辑条中直接输入路径和文件名称，选择发光贴图。

6.　【渲染结束后】选项组

这个选项组用于控制VRay渲染器在渲染过程结束后如何处理发光贴图。

▶ 不删除：此选项的默认状态是勾选的，意味着发光贴图将保存在内存中直到下一次渲染前。如果不勾选，VRay会在渲染任务完成后删除内存中的发光贴图。这也意味着用户无法在以后手动保存发光贴图。

▶ 自动保存：如果勾选此项，在渲染结束后，VRay将自动把发光贴图文件保存到用户指定的目录。如果用户希望在网络渲染，每一个渲染服务器都使用同样的发光贴图，此时这个功能尤其有用。

▶ 切换到保存的贴图：此项只有在【自动保存】选项被勾选的时候才能被激活。

4.10　V-Ray::BF强算全局光

在本节中将介绍【V-Ray::BF强算全局光】卷展栏中各参数的功能。

4.10.1　功能概述

在本小节中将对【V-Ray::BF强算全局光】的功能进行简单介绍。

该功能只有在用户将强算全局照明渲染引擎作为首次或二次漫射反弹引擎的时候才能被激活。

使用强算全局照明算法来计算全局照明是一种强有力的方法，它会单独地验算每一个明暗处理点的全局光照明。因而其速度很慢，但效果最精确，尤其适用于需要表现大量细节的场景。

为了加快强算全局照明的速度，用户在使用它作为首次漫射反弹引擎时，可以在计算二次漫射反弹的时候选择较快速的方法。

在【间接照明】选项卡中展开【V-Ray::BF强算全局光】卷展栏，如图4-28所示。

图4-28 【V-Ray::BF强算全局光】卷展栏

4.10.2 参数详解

本节将详细介绍【V-Ray::BF强算全局光】卷展栏中的各个选项参数的内容。

► 细分：用于设置计算过程中使用的近似的采样数量。这个参数值并不是VRay发射的追踪光线的实际数量。实际数量近似于这个参数值的平方值，同时会受到QMC采样器参数设置的限制。

► 二次反弹：此参数仅在全局照明引擎被选择为二次全局照明引擎的时候才被激活，用于控制被计算的光线的反弹次数。

4.11 V-Ray::焦散

焦散是光线穿透透明物体后在影子里面的局部聚光现象。

4.11.1 功能概述

在本小节中将对，【V-Ray::焦散】的功能进行简单的介绍。

VRay渲染器支持焦散效果的渲染。为了产生这种效果，在场景中，必须同时具有合适的焦散生成器和焦散接收器，即将一个物体设置为焦散生成器和焦散接收器（如何将一个物体设置为焦散生成器和焦散接收器可也参考【设置】选项卡中【V-Ray::系统】卷展栏下的【对象设置】和【灯光设置】，这些参数部分的设置可以控制光子贴图的生成）。

在【间接照明】选项卡中展开【V-Ray::焦散】卷展栏，如图4-29所示。

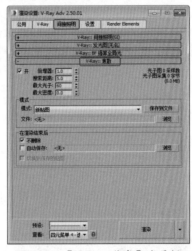

图4-29 【V-Ray::焦散】卷展栏

4.11.2 参数详解

本节将介绍【V-Ray::焦散】卷展栏中的各个选项参数的详细内容。

1. 常规参数

► 开：打开或关闭焦散效果。

► 倍增器：此参数控制焦散的强度，它是一个控制全局的参数，对场景中所有产生焦散特效的光源都有效。如果用户希望不同的光源产生不同强度的焦散，需使用局部

的参数设置。

> 提示：
> 这个参数与局部参数的效果是叠加的。

► 搜索距离：当VRay追踪撞击物体表面的某些点的某一个光子的时候，会自动搜寻位于周围区域同一平面的其他光子，实际上这个搜寻区域是一个中心位于初始光子

位置的圆形区域，其半径是由搜寻距离确定的。

► 最大光子：当VRay追踪撞击物体表面的某一点的某一个光子的时候，也会将周围区域的光子计算在内，然后根据这个区域内的光子数量来均分照明。如果光子的实际数量超过了最大光子数的设置，VRay也会按照最大光子数来计算。

► 最大密度：此参数允许用户限定光子贴图的分辨率。VRay随时需要储存新的光子到焦散光子贴图中，系统首先将搜寻在通过【最大密度数】指定的距离内是否存在另外的光子。如果在贴图中已经存在一个合适的光子的话，VRay则仅增加新光子的能量到光子贴图内已经存在的光子中，否则，将在光子贴图中储存一个新的光子。使用此选项允许用户发射更多的光子（因而导致更平滑的效果），同时保持焦散光与贴图的尺寸易于管理。

2. 模式

► 新贴图：选择此选项，VRay在每次渲染时都会产生新的光子贴图，它将覆盖渲染产生的焦散光子贴图。

► 保存到文件：单击此按钮，将保存当前计算的焦散光子贴图到内存里已经存在散子贴图文件中。

► 文件：使用这种模式，在渲染序列的开始帧处，VRay导入一个提供的光子贴图，并在动画的所有帧中都使用这个焦散光子贴图，整个渲染过程中不会再计算新的光子贴图。模式也可以用于渲染摄像机游历动画，同时在网络渲染模式下也发挥了很好的作用。

► 浏览：单击此按钮，可选择保存焦散光子贴图文件的路径。

3. 渲染结束后的光子图处理

这个选项组用于控制VRay渲染器在渲染过程结束后如何处理焦散光子贴图。

► 不删除：这个复选项默认状态是勾选的，意味着焦散光子贴图将保存在内存中并持续到下一次渲染前。如果不勾选，VRay会在渲染任务完成后删除内存中的焦散光子贴图。这也意味着用户要在以后手动保存焦散光子贴图。

► 自动保存：如果这个复选项被勾选，在渲染结束后，VRay将自动把焦散光子贴图文存到用户指定的目录。如果用户希望在网络渲染的时候每一个渲染服务器都使用同样的焦散光子贴图，那么这个功能尤其有用。

► 浏览：单击此按钮，可选择自动保存焦散光子贴图文件的路径。

► 切换到保存的贴图：这个复选项只有在【自动保存】复选框被勾选了的时候才被激活。勾选的时候，VRay渲染器会自动设置焦散光子贴图为【文件】模式，并将文件名称保存为设置前的贴图文件名称。

4.12 V-Ray::环境

在本节中将介绍【V-Ray::环境】卷展栏中各参数的功能。

4.12.1 功能概述

在本小节中将对【V-Ray::环境】的功能进行简单的介绍。

在VRay渲染参数的环境部分用户能指定在全局照明和反射／折射计算中使用的颜色和贴图，如果不指定颜色和贴图，VRay将使用3ds Max的背景色和贴图来代替。

切换到【V-Ray】选项卡，展开【V-Ray::环境】卷展栏，如图4-30所示。

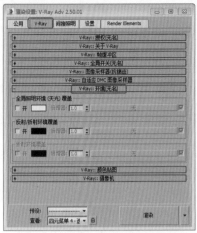

图4-30　【V-Ray::环境】卷展栏

4.12.2　参数详解

本节将介绍【VRay::环境】卷展栏中的各个选项参数的详细内容。

1.　全局照明环境（天光）覆盖

此选项组允许用户在计算间接照明的时候替代3ds Max的环境设置，这种改变全局照明环境的效果类似于天空光。

▶　开：勾选该复选框可以开启全局照明。
▶　颜色：允许用户指定背景颜色（即天空光的颜色）。
▶　倍增器：用于指定颜色的亮度倍增值。
▶　无：允许用户指定背景纹理贴图。

2.　反射/折射环境覆盖

此选项组允许用户在计算反射/折射的时候被用来替代3ds Max自身的环境设器。当然，用户也可以选择在每一个材质或贴图的基本设置部分来替代3ds Max的反射/折射环境。

▶　颜色：参数意义同上。
▶　倍增器：参数意义同上。
▶　无：允许用户指定背景纹理贴图。

4.13　V-Ray::DMC采样器

在本节中将介绍【V-Ray::DMC采样器】卷展栏中各参数的功能参数的意义。

4.13.1　功能概述

在本小节中将对【V-Ray::DMC采样器】的功能进行简单概括的介绍一下。

DMC采样器是VRay渲染器的核心部分，贯穿于VRay的每一种【模糊】计算中——抗锯齿、景深、间接照明、面积灯光、模糊反射/折射、半透明和运动模糊等。确定性蒙特卡洛采样一般用于确定获取什么样的样本以及最终哪些光线被追踪。

与那些任意一个【模糊】评估使用分散的方法来采样不同的是，VRay根据一个特定的值，使用一种独特的统一的标准框架来确定有多少以及多么精确的样本被获取。那个标准框架就是大名鼎鼎的DMC采样器。

顺便提一下，VRay是使用一个随机的Halton低差异序列来计算那些被获取的精确的样本的。

样本的实际数量是根据一下几个因素来决定的：

▶　由用户指定的特殊的模糊效果的细分值提供，它通过全局细分倍增器来倍增；取决于评估效果的最终图像采样，例如，暗的平滑的反射需要的采样数就比明亮的少，原因在于最终的效果中反射效果相对较弱；远处的面积灯需要的采样数量比近处的要少。这种基于实际使用的采样数量来评估最终效果的技术被称之为【重要性抽样】。

▶　从一个特定的值获取的采样的差异——如果那些采样彼此之间不是完全不同的，那么可以使用较少的采样来评估；如果是完全不同的，为了得到好的效果，就必须使用较多的采样来计算。在每一次进行新的采样后，VR会对每一个采样进行计算，然后决定是否继续采样。如果系统认为已经达到了用户设定的效果，会自动停止采样。这种技术被称之为【早期性终止】或者【自适应采样】。

所能够获得的最大采样数量。这一部分由相对应的模糊效果的细分参数来控制调节。我们可以称这个采样数量为N。

为完成预定的渲染效果所必须达到的最小采样数量。它不会小于下面描述的最小采集值参数的取值，也取决于重要性抽样的数量和最终结果的评估效果，还取决于自适应早期性终止的数量。我们称之为M。然后，VRay计算产生模糊效果需要的实际采样的M值。

进入【V-Ray::DMC采样器】卷展栏，如图4-31所示。

图4-31　【V-Ray::DMC采样器】卷展栏

4.13.2　参数详解

本节将介绍【V-Ray::DMC采样器】卷展栏中各个选项参数的详细内容。

▶ 适应数量：控制早期终止应用的范围。值为1.0意味着在早期终止算法被使用之前被使用的最小可能的样本数量。值为0则意味着早期终止不会被使用。

▶ 最小采样值：确定在早期终止算法被使用之前必须获得的最少的样本数量。较高的取值将会减慢渲染速度，但会确保早期终止算法更可靠。

▶ 噪波阈值：在评估一种模糊效果是否足够好的时候，用该参数可以控制VRay的判断能力。在最后的结果中直接转化为噪波。较小的取值意味着较少的噪波、使用更多的样本以及更好的图像品质。

▶ 全局细分倍增器：在渲染过程中这个选项会倍增任何地方任何参数的细分值。用户可以使用这个参数来快速增加/减少任何地方的采样品质。它将影响除灯光贴图、光子贴图、焦散和抗锯齿细分以外的所有细分值，其他的（如景深、运动模糊、发光贴图、准门特卡罗GI、面积光、面积阴影和平滑反射/折射等）都受到此参数的影响。

▶ 时间独立：此复选项被勾选的时候，在一个动画过程中QMC样式从帧到帧将是一样的。由于在某些情况下这种情形不是实际需要的，所以用户可以关闭此复选项，从而使QMC样式随时间变化。值得注意的是，在这两种情况下再次渲染同样的帧将会产生同样的效果。

4.14　V-Ray::颜色贴图

在本节中将介绍【V-Ray::颜色贴图】卷展栏中各参数的功能。

4.14.1　功能慨述

在本小节中将对【V-Ray::颜色贴图】的功能进行简单的介绍。

颜色贴图通常被用于最终图像的色彩转换，其参数如图4-32所示。

图4-32　【V-Ray::颜色贴图】卷展栏

4.14.2 参数详解

本节将介绍【V-Ray::颜色贴图】卷展栏中的各个选项参数的详细内容。

▶ 类型：定义色彩转换使用的类型，在右面的下拉列表中提供了7种不同的曝光模式，不同的模式的局部参数也不一样，下面来简要介绍一下。

● 线性倍增：这种模式将基于最终图像色彩的亮度来进行简单的倍增，那些太亮的颜色成分（在l0或255之上）将会被限制。但是这种模式可能会使得靠近光源的点过分明亮。

● 指数：这个模式将基于亮度来使颜色更饱和。这对预防非常明亮的区域（例如光源的周围区域等）曝光是很有用的。这个模式不限制颜色范围，而是使它们更饱和。

● 指数：与上面提到的指数模式非常相似，但它会保护色彩的色调和饱和度。

● 亮度指数：与上面提到的指数模式非常相似，但它会保护色彩的亮度。

● 伽玛校正：与2D图像处理软件一样，对色彩进行伽玛校正。

● 亮度伽玛：此曝光不仅拥有【伽玛校正】的优点，同时还可以修正场景中灯光的衰减。

● Reinhard：它可以把【线性倍增】和【指数】模式的曝光效果混合起来。

▶ 暗色倍增：在线性倍增模式下，此选项控制暗的色彩的倍增。

▶ 亮度倍增：在线性倍增模式下，此选项控制亮的色彩的倍增。

▶ 钳制输出：如果此复选项被勾选，在色彩贴图后面的颜色将会被限制。在某些时候这种情况可能是不可取的（例如，用户也希望对图像的hdr部分进行抗锯齿的时候），此时可以取消勾选该复选框。

▶ 影响背景：勾选此项，当前的色彩贴图控制会影响背景颜色。

4.15　V-Ray::摄像机

在本节中将介绍【V-Ray::摄像机】卷展栏中各参数的功能。

4.15.1 功能概述

在本小节中将对【V-Ray::摄像机】的功能进行简单的介绍。

【摄像机】卷展栏控制场景中的几何体投射到图形上的方式，其参数如图4-33所示。

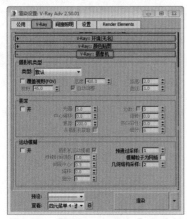

图4-33　【V-Ray::摄像机】卷展栏

4.15.2 参数详解

本节将介绍【V-Ray::摄像机】卷展栏中各个选项参数的详细解说。

1. 摄像机类型

一般情况下，VRay中的摄像机是定义发射到场景中的光线，从本质上来说是确定场景如何投射到屏幕上的方式。VRay支持以下几种摄像机类型——默认、球形、圆柱点、圆柱正交、盒、鱼眼和变形球（旧式），同时也支持正交视图。其中，最后一种摄像机类型只是因兼容以前版本的场景而存在的。

▶ 类型：从该下拉列表中用户可以选择摄像机的类型。下面简单介绍摄影机的类型。

● 默认：这个类型是一种标准的针孔摄像机。

● 球形：这个类型是一种球形的摄像机，

也就是说它的镜头是球形的。

- 圆柱（点）：使用这种类型的摄像机时，所有的光线都有一个共同的来源——它们都是圆柱的中心投射的。在垂直方向可以被当作针孔摄像机，而在水平方向则可以被当作球状的摄像机，实际上相当于两种相机效果的叠加。

- 圆柱（正交）：这种类型的摄影机在垂直方向类似于正交视角，在水平方向则类似于球状摄影机。

- 盒：这种类型实际上相当于在box的每一个面放置一架标准类型的摄像机，对于产生立方体类型的环境贴图来说是非常好的选择，对于GI也可能是有益的——用户可以使用这个类型的摄像机来计算发光贴图，并将其保存下来，然后再使用标准类型的摄像机导入发光贴图，这可以产生在任何方向上都锐利的GI。

- 鱼眼：这种特殊类型的摄像机描述的是下面这种情况：一个标准的针孔摄像机指向一个完全反射的球体（球半径恒定为1.0），然后这个球体反射场景到摄像机的快门。

▶ 覆盖视：用户可以使用这个复选项覆盖3ds Max的视角。这是因为在VRay中，有些摄像机类型可以将视角扩展，其范围从0°到360°，而3ds Max默认的摄像机类型则被限制在180°以内。

▶ 视野：勾选【覆盖视野】，且当前选择的摄像机类型支持视角设置的时候该参数才能被激活，它用于设置摄像机的视角。

▶ 高度：这个选项是只有在正交圆柱状的摄像机类型中有效，用于设定摄像机的高度。

▶ 自动调整：这个复选项在使用鱼眼类型摄像机的时候被激活，勾选以后，VRay将自动计算【距离】值，以便使渲染图像适配图像的水平尺寸。

▶ 距离：这个参数是针对鱼眼摄像机类型的，所谓的鱼眼摄像机模拟的是类似下面这种情况：标准摄像机指向一个完全反射的球体（球体半径为1.0），然后反射场景到摄像机的快门。这个距离选项描述的就

是从摄像机到反射球体中心的距离。

▶ 曲线：这个参数也是针对鱼眼摄像机类型的，该参数控制渲染图像扭曲的轨迹。值为1.0意味着它是一个真实世界中的鱼眼摄像机；值接近于0的时候扭曲将会被增强；值接近2.0的时候，扭曲会减少。注意，实际上这个值控制的是被摄像机虚拟球反射的光线的角度。

2. 景深

▶ 开：用于控制景深效果的开启。

▶ 光圈：使用世界单位定义虚拟摄像机的光圈尺寸。较小的光圈值将减小景深效果，较大的参数值将产生更多的模糊效果。

▶ 中心偏移：这个参数决定景深效果的一致性，值为0意味着光线均匀地通过光圈，正值意味着光线趋向于向光圈边缘集中，负值则意味着向光圈中心集中。

▶ 焦距：此参数确定从摄像机到物体被完全聚焦的距离。靠近或远离这个距离的物体都将被模糊。

▶ 从摄影机获取：当这个选项被激活的时候，如果渲染的是摄像机视图，焦距由摄像机的目标点确定。

▶ 边数：这个选项是用来模拟真实世界摄像机的多边形光圈。如果这个选项不被激活，那么系统则使用一个完美的圆形来作为光圈形状。

▶ 旋转：指定光圈形状的方位。

▶ 各向异性：此选项允许对Bokeh效果在水平方向或垂直方向进行拉伸。正值表示在垂直方向对此效果进行拉伸，负值表示在水平方向对此效果进行拉伸。

▶ 细分：这个参数用于控制景深效果的品质。

3. 运动模糊

▶ 开：用于控制运动模糊效果的开启。

▶ 持续时间（帧）：在摄像机快门打开的时候指定在帧中持续的时间。

▶ 间隔中心：指定关于3ds Max动画帧的运动模糊的时间间隔中心。值为0.5意味着运动模糊的时间间隔中心位于动画帧之间的中部，值为0则意味着位于精确的动画帧位置。

▶ 偏移：控制运动模糊效果的偏移，值为0
意味着灯光均匀通过全部运动模糊间隔。
正值意味着光线趋向于间隔的末端，负值
则意味着趋向于间隔的起始端。

▶ 细分：确定运动模糊的品质。较低的取值
计算较快，却会在图像中产生较多的噪
波。较高的取值会平滑噪波，却会花费较
多的渲染时间。注意，采样的品质还取决
于【确定性蒙特卡洛采样器】的设置。

▶ 预采样：计算发光贴图的过程中有多少样
本被计算。

▶ 模糊粒子为网格：用于控制粒子系统的模糊
效果，当它被勾选的时候，粒子系统会被作
为正常的网格物体来产生模糊效果。然而，
有许多的粒子系统在不同的动画帧中会改变
粒子的数量。用户可以不勾选它，而使用粒

子的速率来计算运动模糊。

▶ 几何结构采样：设置产生近似运动模糊的
几何学片断的数量，物体被假设在两个几
何学样本之间进行线性移动，对于快速旋
转的物体，需要增加这个参数值才能得到
正确的运动模糊效果。

4.15.3　专家点拨

在本节中已对【V-Ray::摄像机】卷展栏中
的重点参数进行了讲解。

只有标准类型摄像机才支持产生景深
特效，其他类型的摄像机是无法产生景深特
效的。在同时产生景深和运动模糊效果的时
候，使用的样本数量是由两个细分参数合起
来产生的。

4.16　V-Ray::默认置换

在本节中已介绍【V-Ray::默认置换】卷展栏中各参数的功能参数的内容。

4.16.1　功能概述

在本小节中将对【V-Ray::默认置换】的功
能进行简单的介绍。

这部分允许用户控制使用置换而没有应用
VRay DisplacementMod 修改器的物体的置换效
果，单击【渲染设置】按钮，在弹出的【渲
染设置】对话框中切换到【设置】选项卡，进
入【V-Ray::默认置换】卷展栏，其参数如图
4-34所示。

图4-34　【V-Ray::默认置换】卷展栏

4.16.2　参数详解

本节将介绍【V-Ray::默认置换】卷展栏中
的各个选项参数的详细内容。

▶ 覆盖MAX的设置：勾选的时候，VRay将
自己内置的微三角置换来渲染具有置换材
质的物体。反之，将使用标准的3ds Max
置换来渲染物体。

▶ 边长：用于确定置换的品质，原始网格的每
一个三角形被细分为许多更小的三角形，这
些小三角形的数量越多就意味着置换具有更
多的细节，同时也会减慢渲染速度，增加渲
染的时间，也会占用更多的内存，数量越少
则有相反的效果。【边长】依赖于下面提到
的【依赖于视图】参数。

▶ 依赖于视图：当这个复选项被勾选的时
候，边长度决定细小三角形的最大边长
（单位是像素）。值为1.0意味着每一个
细小三角形的最长的边投射在屏幕上的长
度是1个像素。当这个复选项被关闭的时
候，细小三角形的最长边长将用世界单位

来确定。

► 最大细分：控制从原始的网格物体的三角形细分出来的细小三角形的最大数值。不过请注意，实际上细小三角形的最大数量是由这个参数的平方来确定的，例如默认值是256，则意味着每一个原始三角形产生的最大细小三角形的数量是256×256=65536个。笔者不推荐将这个参数设置得过高，如果非要使用较大的值，还不如直接将原始网格物体进行更精细的细分。

► 数量：此参数定义置换的数量。值为0意味着物体不发生变化；较高的值将导致较强烈的置换效果；也可以是负值，但在这种情况下物体表面将内陷到物体内部。

► 相对于边界框：勾选的时候，置换的数量将相对于原始网格物体的边界，默认为勾选状态。

► 紧密边界：当这个复选项被勾选的时候，VRay将试图计算来自原始网格物体的置换三角形的精确的限制体积。如果使用的纹理贴图有大量的黑色或白色区域，可能需要对置换贴图进行预采样，但渲染速度将是较快的。当这个复选项未被勾选时，VRay会假定限制体积最坏的情形，不再对纹理贴图进行预采样。

4.16.3　专家点拨

在本节中已对【V-Ray::默认置换】卷展栏中的重点参数进行了讲解。

默认的置换数量是基于物体的限制框的，因此，对于变形物体来说这不是一个好的选择。在这种情况下，用户可以应用支持恒定置换数量的VRay Displacement Mod修改器。

4.17　V-Ray::系统

在本节中将介绍【V-Ray::系统】卷展栏中各参数的功能。

4.17.1　功能概述

在本小节中将对【V-Ray::系统】卷展栏中的功能进行简单的介绍。

在【设置】选项卡中进入【V-Ray::系统】卷展栏，在这部分中用户可以控制多种VRay的参数，如图4-35所示。

图4-35　【V-Ray::系统】卷展栏

4.17.2　参数详解

本节将介绍【V-Ray::系统】卷展栏中的各个选项参数的详细内容。

1．光线计算参数

此选项组允许用户控制VRay的二元空间划分树（BSP树，即Binary Space Partitioning）的各种参数。

作为最基本的操作之一，VRay必须完成的任务是光线投射——确定一条特定的光线是否与场景中的任何几何体相交，假如相交的话，就需要鉴定那个几何体。实现这个鉴定过程最简单的方法莫过于测试场景中逆着每一个单独渲染的原始三角形的光线，很明显，场景中可能包含成千上万个三角形，因而这个测试将是非常缓慢的，为了加快这个过程，VRay将场景中的几何体信息组织成一个特别的结构，这个结构我们称之为二元空间划分树（BSP树，即Binary Space Partitioning）。

BSP树是一种分级数据结构，是通过将场

景细分成两个部分来建立的，然后在每一个部分中寻找，依次细分它们，这两个部分我们称之为BSP树的节点。在层级的顶端是根节点——装现为整个场景的限制框，在层级的底部是叶节点——它们包含场景中真实三角形的参照。

► 最大树形深度：定义BSP树的最大深度，较大的值将占用更多的内存，但是一直到一些临界点渲染速度都会很快，超过临界点（每一个场景不一样）以后开始减慢。较小的参数值将使BSP树少占用系统内存，但是整个渲染速度会变慢。

► 最小叶子尺寸：定义树叶节点的最小尺寸，通常，这个值设置为0，意味着VRay将不考虑场景尺寸来细分场景中的几何体。用户可以设置不同的值，如果节点尺寸小于这个设置的参数值，VRay将停止细分。

► 面/级别系数：此选项控制一个树叶节点的最大三角形数量。如果这个参数取值较小，渲染将会很快，但是BPS树会占用多的内存——一直到某些临界点（每一个场景不一样），超过界点以后就开始减慢。

► 动态内存限制：定义动态光线发射器使用的全部内存的界限。注意这个极限值会被渲染线程均分，举个例子，假设设定这个极限值为400MB，如果用户使用了两个处理器的机器并启用了多线程，那么每一个处理器在渲染中使用动态光线发射器的内存占用极限就只有200MB，此时如果这个极限设置的太低，会导致动态几何学不停的导入导出，反而会比使用单线程模式渲染速度更慢。

► 默认几何体：在VRay内部集成了4种光线投射引擎，它们全部都建立在BSP树这个概念的周围，但是它们又有不同的用途。这引擎聚合在光线发射器中——包括非运动模糊的几何学、运动模糊的几何学、静态几何学和动态几何学。该参数确定标准3ds Max物体的几何学类型。注意某些物体（如置换贴图物体、VRayProxy和VRayFur物体）产生的始终是动态几何学效果。

● 【静态】在渲染初期是一种预编译的加速度结构，并且该状态一直持续到渲染帧完成。

提示：

静态光线发射器在任何路径上都不会被限制，同时会消耗所有能消耗的内存。

● 【动态】是否被导入可由局部场景是否正在被渲染来确定，他消耗的全部内存可以被限定在某个范围内。

2. 渲染区域分割

这个选项允许控制渲染区域（块）的各种参数。渲染块的概念是VRay分布式渲染系统的精华部分，一个渲染块就是当前渲染中被独立渲染的矩形部分，它可以被传送到局域网中其他空闲区域并在其中进行处理，也可以被几个CPU进行分布式渲染。

► X：当选择Region W/H模式的时候，以像素为单位确定渲染块的最大宽度；在选择Region Count模式的时候，以像素为单位确定渲染块的水平尺寸。

► Y：当选择Region W/H模式的时候，以像素为单位确定渲染块的最大高度；在选择Region Count模式的时候，以像素为单位确定渲染块的垂直尺寸。

► 区域宽/高：选择此种模式，以像素为单位确定渲染块的最大宽度/高度。

► 区域数量：选择此种模式，以像素为单位确定渲染块的水平尺寸/垂直尺寸。

► 反向排序：勾选此复选项，采取与前面设置的次序的反方向进行渲染。

► 区域排序：确定在渲染过程中块渲染进行的顺序。

提示：

如果场景中具有大量的置换贴图物体、VRayProxy或VRayFur物体的时候，默认的三角形是最好的选择。因为它始终用一种相同的处理方式，即在最后一个渲染块中可以使用前一个渲染块的相息，从而可以加快渲染速度。而在一个块结束后跳到另一个块的渲染序列对动态几何学来说并不是好的选择。

- 从上→下：选择此选项渲染块将按从左到右，从上到下的顺序进行渲染。
- 从左→右：选择此选项渲染块将按从上到下，从左到右的顺序进行渲染。
- 棋盘格：选择此选项渲染块将使用棋盘格模式进行渲染。
- 螺旋：选择此选项渲染块将按从中心向外以螺旋的顺序进行渲染。
- 三角剖分：选择此选项渲染块始终采用一种相同的处理方式，在后一个渲染块中可以使用前一个渲染块的相关信息。
- 希耳伯特：选择此选项渲染块将按希尔伯特曲线的轨迹进行渲染。

► 上次渲染：这个选项组用于确定在渲染开始的时候，在VFB中以什么样的方式处理先前渲染的图像。系统提供了以下方式：
- 无变化：VFB不发生变化，保持和前一次渲染图像相同；
- 交叉：每隔2个像素，图像被设置为黑色；
- 场：每隔一条线设置为黑色；
- 清除：将图像的颜色设置为黑色；
- 蓝色：将图像的颜色设置为蓝色。

> **提示：**
> 设置这些参数都不会影响最终的渲染效果。

3. 帧标记

按照一定规则显示关于渲染的相关信息。

► ☑ V-Ray %vrayversion | file: %filename | frame: %frame | primitives: %：当勾选该复选项以后，就可以显示标记。
► 字体：可以修改标记里面的字体属性。
► 全宽度：标记的最大宽度。当勾选此复选项以后，它的宽度和渲染图形的宽度一致。
► 对齐：控制标记里的字体的排列位置，比如选择左，标记的位置居左。

> **提示：**
> 此处的图像不是指整个图像。

- 左：文字放置在左边。
- 中：文字放置在中间。

► 【右】：文字放置在右边。

4. 分布式渲染

分布式渲染是使用几台不同的机器来处理单一图像的过程。

> **提示：**
> 这个过程与在单机多CPU的帧分布式处理是不同的，后者被称为多线程。VRay既支持多线程，又支持分布式渲染。

在使用分布式渲染选项之前，必须确保机器已经参与到了局域网中。局域网中所有的机器都必须完全正确安装3ds Max和VRay软件，即使它们不需要被授权。用户必须确保VRay的进程生成程序在这些机器上能够运行——或者作为一种服务或者独立运行。

► 分布式渲染：此复选项指定VRay是否使用分布式渲染。
► 设置：单击此按钮，将打开【V-Ray分布式渲染设置】对话框，如图4-36所示。

图4-36　【V-Ray分布式渲染设置】对话框

【V-Ray分布式渲染设置】对话框可以从【系统】卷展栏中的渲染设置中访问。

► 添加服务器：此按钮允许用户通过输入IP地址或网络名称来手工增加服务器。
► 移除服务器：此按钮允许用户从列表中删除选中的服务器。
► 解析服务器：此按钮用于解析所有服务器的IP地址。
► 查找服务器：此按钮用于搜寻网络中用于分布式渲染的服务器，目前不可用。
► 服务器名称：列表中列出了用作分布式渲染的服务器的名称。
► IP地址：列表中列出了用作分布式渲染的

服务器的IP地址。

► 状态：显示用作分布式渲染的服务器的连接状况。

► 确定：单击此按钮表示接受列表中的设置并关闭此对话框。

► 取消：单击此按钮表示不接受对列表中服务器相关设置的修改并关闭此对话框。

> **提示：**
>
> 所有的服务器都必须将所有的插件和纹理贴图导入到正确的目录，以免在渲染场景的时候出现中止的错误。例如，如果场景中使用了【凤凰火焰】插件，将在没有安装【凤凰火焰】插件的服务器上出现渲染失败的情况。如果用户为物体赋予了一张名称为JUNGLEMAP.JPG的贴图，但没有把它放到渲染器服务器的mapping目录中，此时渲染将得到渲染块——跟没有赋予贴图的效果一样。

分布式渲染不支持渲染动画序列，使用分布式渲染仅针对单帧。

分布式渲染也不支持将发光贴图的增量增加到当前贴图和增加到当前贴图模式。在单帧模式和块模式下，如果使用在多台机器间的分布式渲染进行发光贴图计算，将会减少渲染时间。

当用户希望取消分布式渲染的时候，结束渲染服务器的工作可能要花费不短的时间。

在分布式渲染模式下当前可用的G——缓存通道仅有RGB和Alpha通道可用。

5. VRay日志

此选项用于控制VRay的信息窗口。

在渲染过程中，VRay会将各种信息记录下来并保存在C：\ VRayLog.txt文件中。信息窗口根据用户的设置显示文件中的信息，无需用户手动打开文本文件查看。信息窗口中的所有信息分成4个部分并以不同的字体颜色来区分：错误（以红色显示）、警告（以绿色显示）、情报（以白色显示）和调试信息（以黑色显示）。

► 显示窗口：勾选该复选项将在每一次渲染开始的时候显示信息窗口。

► 级别：确定在信息窗口中显示信息的种类：
仅显示错误信息；
显示错误信息和警告信息；

显示错误、警告和情报信息；
显示所有4种信息。

► 日志文件：这个选项确定保存信息文件的名称和位置。默认的名称和位置是C:\VRayLog.txt。

6. 杂项选项

► MAX-兼容着色关联（配合摄影机空间）：VRay在世界空间里完成所有的计算工作，然而，有些3ds Max插件（例如大气等）却使用摄像机空间来进行计算，因为它们都是针对默认的扫描线渲染器来开发的。为了保持与这些插件的兼容性，VRay通过转换来自这些插件的点或向量的数据，模拟在摄像机空间计算。

► 检查缺少文件：该复选项被勾选的时候，VRay会试图在场景中寻找任何缺少的文件，并将它们进行列表。该缺少的文件也会被记录到C:\VRayLog.txt文件中。

► 优化大气求值：一般在3ds Max中，大气在位于它们后面的表面被进行明暗处理（shaded）后才被评估，在大气非常密集和不透明的情况下这可能是不需要的。勾选这个复选项，可以使VRay对大气效果进行优先评估，而大气背面的表面只有在大气非常透明的情况下才会被考虑进行明暗处理。

► 低线程优先权：该复选项被勾选的时候，将促使VRay在渲染过程中使用较低优先权的线程。

► 对象设置：单击此按钮，在弹出的【V-Ray对象属性】对话框中可以对物体的VRay属性进行局部参数的设置，例如生成/接收全局照明、生成/接收焦散等，如图4-37所示。

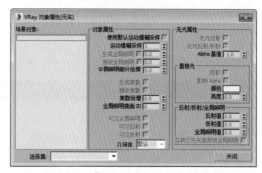

图4-37 【VRay对象属性】对话框

- 场景对象：这个列表列出了场景中的所有物体，选中的物体会高亮显示。
- 【对象属性】控制组：控制被选物体的局部属性。
- 使用默认运动模糊采样：当勾选此复选项时，几何学样本值将从全局运动模糊卷展栏中获得。
- 运动模糊采样：允许用户为选择的物体设置运动模糊的几何学样本值，前提是上面的【使用默认运动模糊采样】复选项不被勾选。
- 生成全局照明：此设置控制物体是否产生间接光照明。用户可以为产生的间接光照运用一个倍增值。
- 接收全局照明：此设置控制物体是否接收间接光照明。用户可以为接收的间接光照明运用一个倍增值。
- 全局照明细分倍增：通过设置其参数，用户可以对后面的数值进行调节。
- 生成焦散：此复选项被勾选的时候，被选择物体将折射来自光源的灯光，并作为焦散产生器，因此场景中将产生焦散效果。注意，要让物体产生焦散，还必须指定反射或折射材质。
- 接收焦散：此复选项被勾选的时候，被选择的物体将变成焦散接收器。当灯光被物体折射的时候将产生焦散效果，然而焦散效果只有投射到焦散接收器上才可见。
- 焦散倍增：此参数对被选择物体产生的焦散效果进行倍增。只在【生成焦散】复选项被勾选的时候才起作用。
- 【无光属性】控制组：控制被选择物体的不光滑属性。
- 无光对象：勾选此复选项将把被选择物体变成一个不光滑物体，这意味着此物体在场景中将不能直接可见，在其原来的位置将以背景颜色来代替。但是，此物体在反射/折射中仍然可见，而且会根据其材质设置来产生间接光照明。
- Alpha基值：控制物体在Alpha通道的显示情况。

- 【直接光】控制组：设置被选择物体的直接照明属性。
- 阴影：此复选项被勾选的时候允许被选择物体接收阴影。
- 影响Alpha：促使阴影影响物体的Alpha通道。
- 颜色：设置阴影的颜色。
- 亮度：设置阴影的亮度。
- 【反射/折射/全局照明】控制组：控制被选择物体的光影追踪属性。
- 反射值：如果物体材质是具有反射功能的VRay材质，此选项控制反射在无光中的可见程度。
- 折射值：如果物体材质是具有折射功能的VRay材质，此选项控制折射在无光对象中的可见程度。
- 全局照明值：控制被物体接收的间接光照明在无光对象中的可见程度。
- 在其他无光面禁用全局照明：促使被选择物体作为无光对象在其他无光对象的反射、折射和全局照明效果中可见。
- 选择集：在此下拉列表中选择可用的选择集设置。
- 关闭：单击此按钮，可关闭【VRay对象属性】对话框。
- 灯光设置：单击此按钮，在弹出的【VRay灯光属性】对话框中，可以对灯光的VRay属性进行局部的参数设置，如图4-38所示。

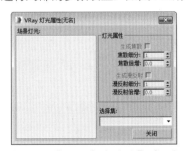

图4-38　【VRay灯光属性】对话框

● 场景灯光：在其下面的列表中显示了场景中所有的灯光特征，当前被选择的灯光将高亮显示。

● 【灯光属性】控制组：用于控制被选择灯光的局部属性。

● 生成焦散：勾选此复选项将使被选择的光源产生焦散光子。注意，要想得到焦散效果必须将下面的焦散倍增器设置为适当的值，并且场景中要有焦散产生器存在。

● 焦散细分：此数值用于控制VRay评估焦散效果时追踪的光子数量。较大的值将减慢焦散光子贴图的计算，同时占用较多的内存。

● 焦散倍增：此值用于倍增被选择物体产生的焦散效果。注意，这种倍增是一个累积的过程，它无法替代在焦散卷展栏中设置的焦散倍增值。该参数只在【生成焦散】复选项被勾选的前提下才被激活。

● 生成漫反射：勾选此复选项将使被选择的光源产生漫反射光子。

● 漫反射细分：设置被追踪的漫反射光子数量，较大的值意味着会产生更精确的光子贴图，但同时也会耗费较多的渲染时间和内存。

● 漫反射倍增：用于倍增漫射光子。

● 选择集：在下拉列表中选择可用的选择集设置。

● 关闭：单击此按钮，可关闭【VRay灯光属性】对话框。

► 预置：单击此按钮，将弹出【VRay预置】对话框，在这个对话框中用户可以从硬盘中导入先前已经保存的预先设置好的各种特效的参数或属性，如图4-39所示。

图4-39　【VRay预置】对话框

● 预置文件：显示保存预置文件的路径。

● 默认：单由此按钮可以改变保存预置文件的目录。

● 预置文件列表：此下拉列表列出了场景中已经保存的所有预置文件。

● 可用预置：下面的列表列出了可用于进行参数预置的所有卷展栏。

● 加载：单击此按钮可以将以前保存在硬盘上的预置方案重新导入使用。

● 保存：单击此按钮可以将预置的参数保存在硬盘上以便下次调用。

● 关闭：单击此按钮将关闭【VRay预置】对话框。

第5章 现代客厅空间

5.1 案例分析

　　本案例主要制作现代室内空间。场景中主要表现的是半封闭的空间，室内色彩以黑白为主，通过精致的软装家具勾勒出都市生活的韵味。空间的节奏感强，色彩和线条的把握都比较成熟。灯光的制作需要体现空间特有的品质和要求，这是比较难处理的，需要我们在制作中尽量把握画面的节奏。图5-1是本节场景的线框渲染表现。

图5-1　线框渲染表现

5.2 设置场景物理摄像机和渲染器参数

5.2.1 给场景指定物理摄像机

　　01 开启3ds Max 2015，在创建面板中单击【物理摄像机】按钮，选择物理摄像机，创建场景中的摄像机，如图5-2所示。

　　02 在顶视图中观察创建的物理摄像机，如图5-3所示。

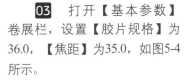

图5-2　物理摄像机　　　　图5-3　创建摄像机

　　03 打开【基本参数】卷展栏，设置【胶片规格】为36.0，【焦距】为35.0，如图5-4所示。

　　04 设置【快门速度】为8.0，【底片感光度】为200.0，如图5-5所示。

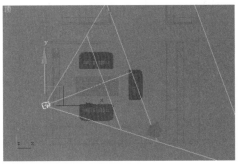

图5-4　【基本参数】卷展栏　　图5-5　【基本参数】卷展栏

05 观察最终的物理摄像机角度，如图5-6所示。

图5-6 物理摄像机角度

▌5.2.2 设置渲染器参数

01 打开【V-Ray::图像采样器（抗锯齿）】卷展栏，设置【抗锯齿过滤器】，如图5-7所示。

图5-7 【V-Ray::图像采样器（抗锯齿）】卷展栏

02 打开【V-Ray::间接照明】卷展栏。勾选【开】复选项，选择【首次反弹】的【全局照明引擎】为【发光贴图】，【二次反弹】的【全局照明引擎】为【灯光缓冲】，如图5-8所示。设置【发光贴图】和【灯光缓冲】的参数如图5-9、图5-10所示。

图5-8 【V-Ray::间接照明】卷展栏

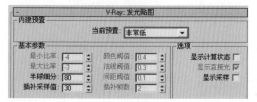

图5-9 【V-Ray::发光贴图】卷展栏

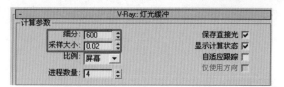

图5-10 【V-Ray::灯光缓冲】卷展栏

03 打开【V-Ray::环境】卷展栏。开启【全局照明环境（天光）覆盖】命令和【反射/折射环境覆盖】命令，设置【倍增器】为0.2，设置天光颜色为淡黄色，如图5-11、图5-12所示。

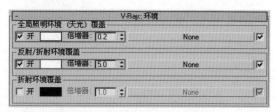

图5-11 【V-Ray::环境】卷展栏

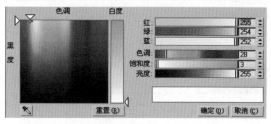

图5-12 关联贴图

04 执行【渲染】|【环境和效果】命令，打开【公用参数】卷展栏，调节背景颜色，如图5-13、图5-14所示。

图5-13 【公用参数】卷展栏

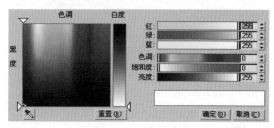

图5-14 调节背景色

05 打开【V-Ray::色彩映射】卷展栏。将颜色贴图的类型设置为【指数】，【亮部倍增值】设置为1.8，【暗部倍增值】为1.9，如图5-15所示。

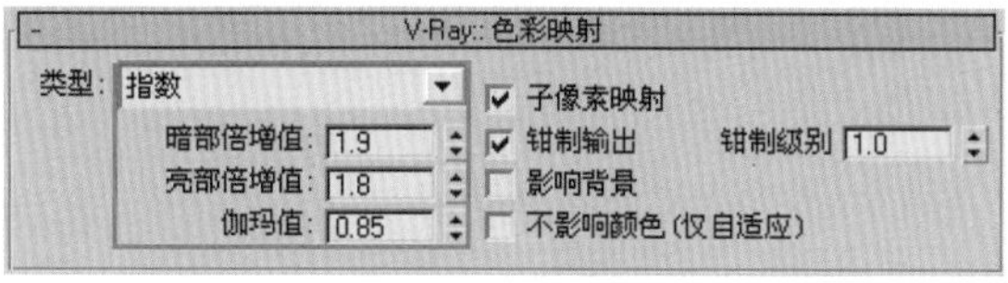

<table>
</table>

图5-15　【V-Ray::色彩映射】卷展栏

06 观察模型检查的结果，如图5-16所示。

通过检查，发现场景中的模型并没有存在明显的问题。这样，后面的工作就可以继续进行，接着设置场景中的灯光和材质。

图5-16　模型效果

5.3　设置场景灯光

5.3.1　创建室外环境光照明

本节主要制作室外的环境光照明效果，具体操作步骤如下所述。

01 开启3ds Max 2015以后，执行【文件】|【打开】命令，打开本书的配套光盘中的"本书素材\第5章\现代客厅空间.max"文件，如图5-17所示。

图5-17　打开3ds Max文件

02 单击命令面板中的 ┊ VRay灯光 按钮，设置场景中右侧的窗口灯光，如图5-18所示。

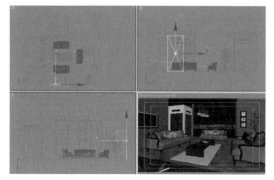

图5-18　灯光位置

03 打开【参数】卷展栏，设置灯光的颜色为淡黄色，将【倍增器】设置为2.3，如图5-19、图5-20所示。

图5-19　灯光参数

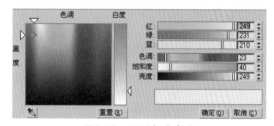

图5-20　设置灯光颜色

04 灯光的物理选项和采样参数设置如图5-21所示。

图5-21　灯光选项

115

05 单击 按钮查看灯光效果，如图5-22所示。

图5-22 灯光效果

06 继续设置场景中另一空间的窗口灯光，如图5-23所示。

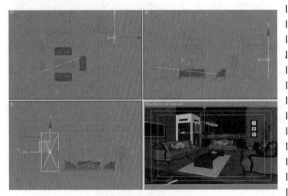

图5-23 灯光位置

07 打开【参数】卷展栏，设置灯光的颜色为淡黄色，将【倍增器】设置为4.0，如图5-24、图5-25所示。

图5-24 【参数】卷展栏

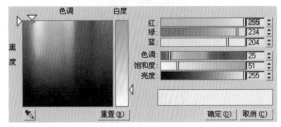

图5-25 灯光颜色

08 灯光的物理选项和采样参数设置如图5-26所示。

图5-26 灯光选项

09 单击 按钮查看灯光效果，如图5-27所示。

图5-27 灯光效果

5.3.2 创建室内照明灯光

01 单击命令面板中的 目标灯光 按钮，设置室内空间的照明灯光，如图5-28所示。该灯光主要是加强室内空间的局部照明，在提高照明关系的同时，完善画面的光色。

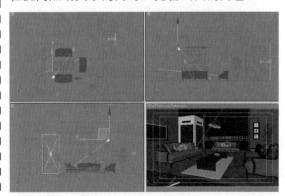

图5-28 目标点光源

02 打开【常规参数】卷展栏，设置灯光阴影类型为【VRayShadow】，灯光分布类型设置为【光度学Web】，如图5-29所示。

图5-29　【常规参数】卷展栏

03 打开【分布（光度学Web）】卷展栏，调入需要的光域网文件，如图5-30所示。

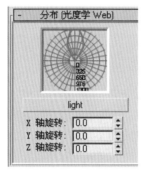

图5-30　【分布（光度学Web）】卷展栏

04 打开【强度/颜色/衰减】卷展栏，设置颜色类型为【D50 Illuminant（Reference White）】。设置【强度】单位设置为lm，【结果强度】为900.0，如图5-31所示。

图5-31　【强度/颜色/衰减】卷展栏

05 在【VRayShadows params】卷展栏中勾选【区域阴影】复选项，设置阴影模式为球

体，UVW的尺寸均为10cm，如图5-32所示。

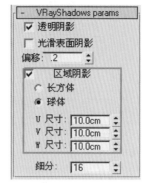

图5-32　【VRayShadows params】卷展栏

06 单击 ● 按钮查看射灯的渲染结果，如图5-33所示。

图5-33　渲染结果

07 观察渲染效果，茶几空间的照明得到加强，暖色的效果使室内空间的灯光效果更加丰富。

08 将灯光复制到相应的空间位置，这是我们制作的难点。不同的位置会产生不同的照明效果，我们需要将灯光效果做到最好，如图5-34所示。

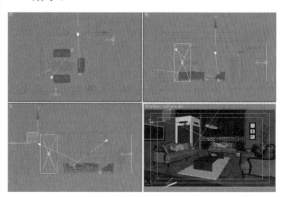

图5-34　复制灯光

09 修改这盏灯光的过滤颜色为淡蓝色，如图5-35所示。

图5-35 过滤颜色

10 单击 👁 按钮查看射灯的渲染结果，如图5-36所示。

图5-36 渲染结果

11 继续复制灯光，位置如图5-37所示。这盏灯光的主要作用是加强墙体的照明效果。

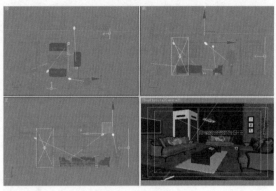

图5-37 复制灯光

12 单击 👁 按钮查看射灯的渲染结果，如图5-38所示。

图5-38 渲染结果

5.3.3 创建室内辅助照明灯光

01 单击命令面板中的 VRay灯光 按钮，设置私密室的照明灯光效果，如图5-39所示。

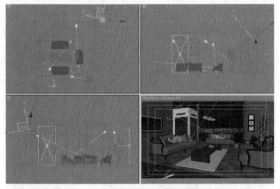

图5-39 灯光位置

02 打开【参数】卷展栏，设置灯光的颜色为淡黄色，【倍增器】设置为20.0，如图5-40、图5-41所示。

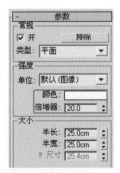

图5-40 【参数】卷展栏

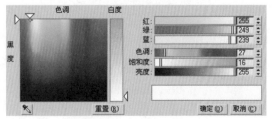

图5-41 设置灯光颜色

03 灯光的物理选项和采样参数设置如图5-42所示。

图5-42　灯光选项

04 单击 按钮查看灯光效果，如图5-43所示。

图5-43　灯光效果

05 继续设置场景中的台灯灯光，如图5-44所示。

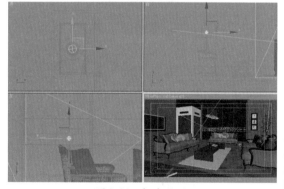

图5-44　灯光位置

06 打开【参数】卷展栏，设置灯光【类型】为球体，灯光【颜色】为淡黄色，【倍增值】为70.0，如图5-45、图5-46所示。

图5-45　【参数】卷展栏

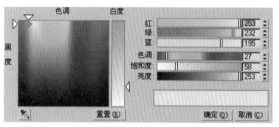

图5-46　设置灯光颜色

07 灯光的物理选项和采样参数设置如图5-47所示。

图5-47　灯光选项

08 到目前为止，场景灯光设置完毕。

5.4　场景中主要材质参数的设置

本节中主要涉及到VRay材质中厨房空间的材质制作，通过学习本节的内容，详细了解室内厨房空间的相关材质制作。

5.4.1 室内地面材质

室内地面材质效果如图5-48所示。

图5-48 地面材质

01 单击【漫反射】右边的复选框，添加地面的建筑纹理贴图，如图5-49所示。打开【坐标】卷展栏，设置贴图的【模糊】数值为0.7，如图5-50所示。

图5-49 建筑地面贴图

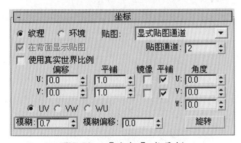

图5-50 【坐标】卷展栏

02 观察此时的贴图效果，如图5-51所示。

图5-51 贴图效果

03 单击【漫反射】并调节颜色为"42，42，42"，如图5-52所示。

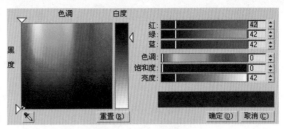

图5-52 漫反射颜色

04 设置漫反射与贴图的混合数值为60.0，如图5-53所示。

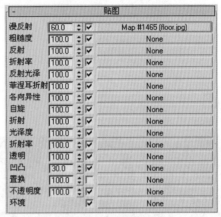

图5-53 混合数值

05 观察此时的贴图效果，如图5-54所示。

图5-54 贴图效果

06 单击【反射】并调节数值为"23，23，23"，如图5-55所示。设置【反射光泽度】为0.88，【高光光泽度】为0.84，【细分】为16，勾选【菲涅耳反射】复选项并设置【菲涅耳折射率】为2.0，如图5-56所示。

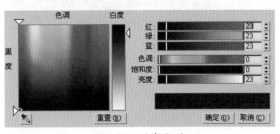

图5-55 反射数值

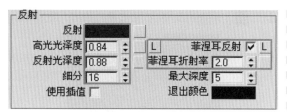

图5-56 【反射】参数

07 观察此时材质的反射效果，如图5-57所示。

图5-57 反射效果

08 单击【反射】右边的复选框，添加地面的反射纹理贴图，如图5-58所示。打开【坐标】卷展栏，设置贴图的【模糊】数值为0.7，如图5-59所示。

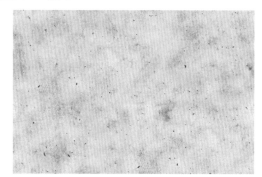

图5-58 反射贴图

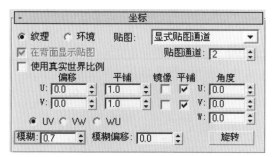

图5-59 【坐标】卷展栏

09 设置混合数值为60.0，如图5-60所示。

10 观察此时的材质反射效果，如图5-61所示。

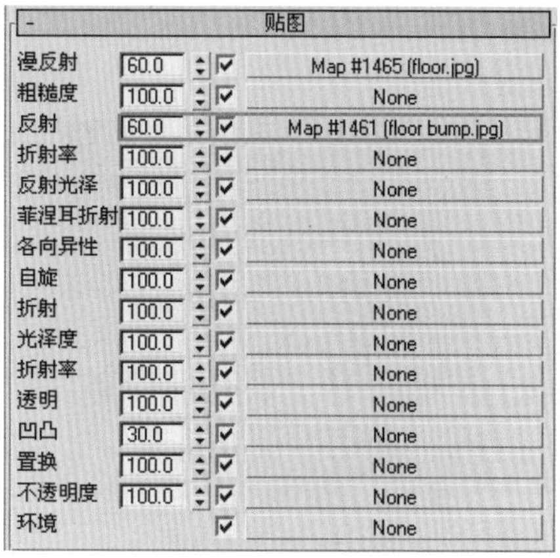

图5-60 混合数值

图5-61 反射效果

11 在【BRDF】卷展栏中选择材质的类型为【反射】，如图5-62所示。

图5-62 【BRDF】卷展栏

12 将反射贴图关联到凹凸贴图中，【凹凸】参数设置为5.0，如图5-63所示。

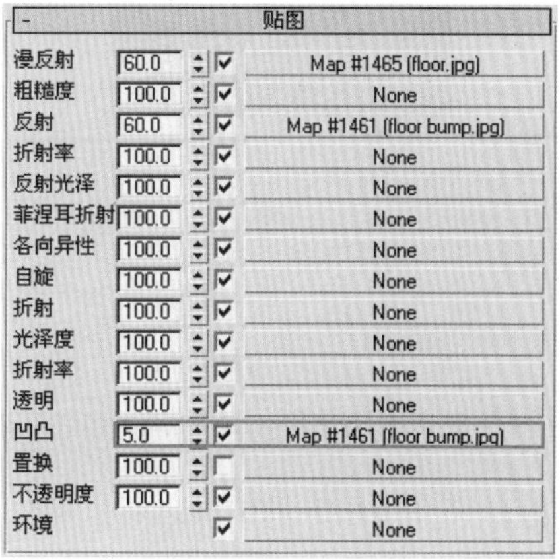

图5-63 凹凸贴图

13　室内建筑地面材质的效果如图5-64所示。

图5-64　材质效果

5.4.2　茶几木饰面材质

茶几木饰面材质的效果如图5-65所示。

图5-65　材质效果

01　单击【漫反射】右边的复选框，添加实木纹理贴图，如图5-66所示。打开【坐标】卷展栏，设置贴图的【模糊】数值为0.8，如图5-67所示。

图5-66　木贴图

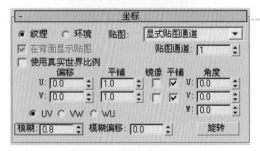

图5-67　【坐标】卷展栏

02　观察此时的贴图效果，如图5-68所示。

图5-68　贴图效果

03　单击【漫反射】并调节颜色为"16，16，16"，如图5-69所示。

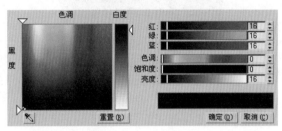

图5-69　漫反射颜色

04　设置漫反射与贴图的混合数值为90.0，如图5-70所示。

贴图			
漫反射	90.0	✓	Map #1467 (wood.jpg)
粗糙度	100.0	✓	None
反射	100.0		None
折射率	100.0	✓	None
反射光泽	100.0	✓	None
菲涅耳折射	100.0	✓	None
各向异性	100.0	✓	None
自旋	100.0	✓	None
折射	100.0	✓	None
光泽度	100.0	✓	None
折射率	100.0	✓	None
透明	100.0	✓	None
凹凸	30.0	✓	None
置换	100.0	✓	None
不透明度	100.0	✓	None
环境		✓	None

图5-70　混合数值

05　观察此时的贴图效果，如图5-71所示。

图5-71　贴图效果

06 单击【反射】并调节颜色数值为"201，201，201"，如图5-72所示。设置【反射光泽度】为0.9，【高光光泽度】为0.6，【细分】为24，勾选【菲涅耳反射】复选项并设置【菲涅耳折射率】为2.0，如图5-73所示。

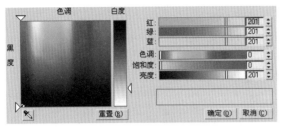

图5-72　反射数值

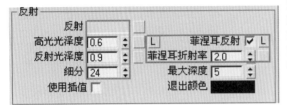

图5-73　反射参数

07 将漫反射贴图关联到凹凸贴图中，设置【凹凸】参数为8.0，如图5-74所示。

贴图			
漫反射	90.0	✓	Map #1467 (wood.jpg)
粗糙度	100.0	✓	None
反射	100.0		None
折射率	100.0	✓	None
反射光泽	100.0	✓	None
菲涅耳折射	100.0	✓	None
各向异性	100.0	✓	None
自旋	100.0	✓	None
折射	100.0	✓	None
光泽度	100.0	✓	None
折射率	100.0	✓	None
透明	100.0	✓	None
凹凸	8.0	✓	Map #1467 (wood.jpg)
置换	100.0	✓	None
不透明度	100.0	✓	None
环境		✓	None

图5-74　凹凸参数

08 茶几木饰面材质的效果如图5-75所示。

图5-75　材质效果

5.4.3　家具金属材质

家具金属材质的效果如图5-76所示。

图5-76　材质效果

01 单击【漫反射】并调节金属颜色，如图5-77所示。

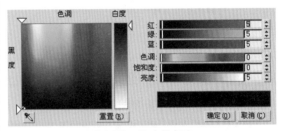

图5-77　漫反射颜色

02 调节反射数值为"234，218，190"，如图5-78所示。设置【反射光泽度】为0.9，【高光光泽度】为0.6，如图5-79所示。

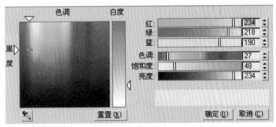

图5-78　反射数值

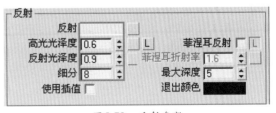

图5-79　反射参数

03 在【BRDF】卷展栏中选择材质的类型为【反射】，【各向异性】为0.7，如图5-80所示。

04 金属材质的效果如图5-81所示。

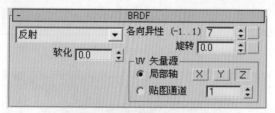

图10-80　【BRDF】卷展栏

图5-81　材质效果

5.4.4　玻璃杯材质

玻璃杯材质的效果如图5-82所示。

图5-82　材质效果

01　选择VRay材质。单击【漫反射】并调节颜色，如图5-83所示。

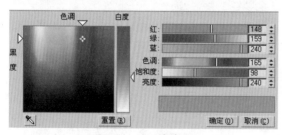

图5-83　漫反射颜色

02　单击【反射】右边的复选框，添加Falloff（衰减）贴图，如图5-84所示。

03　设置【衰减类型】为Fresnel，如图5-85所示。调节前、侧颜色如图5-86、图5-87

所示。

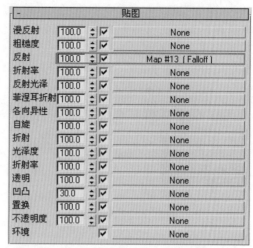

图5-84　Falloff（衰减）贴图

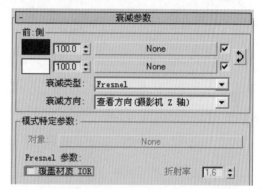

图5-85　Falloff（衰减）贴图

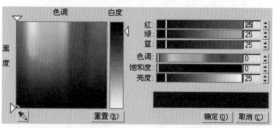

图5-86　前颜色

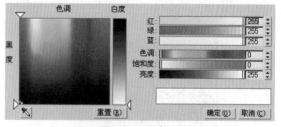

图5-87　侧颜色

04　设置【反射光泽度】为0.98，如图5-88所示。

图 5-88 反射参数

05 设置折射颜色为"243，243，243"，如图5-89所示。

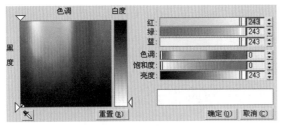

图 5-89 折射颜色

06 设置折射【光泽度】为1.0，设置【折射率】为1.58，如图5-90所示。调节【烟雾颜色】为灰色，【烟雾倍增】为0.05，如图5-91所示。

图 5-90 折射参数

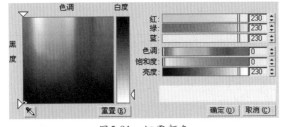

图 5-91 烟雾颜色

07 单击【BRDF】卷展栏，设置材质类型为【反射】，如图5-92所示。

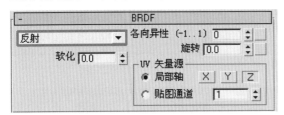

图 5-92 【BRDF】卷展栏

08 玻璃杯子材质的效果如图5-93所示。

图 5-93 材质效果

5.4.5 亚克力吊灯材质

亚克力吊灯材质的效果如图5-94所示。

图 5-94 材质效果

01 选择VRay材质。单击【漫反射】并调节颜色，如图5-95所示。

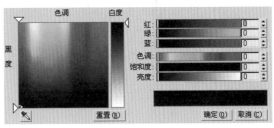

图 5-95 漫反射颜色

02 单击【反射】右边的复选框，添加Falloff（衰减）贴图，如图5-96所示。

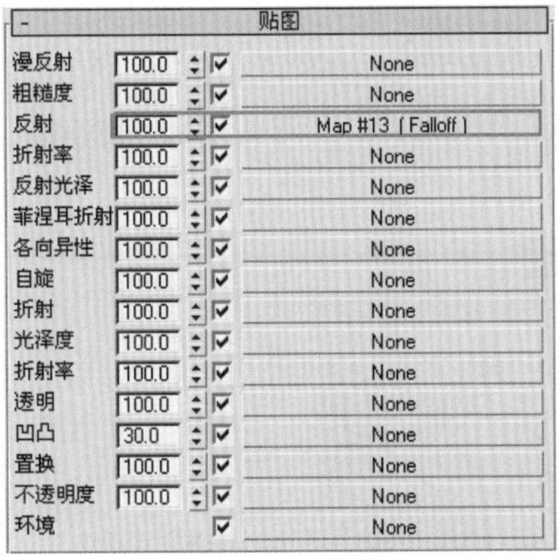

贴图		
漫反射	100.0 ▼	None
粗糙度	100.0 ▼	None
反射	100.0 ▼	Map #13 (Falloff)
折射率	100.0 ▼	None
反射光泽	100.0 ▼	None
菲涅耳折射	100.0 ▼	None
各向异性	100.0 ▼	None
自旋	100.0 ▼	None
折射	100.0 ▼	None
光泽度	100.0 ▼	None
折射率	100.0 ▼	None
透明	100.0 ▼	None
凹凸	30.0 ▼	None
置换	100.0 ▼	None
不透明度	100.0 ▼	None
环境	▼	None

图 5-96 Falloff（衰减）贴图

03 设置【衰减类型】为Fresnel，如图5-97所示。调节前、侧颜色如图5-98、图5-99所示。

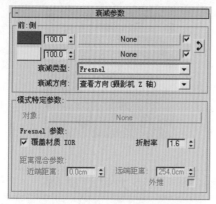

图5-97　Falloff（衰减）贴图

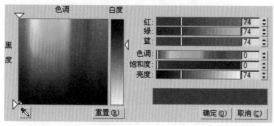

图5-98　前颜色

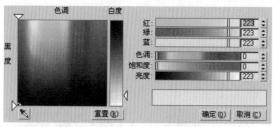

图5-99　侧颜色

04　设置【反射光泽度】为1.0，【高光光泽度】为0.57，如图5-100所示。

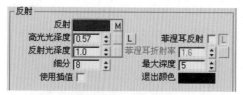

图5-100　反射参数

05　设置折射颜色为"255，255，255"，如图5-101所示。

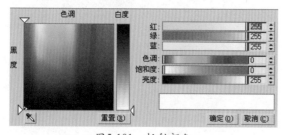

图5-101　折射颜色

06　设置折射【光泽度】为1.0，【折射率】为1.6，如图5-102所示。

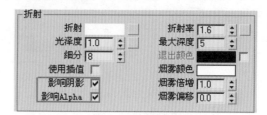

图5-102　折射参数

07　单击【BRDF】卷展栏，设置材质类型为【多面】，如图5-103所示。

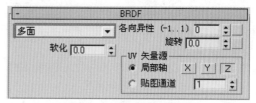

图5-103　【BRDF】卷展栏

08　亚克力吊灯材质的效果如图5-104所示。

图5-104　材质效果

5.4.6　黑色装饰墙面材质

黑色装饰墙面材质的效果如图5-105所示。

图5-105　材质效果

01　单击【漫反射】右边的复选框，添加墙面的纹理贴图，如图5-106所示。打开【坐标】卷展栏，设置贴图的【模糊】数值为0.6，如图5-107所示。

图5-106　墙面贴图

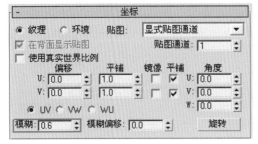

图5-107　【坐标】卷展栏

02 观察此时的贴图效果，如图5-108所示。

图5-108　贴图效果

03 单击【漫反射】并调节颜色为"16，15，15"，如图5-109所示。

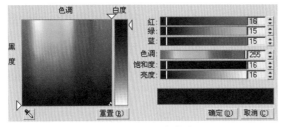

图5-109　漫反射颜色

04 设置漫反射与贴图的混合数值为20.0，如图5-110所示。

05 观察此时的贴图效果，如图5-111所示。

06 单击【反射】并调节数值为"114，114，114"，如图5-112所示。设置【反射光泽度】为0.85，【高光光泽度】为0.56，【细分】为16，勾选【菲涅耳反射】复选项，如图5-113所示。

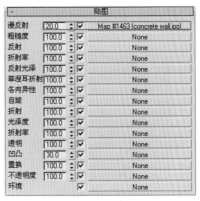

图5-110　混合数值

图5-111　贴图效果

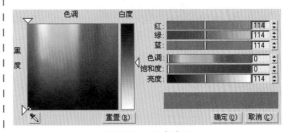

图5-112　反射颜色

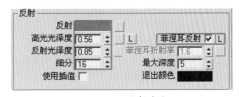

图5-113　反射参数

07 将漫反射贴图关联到凹凸贴图中，设置【凹凸】参数为12.0，如图5-114所示。

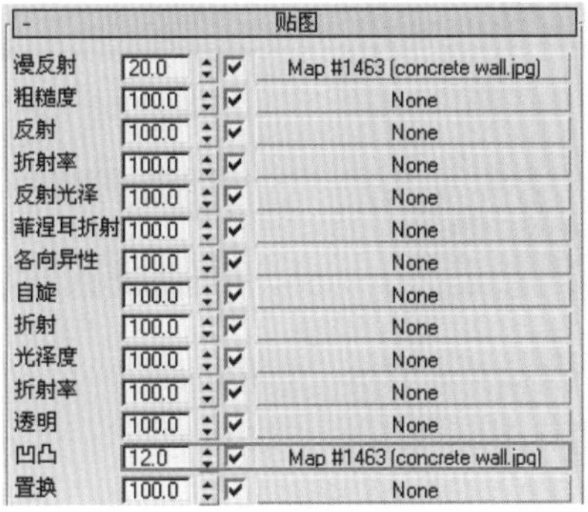

图5-114　凹凸参数

08 黑色装饰墙面材质的效果如图5-115所示。

图5-115　材质效果

5.4.7　丝印玻璃材质

丝印玻璃材质的效果如图5-116所示。

图5-116　材质效果

01 选择Blend（混合）材质。单击【材质1】右边的复选框，添加VRay材质，如图5-117所示。

图5-117　Blend（混合）材质

02 单击【漫反射】并调节颜色，如图5-118所示。

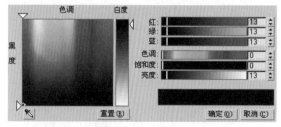

图5-118　漫反射颜色

03 单击【反射】并调节数值为"255，255，255"，如图5-119所示。

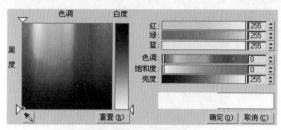

图5-119　反射数值

04 设置【反射光泽度】为1.0，使材质表面完全反射，如图5-120所示。

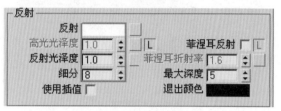

图5-120　反射参数

05 前面我们制作了丝印玻璃中的玻璃材质。这里我们单击【材质2】右边的复选框，添加VRay材质，用以模拟丝印材质，如图5-121所示。

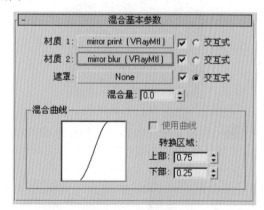

图5-121　材质2

06 单击【漫反射】并调节颜色，如图5-122所示。

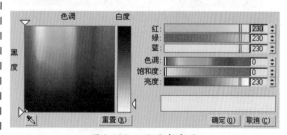

图5-122　漫反射颜色

07 单击【反射】并调节颜色数值为"101，101，101"，如图5-123所示。

色调
白度
黑
度
红: 101
绿: 101
蓝: 101
色调: 0
饱和度: 0
亮度: 101
重置(R)
确定(O)
取消(C)

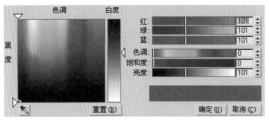

图5-123　反射颜色

08　设置【反射光泽度】为0.8，勾选【菲涅耳反射】复选项，如图5-124所示。

反射
反射
高光光泽度 1.0
L
菲涅耳反射
L
反射光泽度 0.8
菲涅耳折射率 1.6
细分 16
最大深度 5
使用插值
退出颜色

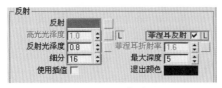

图5-124　反射参数

09　单击【遮罩】右边的复选框，添加遮罩贴图，将颜色1和颜色2的材质通过通道计算进行分别显示，如图5-125、图5-126所示。

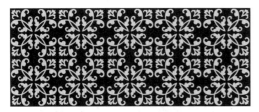

图5-125　遮罩贴图

混合基本参数
材质 1: mirror print (VRayMtl)
交互式
材质 2: mirror blur (VRayMtl)
交互式
遮罩: Map #967 (ref.jpg)
交互式
混合量: 0.0
混合曲线
使用曲线
转换区域:
上部: 0.75
下部: 0.25

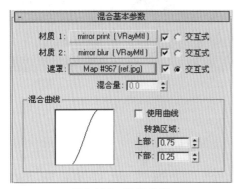

图5-126　遮罩贴图

10　丝印玻璃材质的效果如图5-127所示。

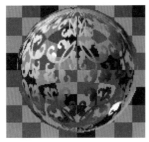

图5-127　材质效果

5.4.8　紫色沙发材质

紫色沙发材质的效果如图5-128所示。

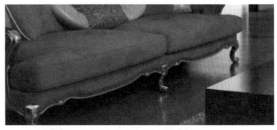

图5-128　材质效果

01　选择Blend（混合）材质。单击【材质1】右边的复选框，添加VRay材质，如图5-129所示。

大面积沙发
Blend
混合基本参数
材质 1: 02 - Default (VRayMtl)
交互式
材质 2: None
交互式
遮罩: None
交互式
混合量: 0.0
混合曲线
使用曲线
转换区域:
上部: 0.75
下部: 0.25

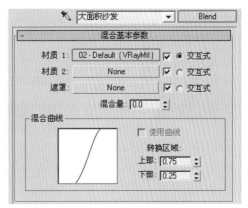

图5-129　Blend（混合）材质

02　单击【反射】右边的复选框，添加Falloff（衰减）贴图，如图5-130所示。

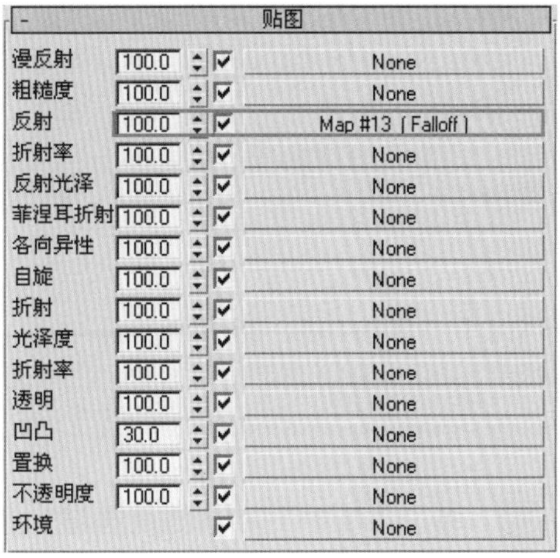

贴图
漫反射 100.0 None
粗糙度 100.0 None
反射 100.0 Map #13 (Falloff)
折射率 100.0 None
反射光泽 100.0 None
菲涅耳折射 100.0 None
各向异性 100.0 None
自旋 100.0 None
折射 100.0 None
光泽度 100.0 None
折射率 100.0 None
透明 100.0 None
凹凸 30.0 None
置换 100.0 None
不透明度 100.0 None
环境 None

图5-130　Falloff（衰减）贴图

03　设置【衰减类型】为垂直/平行，如图5-131所示。调节前、侧颜色如图5-132、图5-133所示。

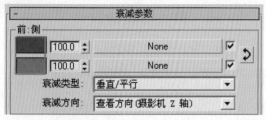

图5-131　【衰减参数】卷展栏

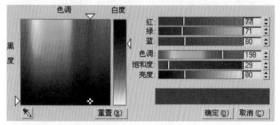

图5-132　前颜色

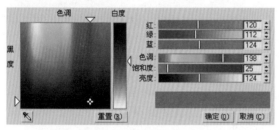

图5-133　侧颜色

04　前面我们制作了一层的沙发颜色材质。这里我们单击【材质2】右边的复选框，添加VRay材质，模拟2层的沙发颜色，如图5-134所示。

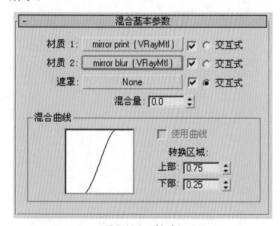

图5-134　材质2

05　单击【反射】右边的复选框，添加Falloff（衰减）贴图，如图5-135所示。

06　设置【衰减类型】为垂直/平行，如图5-136所示。调节前、侧颜色如图5-137、图

5-138所示。

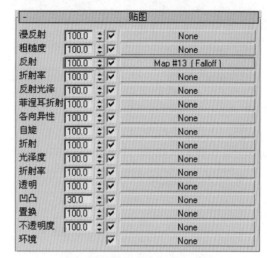

图5-135　Falloff（衰减）贴图

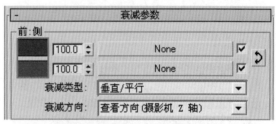

图5-136　Falloff（衰减）贴图

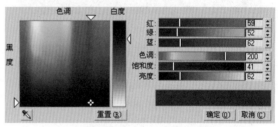

图5-137　前颜色

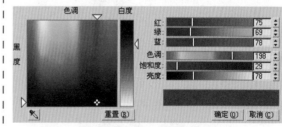

图5-138　侧颜色

07　单击【凹凸】右边的复选框，添加凹凸贴图，设置【凹凸】参数为60.0，如图5-139、图5-140所示。

08　打开【坐标】卷展栏，设置贴图的【平铺】的U、V数值均为4.0，如图5-141所示。

图5-139 【凹凸】参数

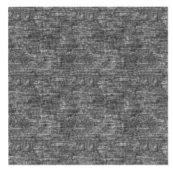

图5-140 凹凸贴图

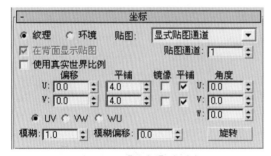

图5-141 【坐标】卷展栏

09 单击【遮罩】右边的复选框，添加遮罩贴图，将颜色1和颜色2的材质通过通道计算进行分别显示，如图5-142、图5-143所示。

图5-142 遮罩贴图

图5-143 遮罩贴图

10 紫色沙发材质的效果如图5-144所示。

图5-144 材质效果

5.4.9 电视烤漆材质

电视烤漆材质的效果如图5-145所示。

图5-145 材质效果

01 选择VRay材质，单击【漫反射】并调节颜色，如图5-146所示。

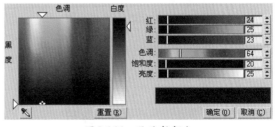

图5-146 漫反射颜色

02 单击【反射】并调节颜色为"47，47，47"，如图5-147所示。

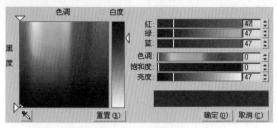

图5-147　反射颜色

03 设置【反射光泽度】为0.86，【细分】为16，勾选【菲涅耳反射】复选项，如图5-148所示。

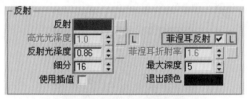

图5-148　反射参数

04 电视烤漆材质的效果如图5-149所示。

图5-149　材质效果

5.4.10　黑色塑料材质

黑色塑料材质的效果如图5-150所示。

图5-150　材质效果

01 选择VRay材质，单击【漫反射】并调节颜色，如图5-151所示。

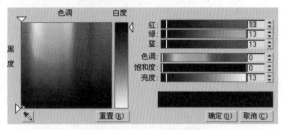

图5-151　漫反射颜色

02 单击【反射】并调节颜色为"138，138，138"，如图5-152所示。

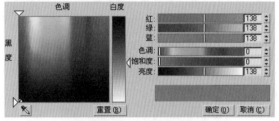

图5-152　反射颜色

03 设置【反射光泽度】为0.94，【细分】为16，勾选【菲涅耳反射】复选项并设置【菲涅耳折射率】为2.0，如图5-153所示。

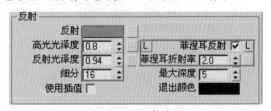

图5-153　反射参数

04 黑色塑料材质的效果如图5-154所示。

图5-154　材质效果

5.4.11　植物材质

植物材质的效果如图5-155所示。

图5-155　材质效果

01　选择VRay材质，单击【漫反射】右边的复选框，添加植物贴图，如图5-156所示。

图5-156　植物贴图

02　单击【反射】并调节颜色为"40，40，40"，如图5-157所示。

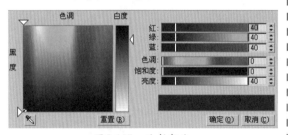

图5-157　反射颜色

03　设置【反射光泽度】为0.5，勾选【菲涅耳反射】复选项，如图5-158所示。

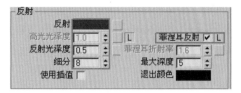

图5-158　反射参数

04　单击【折射】并调节颜色为"35，35，35"，使植物产生一定的透明效果，如图5-159所示。

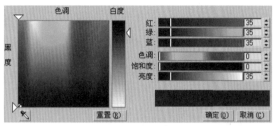

图5-159　折射颜色

05　设置【光泽度】为0.4，【折射率】为1.6，【最大深度】为5，如图5-160所示。

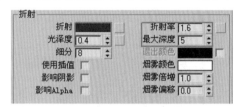

图5-160　折射参数

06　植物材质的效果如图5-161所示。

图5-161　材质效果

5.5　渲染参数设置和最终渲染

本节主要对渲染参数进行最终设置，包括图像最终输出的饱和度、对比度、精度等一系列参数，从而保证最终出色的渲染品质。

01 打开【V-Ray::间接照明（GI）】卷展栏，设置【饱和度】为0.9，以此加强图像最终输出的颜色力度，如图5-162所示。

图5-162 【V-Ray::间接照明（GI）】卷展栏

02 打开【V-Ray::发光贴图】卷展栏，开启【细节增强】功能，如图5-163所示。

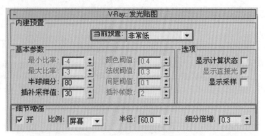

图5-163 【V-Ray::发光贴图】卷展栏

03 打开【V-Ray::灯光缓冲】卷展栏，设置【细分】为1000，【采样大小】为0.02，如图5-164所示。

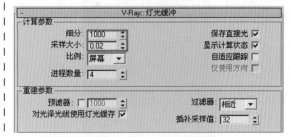

图5-164 【V-Ray::灯光缓冲】卷展栏

04 打开【V-Ray::DMC采样器】卷展栏，参数设置如图5-165所示。

图10-165 【V-Ray::DMC采样器】卷展栏

05 单击 按钮，最终的渲染效果如图5-166所示。

图5-166 最终的图像

第6章 现代卧室空间

6.1 案例分析：带百叶窗的卧室

本案例主要制作日光下的现代卧室空间。室内的空间简单，但是平面上的布局颇具创意。红色墙面的分割和百叶窗加强了空间设计的丰富性与设计细节，使小空间呈现出轻巧、活跃的特点。图6-1是本节场景的线框渲染表现。

图6-1 线框表现

6.2 设置场景物理摄像机和渲染器参数

6.2.1 场景构图与摄像机参数

01 我们观察画面空间的组成部分，如图6-2所示。红色的墙体和百叶窗是画面设计的亮点，破除了简单死板的空间关系，使画面空间层次更加丰富。

02 开启3ds Max 2015，在创建面板中单击【目标】按钮，选择目标摄影机，创建场景中的摄影机，如图6-3所示。

图6-2 构图关系

图6-3 目标摄影机

03 在顶视图中观察创建的目标摄影机，如图6-4所示。

04 打开【参数】卷展栏，设置【镜头】参数为32.473，【视野】参数为58.0，如图6-5所示。

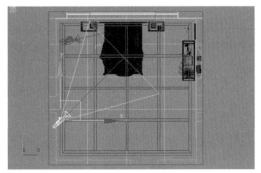

图6-4 创建摄影机

图6-5 【参数】卷展栏

05 选择摄影机，单击鼠标右键并添加"摄影机校正"命令，如图6-6所示。

图6-6 摄影机校正

06 观察场景中的摄影机的构图角度，如图6-7所示。

图6-7 场景构图

6.2.2 渲染器参数设置和检查模型

01 打开【V-Ray::图像采样器（抗锯齿）】卷展栏，设置抗锯齿过滤器，如图6-8所示。

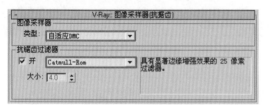

图6-8 【V-Ray::图像采样器（抗锯齿）】卷展栏

02 打开【V-Ray::间接照明（GI）】卷展栏。勾选【开】复选项，选择【首次反弹】的【全局照明引擎】为【发光贴图】，【二次反弹】的【全局照明引擎】为【灯光缓冲】，如图6-9所示。设置【发光贴图】和【灯光缓冲】的参数如图6-10、图6-11所示。

图6-9 【V-Ray::间接照明（GI）】卷展栏

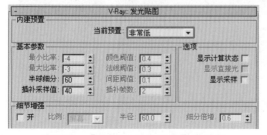

图6-10 【V-Ray::发光贴图】卷展栏

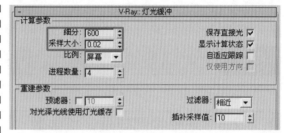

图6-11 【V-Ray::灯光缓冲】卷展栏

03 打开【V-Ray::环境】卷展栏。勾选【全局照明环境覆盖】中的【开】复选项，【倍增器】设置为8.0，【颜色】设置为淡蓝色，如图6-12、图6-13所示。

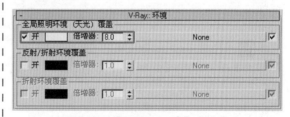

图6-12 【V-Ray::环境】卷展栏

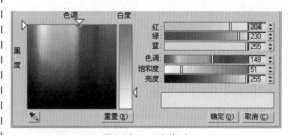

图6-13 天光颜色

04 打开【V-Ray::色彩映射】卷展栏。将颜色贴图的【类型】设置为【指数】，【亮部倍增值】为2.55，【暗部倍增值】为2.55，如图

6-14所示。

图6-14　【V-Ray::色彩映射】卷展栏

05　观察模型检查的结果，如图6-15
所示。

图6-15　线框渲染效果

6.3　室内照明灯光的制作

6.3.1　创建室外阳光效果

本章采用目标平行光来模拟室外阳光效
果，具体操作步骤如下。

01　开启3ds Max 2015以后，执行【文
件】|【打开】命令，打开本书的配套光盘中
的"本书素材\第6章\带百叶窗的卧室.max"文
件，如图6-16所示。

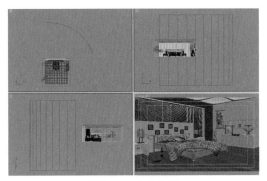

图6-16　场景文件

02　单击命令面板中的 目标平行光 按
钮，在视图中创建"目标平行光"，以此模拟
室外阳光效果，如图6-17所示。

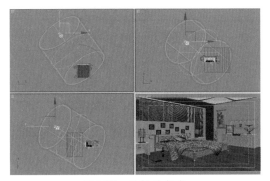

图6-17　目标平行光

03　打开【常规参数】卷展栏，设置灯光
阴影为【VRayShadow】，如图6-18所示。

04　打开【强度/颜色/衰减】卷展栏，设
置灯光颜色为淡黄色，设置【倍增】值为5.2，
如图6-19、图6-20所示。

 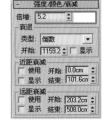

图6-18　【常规参数】　图6-19　【强度/颜色/衰
　卷展栏　　　　　　　减】卷展栏

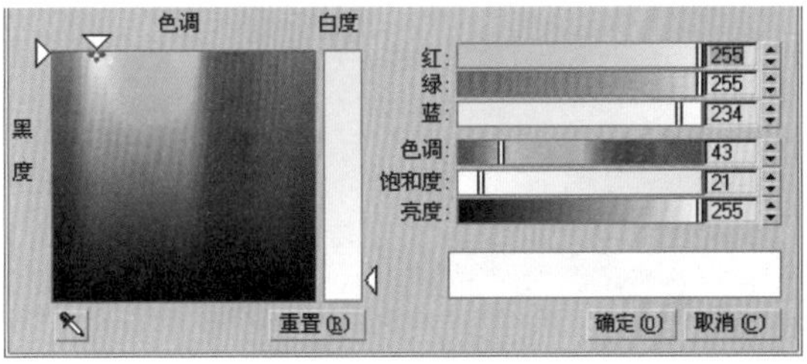

图6-20　灯光颜色

05　打开【平行光参数】卷展栏，设置
【聚光区/光束】为1092.2cm，【衰减区/区域】
为1168.4cm，如图6-21所示。在场景中观察平
行光的范围，如图6-22所示。

图6-21　【平行光参数】卷展栏

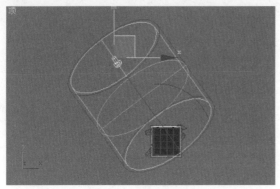

图6-22　平行光范围

06 在【VRay阴影参数】卷展栏中勾选【区域阴影】复选框，将其设置为球体，UVW的尺寸均设置为8.0cm，如图6-23所示。

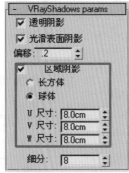

图6-23　【VRay阴影参数】卷展栏

07 单击 🫖 按钮查看渲染结果，如图6-24所示。

图6-24　渲染结果

08 观察渲染效果，目标平行光为室内空间留下了非常漂亮的光影效果，百叶窗为场景的光影提供了极为丰富的细节。

6.3.2　创建室内照明灯光

01 单击命令面板中的 VRay灯光 按钮，设置室内侧面墙壁的暗藏灯光，如图6-25、

图6-26所示。

图6-25　VRay灯光

图6-26　灯光位置

02 选择VRay灯光，打开【参数】卷展栏，设置灯光颜色为淡黄色，【倍增器】为11.0，如图6-27、图6-28所示。

图6-27　【参数】卷展栏

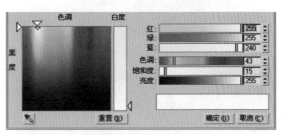

图6-28　灯光颜色

03 灯光选项参数的设置如图6-29所示。

图6-29 灯光参数

04 单击  按钮查看渲染结果，如图6-30所示。

图6-30 室内光效果

05 到目前为止，场景灯光设置完毕。这是一个全局光照明的典型案例，场景中的灯光并不多，但是通过环境和日光组合，同样可以模拟出很出色的室内照明效果。

6.4 场景中主要材质参数的设置

本节中主要涉及到VRay材质在室内装饰的应用，通过学习本节内容，可以详细了解室内空间的相关材质制作以及软装饰配置的方法。

6.4.1 木地板材质

木地板材质的效果如图6-31所示。

图9-31 材质效果

01 单击【漫反射】右边的复选框，添加木地板纹理贴图，如图6-32所示。打开【坐标】卷展栏，设置贴图的平铺UV数值均为3.0，如图6-33所示。

图6-32 木地板贴图

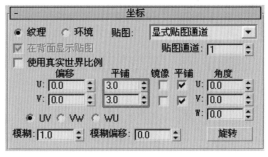

图6-33 【坐标】卷展栏

02 单击【反射】并调节数值为"103，103，103"，如图6-34所示。

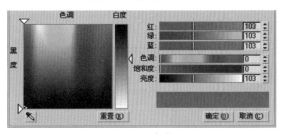

图6-34 反射颜色

03 设置【反射光泽度】为0.78，【高光光泽度】为0.78，【细分】为12，勾选【菲涅耳反射】复选项，如图6-35所示。

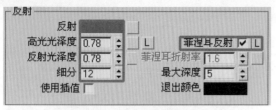

图6-35　【反射】卷展栏

04 观察木地板材质的效果，如图6-36所示。

图6-36　材质效果

6.4.2　墙面材质

墙面材质的效果如图6-37所示。

图6-37　材质效果

01 单击【漫反射】并调节墙面颜色，如图6-38所示。

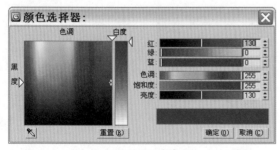

图6-38　漫反射颜色

02 单击【反射】并调节数值为"50，50，50"，如图6-39所示。

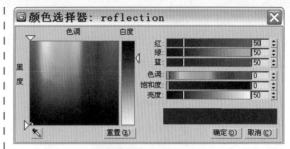

图6-39　反射颜色

03 设置【反射光泽度】为0.55，【细分】为10，如图6-40所示。

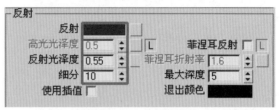

图6-40　反射参数

04 单击【凹凸】右边的复选框，添加凹凸纹理贴图，凹凸参数设置为65.0，如图6-41、图6-42所示。

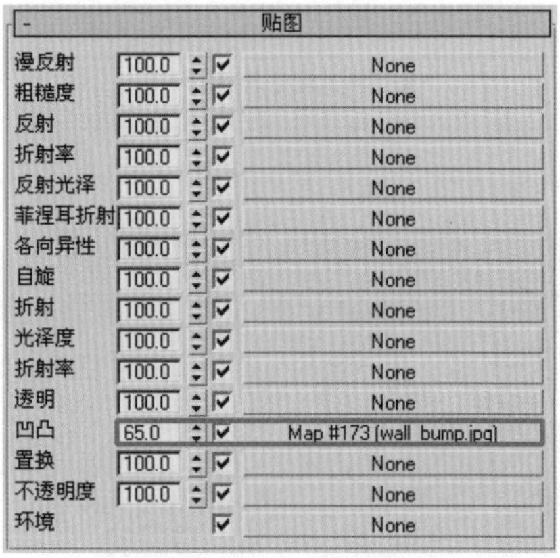

-			贴图
漫反射	100.0	✓	None
粗糙度	100.0	✓	None
反射	100.0	✓	None
折射率	100.0	✓	None
反射光泽	100.0	✓	None
菲涅耳折射	100.0	✓	None
各向异性	100.0	✓	None
自旋	100.0	✓	None
折射	100.0	✓	None
光泽度	100.0	✓	None
折射率	100.0	✓	None
透明	100.0	✓	None
凹凸	65.0	✓	Map #173 [wall_bump.jpg]
置换	100.0	✓	None
不透明度	100.0	✓	None
环境		✓	None

图6-41　凹凸参数

图6-42　凹凸贴图

05 墙面材质的效果如图6-43所示。

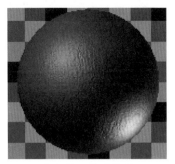

图6-43　材质效果

6.4.3　金属支架材质

金属支架材质的效果如图6-44所示。

图6-44　材质效果

01 单击【漫反射】并调节金属颜色，如图6-44所示。

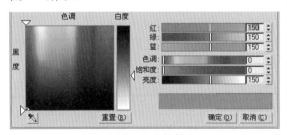

图6-45　漫反射颜色

02 调节【反射】数值为 "150，150，150"，如图6-46所示。设置【反射光泽度】为0.86，【细分】为16，如图6-47所示。

03 在【BRDF】卷展栏中选择材质的类型为【沃德】，如图6-48所示。

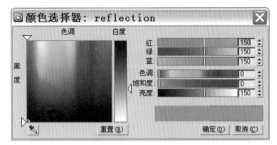

图6-46　反射颜色

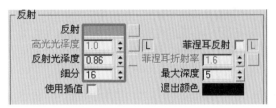

图6-47　反射参数

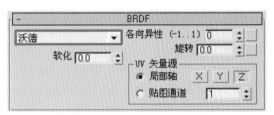

图6-48　【BRDF】卷展栏

04 金属材质的效果如图6-49所示。

图6-49　材质效果

6.4.4　天蓝色抱枕材质

天蓝色抱枕材质的效果如图6-50所示。

图6-50　材质效果

01 单击【漫反射】右边的复选框，添加

Falloff（衰减）贴图，模拟天蓝色抱枕的颜色变化，如图6-51所示。

图6-51　Falloff（衰减）贴图

02　设置【衰减类型】为垂直/平行，如图6-52所示。调节前、侧颜色，实现漫射的颜色衰减变化，如图6-53、图6-54所示。

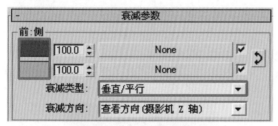

图6-52　【衰减】卷展栏

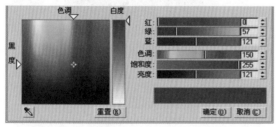

图6-53　颜色1

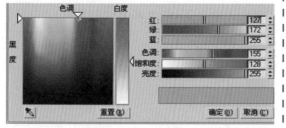

图6-54　颜色2

03　单击【凹凸】右边的复选框，添加Speckle（斑点）贴图，模拟抱枕的凹凸质感，

将凹凸参数设置为10.0，如图6-55所示。

图6-55　Speckle（斑点）贴图

04　打开【坐标】卷展栏，参数设置如图6-56所示。

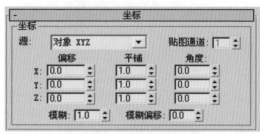

图6-56　【坐标】卷展栏

05　打开【斑点参数】卷展栏，参数设置如图6-57所示。

图6-57　【斑点参数】卷展栏

06　单击【BRDF】卷展栏，设置材质类型为【反射】，如图6-58所示。

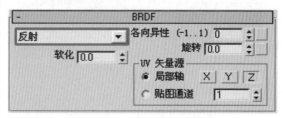

图6-58　【BRDF】卷展栏

07　天蓝色抱枕材质的效果如图6-59所示。

图6-59　材质效果

6.4.5　床木材质

床木材质的效果如图6-60所示。

图6-60　材质效果

01 单击【漫反射】右边的复选框，添加木纹理贴图，如图6-61所示。打开【坐标】卷展栏，设置贴图的平铺UV数值均为4.0，如图6-62所示。

图6-61　深咖啡木纹理贴图

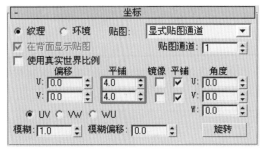

图6-62　【坐标】卷展栏

02 单击【反射】并调节颜色为"60，60，60"，如图6-63所示。设置【反射光泽度】为0.6，如图6-64所示。

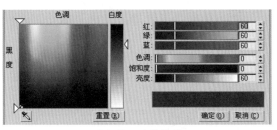

图6-63　反射数值

图6-64　反射参数

03 单击【BRDF】卷展栏，设置材质类型为【反射】，如图6-65所示。

图6-65　【BRDF】卷展栏

04 床木材质的效果如图6-66所示。

图6-66　材质效果

6.4.6　窗玻璃材质

窗玻璃材质的效果如图6-67所示。

图6-67　材质效果

01 单击【漫反射】并调节颜色，如图6-68所示。

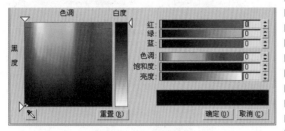

图6-68 漫反射颜色

02 单击【漫反射】右边的复选框，添加Falloff（衰减）贴图，模拟天蓝色抱枕的颜色变化，如图6-69所示。

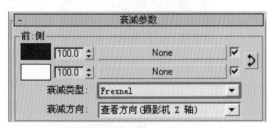

图6-69 Falloff（衰减）贴图

03 设置【衰减类型】为Fresnel，如图6-70所示。调节前、侧颜色，如图6-71、图6-72所示。

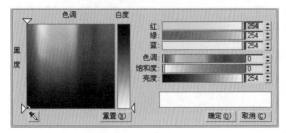

图6-70 Falloff（衰减）贴图

图6-71 颜色1

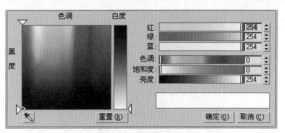

图6-72 颜色2

04 设置【反射光泽度】为0.98，如图6-73所示。

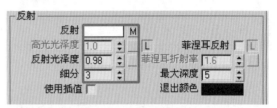

图6-72 反射参数

05 单击【折射】并调节数值为"255，255，255"，如图6-74所示。

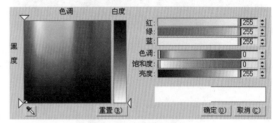

图6-74 折射数值

06 设置折射【光泽度】为1.0，【折射率】为1.517，勾选【影响阴影】复选框，如图6-75所示。

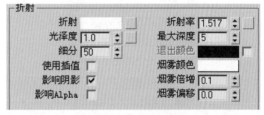

图6-75 折射参数

07 单击【BRDF】卷展栏，设置材质类型为【反射】，如图6-76所示。

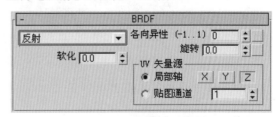

图6-76 【BRDF】卷展栏

08 窗玻璃材质的效果如图6-77所示。

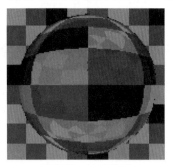

图6-77　材质效果

6.4.7　灯罩材质

灯罩材质的效果如图6-78所示。

01 单击【漫反射】右边的复选框，添加灯罩的纹理贴图，如图6-79所示。

图6-78　材质效果 　　　图6-79　灯罩贴图

02 单击【凹凸】右边的复选框，添加灯罩的凹凸贴图，【凹凸】参数设置为30.0，如图6-80、图6-81所示。

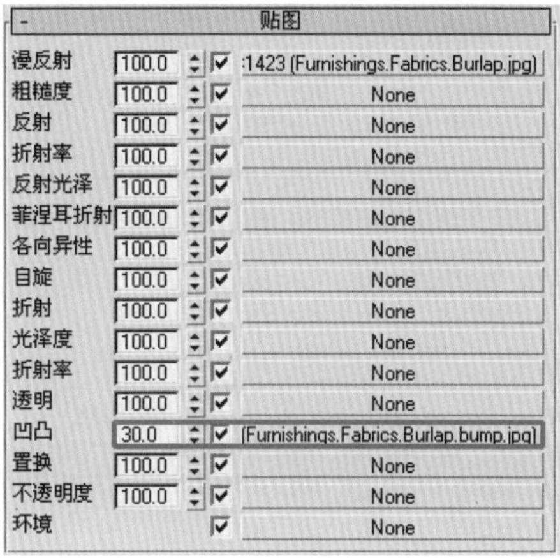

图6-80　凹凸参数

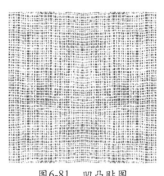

图6-81　凹凸贴图

03 单击【凹凸】右边的复选框，添加灯罩的通道贴图，如图6-82、图6-83所示。

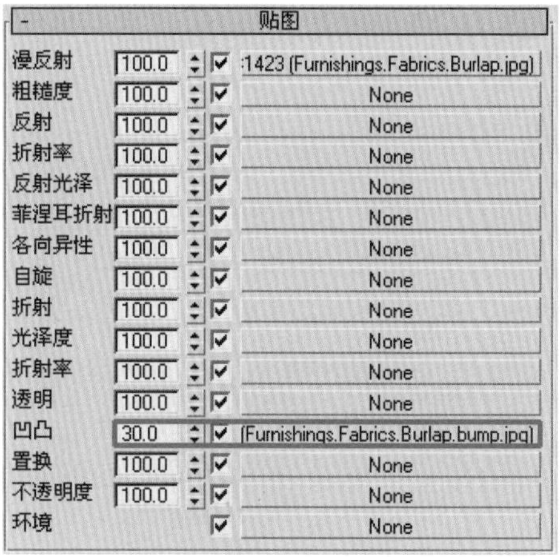

图6-82　不透明度

图6-83　不透明度贴图

04 灯罩材质的效果如图6-84所示。

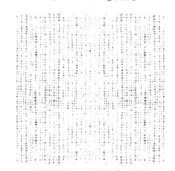

图6-84　材质效果

6.4.8　装饰品材质

装饰品材质的效果如图6-85所示。

图6-85　材质效果

01　选择Blend（混合）材质。单击【材质1】右边的复选框，添加VR基本材质，如图6-86所示。

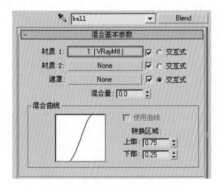

图6-86　Blend（混合）材质

02　单击【漫反射】并调节颜色，如图6-87所示。

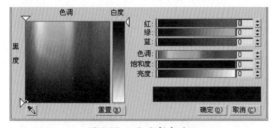

图6-87　漫反射颜色

03　单击【反射】并调节数值为"196，177，120"，如图6-88所示。设置【反射光泽度】为0.75，【细分】为10，如图6-89所示。

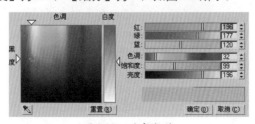

图6-88　反射数值

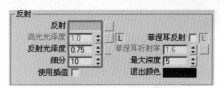

图6-89　反射参数

04　单击【凹凸】右边的复选框，添加Cellular（细胞）贴图，【凹凸】参数设置为25.0，如图6-90所示。

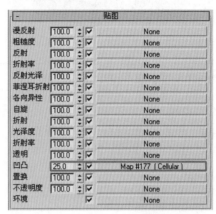

图6-90　Cellular（细胞）贴图

05　打开【坐标】卷展栏，参数的设置如图6-91所示。

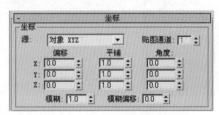

图6-91　【坐标】卷展栏

06　打开【细胞参数】卷展栏，参数的设置如图6-92所示。

图6-92　【细胞参数】卷展栏

07 观察此时的材质效果，如图6-93所示。

图6-93　材质效果

08 单击【材质2】右边的复选框，添加VR基本材质，如图6-94所示。

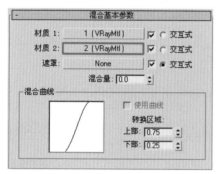

图6-94　Blend（混合）材质

09 单击【漫反射】并调节颜色，如图6-95所示。

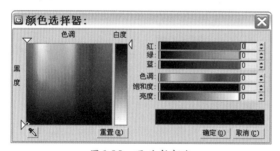

图6-95　漫反射颜色

10 单击【反射】调节数值为"49，49，49"，如图6-96所示。设置【反射光泽度】为0.75，【细分】为10，如图6-97所示。

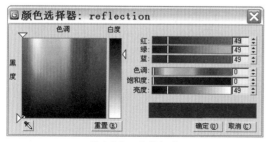

图6-96　反射数值

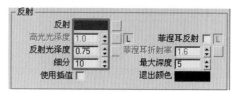

图6-97　反射参数

11 单击【遮罩】右边的复选框，添加Cellular（细胞）贴图，如图6-98所示。

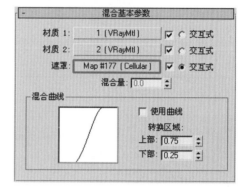

图6-98　Cellular（细胞）贴图

12 打开【坐标】卷展栏，参数设置如图6-99所示。

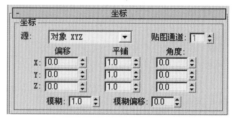

图6-99　【坐标】卷展栏

13 打开【细胞参数】卷展栏，参数设置如图6-100所示。

图6-100　【细胞参数】卷展栏

14 装饰品材质的效果如图6-101所示。

图6-101　材质效果

6.4.9　玻璃杯材质

玻璃杯材质的效果如图6-102所示。

图6-102　材质效果

01　选择VRay材质。单击【漫反射】并调节玻璃杯颜色为"8，8，8"，如图6-103所示。

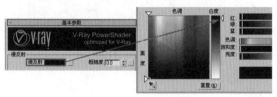

图6-103　漫反射颜色

02　单击【反射】右边的复选框，添加Falloff（衰减）贴图，【衰减类型】设置为Fresnel，如图6-104所示。设置衰减贴图中前、侧颜色，调节衰减变化，如图6-105、图6-106所示。

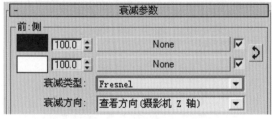

图6-104　Falloff（衰减）贴图

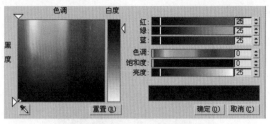

图6-105　前颜色

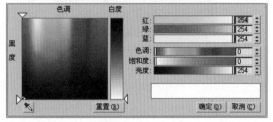

图6-106　侧颜色

03　设置【反射光泽度】为0.98，如图6-107所示。

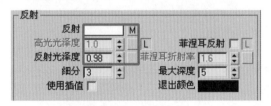

图6-107　反射参数

04　调节折射颜色为"251，251，251"，如图6-108所示。

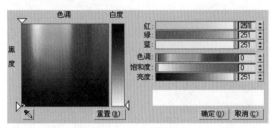

图6-108　折射数值

05　设置【折射率】为1.517，勾选【影响阴影】复选项，如图6-109所示。

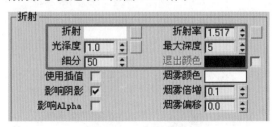

图6-109　折射参数

06 玻璃杯材质的效果如图6-110所示。

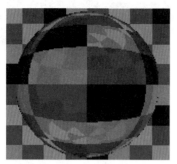

图6-110　玻璃材质

6.4.10　红酒材质

红酒材质的效果如图6-111所示。

图6-111　材质效果

01 选择VRay材质。单击【漫反射】并调节漫射颜色为"0，0，0"，如图6-112所示。

图6-112　漫反射颜色

02 单击【反射】右边的复选框，添加Falloff（衰减）贴图，将【衰减类型】设置为Fresnel，如图6-113所示。设置衰减贴图中前、侧颜色，调节衰减变化，如图6-114、图6-115所示。

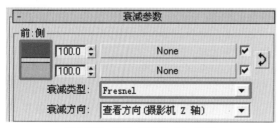

图6-113　Falloff（衰减）贴图

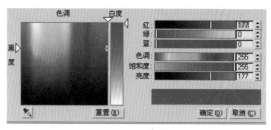

图6-114　前颜色

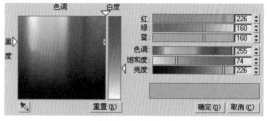

图6-115　侧颜色

03 设置【反射光泽度】为0.98，如图6-116所示。

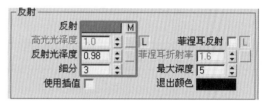

图6-116　反射参数

04 调节折射数值为"177，0，0"，如图6-117所示。

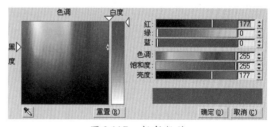

图6-117　折射数值

05 设置【折射率】为1.517，将烟雾颜色设置为"255，62，62"，将【烟雾倍增】设置为0.1，勾选【影响阴影】复选项，如图6-118和图6-119所示。

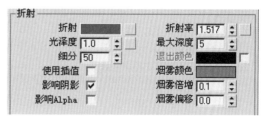

图6-118　折射参数

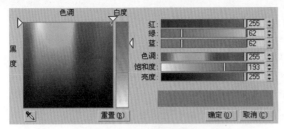

图6-119　烟雾颜色

06 红酒材质的效果如图6-120所示。

图6-120　红酒材质

6.4.11　洋酒瓶材质

洋酒瓶材质的效果如图6-121所示。

图6-121　材质效果

01 选择VRay材质。单击【漫反射】并调节洋酒瓶的颜色为"8，8，8"，如图6-122所示。

图6-122　漫射颜色

02 单击【反射】并调节反射数值为"45，45，45"，设置【反射光泽度】为0.9，如图6-123、图6-124所示。

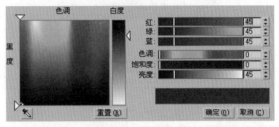

图6-123　反射数值

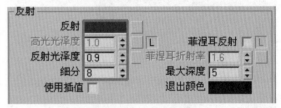

图6-124　反射参数

03 洋酒瓶材质的最终效果如图6-125所示。

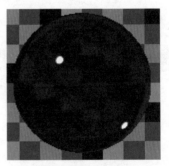

图6-125　材质效果

6.5　渲染参数设置和最终渲染

本节主要对渲染参数进行最终设置，包括图像最终输出的饱和度、对比度、精度等一系列参数，保证最终出色的渲染品质。

01 打开【V-Ray::发光贴图】卷展栏，勾选【细节增强】中的【开】复选项，加强发光贴图对转折面以及暗部的细节计算，具体的参数设置如图6-126所示。

图6-126　【V-Ray::发光贴图】卷展栏

02 打开【V-Ray::灯光缓冲】卷展栏，相关参数的设置如图6-127所示。

图6-126　【V-Ray::灯光缓冲】卷展栏

03 打开【V-Ray::DMC采样器】卷展栏，设置【噪波阈值】为0.005，【最小采样值】为8，【适应数量】为0.85，如图6-128所示。

图6-128　【V-Ray::DMC采样器】卷展栏

04 单击 按钮查看渲染效果，如图6-129所示。

图6-129　最终渲染图像

6.6　案例分析：有落地窗的卧室

　　本案例主要是制作有落地窗的现代卧室空间，该设计多针对别墅空间。落地窗为我们处理阳光场景提供了很好的平台，而且窗户的分割可以为我们提供很好的光影效果。室内的软装陈设简约、时尚，尤其颜色的搭配，体现了主人特定的品位和要求，大面积的暖色占据了画面空间色调的主导，床品的冷色披毯使得空间颜色产生了互补。图6-130是本节场景的线框渲染表现。

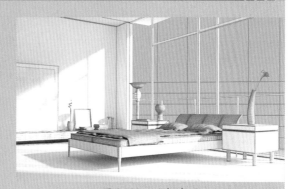

图6-130　线框表现

6.7　设置场景物理摄像机和渲染器参数

6.7.1　给场景指定物理摄像机

01 开启3ds Max 2015，在创建面板中单击【物理摄像机】按钮，选择物理摄像机，创建场景中的摄像机，如图6-131所示。

02 在顶视图中观察创建的物理摄像机，如图6-132所示。

图6-131　物理摄像机

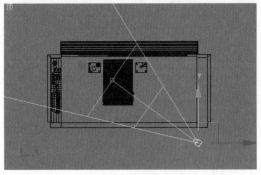

图6-132　创建摄像机

03 打开【基本参数】控制面板，设置【胶片规格】参数为33.0，【焦距】参数为40.0，如图6-133所示。

04 设置【快门速度】为20.0，【底片感光度】为350.0，如图6-134所示。

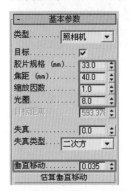

图6-133　【基本参数】　　图6-134　【基本参数】
　　　　　卷展栏　　　　　　　　　卷展栏

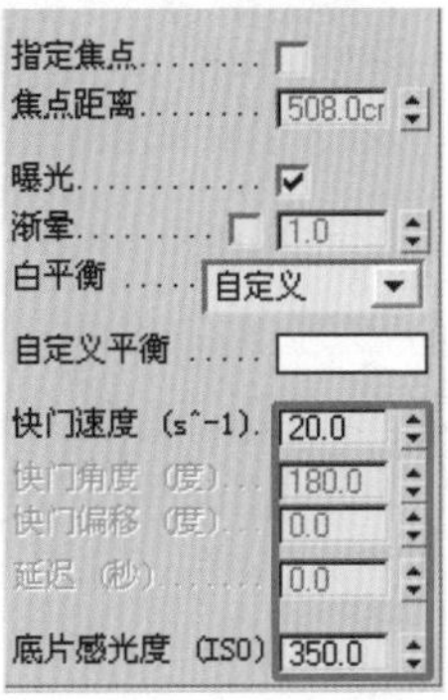

05 观察最终的物理摄像机角度，如图6-135所示。

图6-135　物理摄像机

6.7.2　设置渲染器参数

01 选择VR材质。单击【漫反射】并添加VRay边纹理材质，参数设置如图6-136所示。

图6-136　【VRay边纹理参数】卷展栏

02 打开【V-Ray::全局开关】卷展栏，将VRay线框材质关联到覆盖材质中，如图6-137所示。

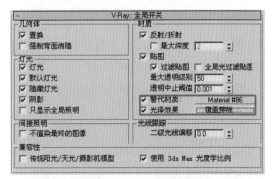

图6-137　覆盖材质

03 打开【V-Ray::图像采样器（抗锯齿）】卷展栏，【抗锯齿过滤器】的设置如图6-138所示。

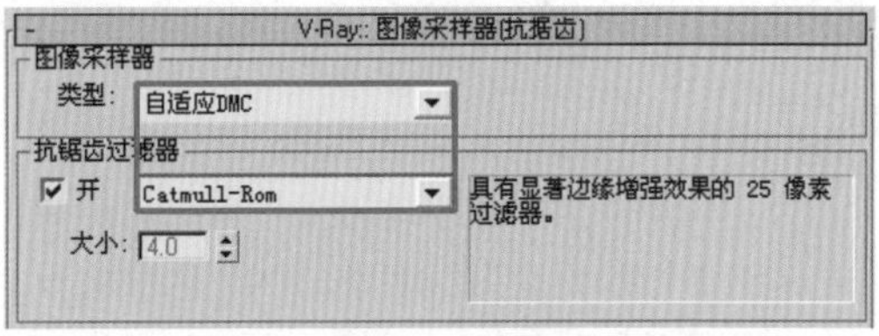

图6-138　【V-Ray::图像采样器（抗锯齿）】卷展栏

04 打开【V-Ray::间接照明】卷展栏。勾选【开】复选项，选择【首次反弹】的【全局照明引擎】为【强力引擎】，【二次反弹】的【全局照明引擎】为【灯光缓冲】，如图6-139所示。设置【强力全局照明】和【灯光缓冲】的参数如图6-140、图6-141所示。

图6-139　【V-Ray::间接照明（GI）】卷展栏

图6-140　【V-Ray::强力全局照明】卷展栏

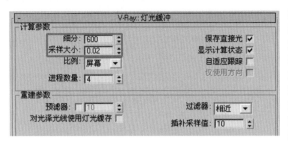

图6-141　【V-Ray::灯光缓冲】卷展栏

图6-142　【V-Ray::色彩映射】卷展栏

05　打开【V-Ray::色彩映射】卷展栏。将颜色贴图的【类型】设置为指数，【亮部倍增值】设置为2.0，【暗部倍增值】为1.05，如图6-142所示。

06　观察模型检查的结果，如图6-143所示。

图6-143　模型效果

6.8　设置场景灯光

6.8.1　创建室外阳光

本节主要是制作室外的阳光照明效果，具体操作步骤如下：

01　开启3ds Max 2015以后，执行【文件】|【打开】命令，打开本书的配套光盘中的"本书素材\第6章\有落地窗的卧室.max"文件，如图6-144所示。

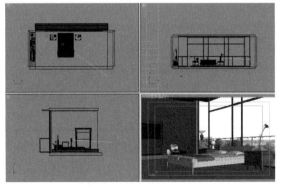

图6-144　打开3ds Max文件

02　单击命令面板中的 [图标]|[图标]| 目标平行光 按钮，在视图中创建"目标平行光"模拟室外阳光效果，如图6-145所示。

03　打开【常规参数】卷展栏，设置灯光

阴影为【VRayShadow】，如图6-146所示。

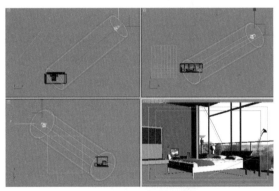

图6-145　目标平行光

图6-146　【常规参数】卷展栏

04　打开【强度/颜色/衰减】卷展栏，设

置灯光颜色为暖色，设置【倍增】为3.0，如图6-147、图6-148所示。

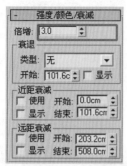

图6-147 【强度/颜色/衰减】卷展栏

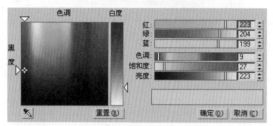

图6-148 灯光颜色

05 打开【平行光参数】卷展栏，设置【聚光区/光束】为516.003，【衰减区/区域】为577.088，如图6-149所示。在场景中观察平行光的范围，如图6-150所示。

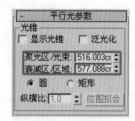

图6-149 【平行光参数】卷展栏

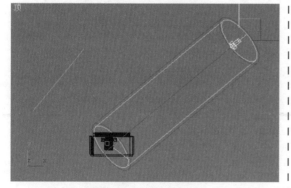

图6-150 平行光范围

06 在【VRay阴影参数】卷展栏中勾选【区域阴影】复选项，将阴影模式设置为长方

体，调节UVW尺寸，如图6-151所示。

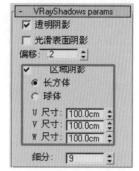

图6-151 【VRay阴影参数】

07 单击 按钮查看渲染结果，如图6-152所示。

图6-152 渲染结果

6.8.2 创建环境辅助灯光

01 单击命令面板中的 VRay灯光 按钮，设置落地窗口处的辅助环境照明灯光，如图6-153所示。

图6-153 灯光位置

02 打开【参数】卷展栏，设置灯光的颜色为淡蓝色，将【倍增器】设置为2.0，如图6-154、图6-155所示。

图6-154　灯光参数

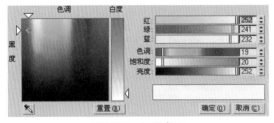

图6-155　灯光颜色

03 灯光的物理选项和采样参数的设置如图6-156所示。

图6-156　灯光选项

04 单击 按钮查看灯光效果，如图6-157所示。

图6-157　灯光效果

难点解疑

环境辅助灯光加强了场景的空间环境照明，提升了室外延伸到室内的灯光照明效果。这是我们制作日光常用的方法，可以灵活控制阳光曝光。

05 单击命令面板中的 VRay灯光 按钮，设置室内的照明灯光，如图6-158所示。

图6-157　灯光位置

06 打开【参数】卷展栏，设置颜色为淡蓝色，【倍增器】设置为8.0，如图6-159、图6-160所示。

图6-159　【参数】卷展栏

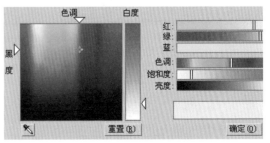

图6-160　灯光颜色

07 灯光的物理选项和采样参数的设置如图6-161所示。

图6-161　灯光选项

08 单击 ◉ 按钮查看灯光效果，如图6-162所示。

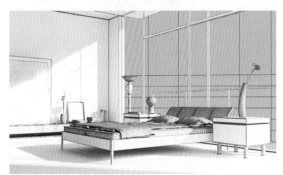

图6-162　灯光效果

难点解疑

室内辅助灯光加强了室内空间的全局照明，尤其是针对阳光的投影部分，同时调节了画面光影的颜色，做到冷暖互补。

09 继续设置灯光，顺应户外阳光照明的主方向，模拟户外局部曝光，如图6-163所示。

图6-163　灯光位置

10 设置灯光颜色为淡蓝色，【倍增器】设置为6.0，如图6-164、图6-165所示。

图6-164　灯光参数

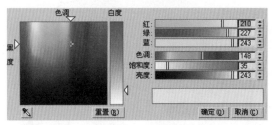

图6-165　灯光颜色

11 灯光的物理选项和采样参数的设置如图6-166所示。

图6-166　灯光选项

12 单击 ◉ 按钮查看灯光效果，如图6-167所示。

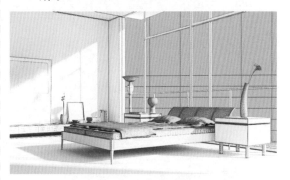

图6-167　灯光效果

13 到目前为止，场景灯光设置完毕。

6.9　场景中主要材质参数的设置

本节中主要涉及VRay材质中卧室类材质的制作，通过学习本节制作内容，详细了解室内卧室空间的相关材质制作的过程。

6.9.1　建筑地面材质

建筑地面材质的效果如图6-168所示。

图6-168　材质效果

01 单击【漫反射】右边的复选框，添加建筑地面的纹理贴图，如图6-169所示。

图6-168　建筑地面贴图

02 观察此时的材质效果，如图6-170所示。

图6-170　材质效果

难点解疑

显然，如果采用贴图直接进行渲染计算，那么室内空间的品位和格调直接降低。这里我们需要通过混合漫射颜色，从而缓和贴图的效果。

03 单击【漫反射】并调节颜色为中度的咖啡色，如图6-171所示。

图6-171　漫反射颜色

04 设置【漫反射】的混合数值为10.0，如图6-172所示。

图6-172　混合参数

05 观察此时的材质效果，如图6-173所示。

图6-173　材质效果

06 单击【反射】并调节数值为"10，10，10"，设置【反射光泽度】为0.5，如图6-174、图6-175所示。

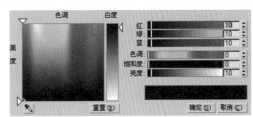

图6-174　反射数值

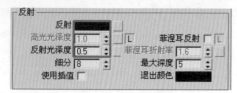

图6-175 反射参数

07 将漫反射贴图关联到凹凸贴图中，【凹凸】参数设置为11.0，如图6-176所示。

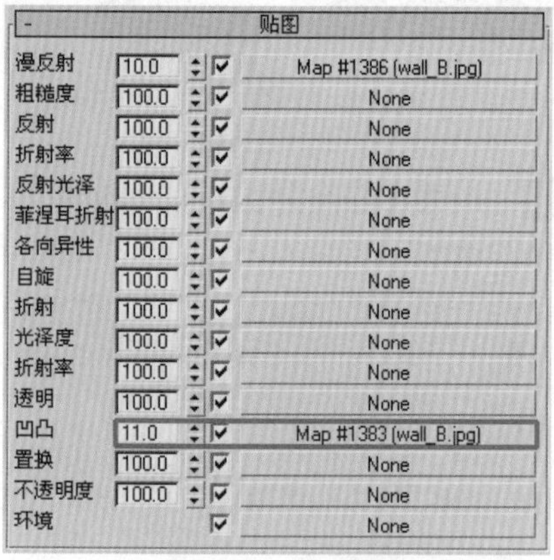

图6-176 关联贴图

08 建筑地面材质的效果如图6-177所示。

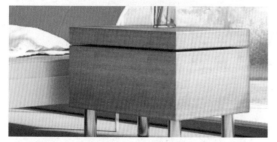

图6-177 材质效果

6.9.2 装饰木饰面材质

装饰木饰面材质的效果如图6-178所示。

图6-178 材质效果

01 单击【漫反射】右边的复选框，添加木纹理贴图，模拟木表面的贴图纹理变化，如

图6-179所示。打开【坐标】卷展栏，设置贴图的平铺U、V参数均为2.0，如图6-180所示。

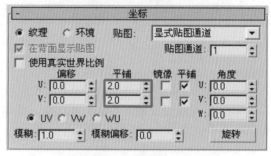

图6-179 木纹理贴图

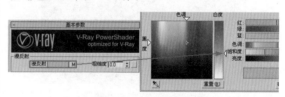

图6-180 【坐标】卷展栏

02 单击【漫反射】并调节颜色为中度的咖啡色，如图6-181所示。

图6-181 漫反射颜色

03 设置【漫反射】的混合数值为95.0，如图6-182所示。

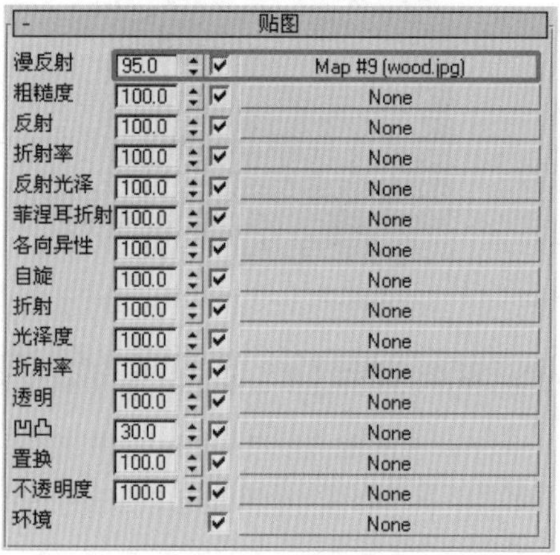

图6-182 混合参数

04 观察此时的材质效果，如图6-183所示。

图6-183　材质效果

05 单击【反射】并调节数值为"20，20，20"，设置【反射光泽度】为0.85，如图6-184、图6-185所示。

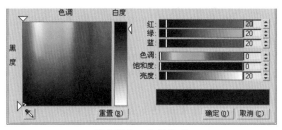

图6-184　反射数值

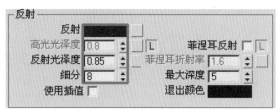

图6-185　反射参数

06 单击【凹凸】右边的复选框，添加木头的凹凸纹理贴图，设置凹凸参数为20.0，如图6-186、图6-187所示。

贴图			
漫反射	95.0	✓	Map #9 (wood.jpg)
粗糙度	100.0	✓	None
反射	100.0	✓	None
折射率	100.0	✓	None
反射光泽	100.0	✓	None
菲涅耳折射	100.0	✓	None
各向异性	100.0	✓	None
自旋	100.0	✓	None
折射	100.0	✓	None
光泽度	100.0	✓	None
折射率	100.0	✓	None
透明	100.0	✓	None
凹凸	20.0	✓	Map #11 (wood_B.jpg)
置换	100.0	✓	None
不透明度	100.0	✓	None
环境		✓	None

图6-186　凹凸参数

图6-187　凹凸贴图

07 在【BRDF】卷展栏中选择材质的类型为【沃德】，如图6-188所示。

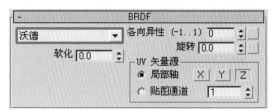

图6-188　【BRDF】卷展栏

08 装饰木饰面材质的效果如图6-189所示。

图6-189　材质效果

6.9.3 金属底座材质

金属底座材质的效果如图6-190所示。

图6-190　材质效果

01 单击【漫反射】并调节金属颜色，如图6-191所示。

02 调节【反射】数值为"180，180，180"，如图6-192所示。设置【反射光泽度】

159

为0.9，【细分】为30，如图6-192所示。

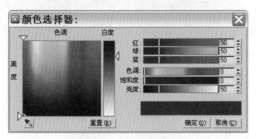

图6-191　漫反射颜色

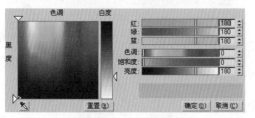

图6-192　反射数值

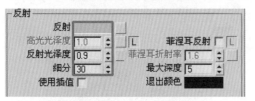

图6-193　反射参数

03 在【BRDF】卷展栏中选择材质的类型为【反射】，如图6-194所示。

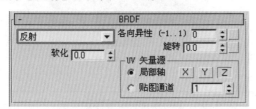

图6-194　【BRDF】卷展栏

04 金属材质的效果如图6-195所示。

图6-195　材质效果

6.9.4　落地灯灯罩材质

落地灯灯罩材质的效果如图6-196所示。

图6-196　材质效果

01 选择VRay材质。单击【漫反射】并调节颜色，如图6-197所示。

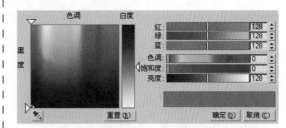

图6-197　漫反射颜色

02 单击【反射】并调节数值为"198，198，198"，如图6-198所示。

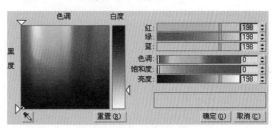

图6-198　反射颜色

03 设置【反射光泽度】为0.9，勾选【菲涅耳反射】复选项，如图6-199所示。

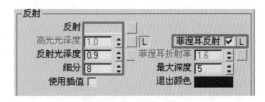

图6-199　反射参数

04 设置折射颜色为"183，183，183"，如图6-200所示。

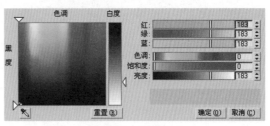

图6-200　折射数值

05 设置折射【光泽度】为0.71，【折射率】为1.6，如图6-201所示。

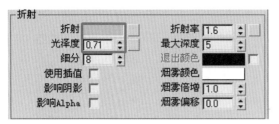

图6-201　折射参数

06 单击【BRDF】卷展栏，设置材质类型为【反射】，如图6-202所示。

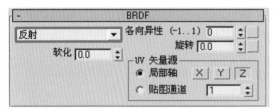

图6-202　【BRDF】卷展栏

07 落地灯灯罩材质的效果如图6-203所示。

图6-203　材质效果

6.9.5　红色装饰墙材质

红色装饰墙材质的效果如图6-204所示。

图6-204　材质效果

01 单击【漫反射】右边的复选框，添加墙面的纹理贴图，如图6-205所示。

图6-205　建筑墙面贴图

02 单击贴图为其添加父级RGB Tint（RGB染色）贴图，如图6-206所示。

图6-206　RGB Tint（RGB染色）贴图

03 调节RGB的颜色值，使其呈比较纯的铁锈红色，如图6-207～图6-210所示。

图6-207　RGB Tint（RGB染色）参数

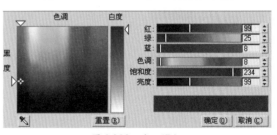

图6-208　红（R）

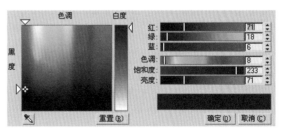

图6-209　绿（G）

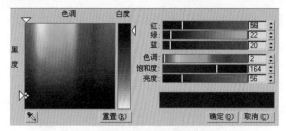

图6-210　蓝（B）

04 观察此时的贴图颜色变化，如图6-211所示。

图6-210　颜色变化

05 单击【反射】并调节数值为"5，5，5"，如图6-212所示。设置【反射光泽度】为0.6，如图6-213所示。

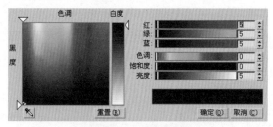

图6-212　反射数值

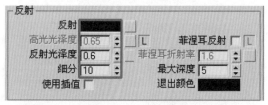

图6-213　反射参数

06 在【BRDF】卷展栏中选择材质的类型为【反射】，如图6-214所示。

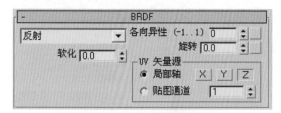

图6-214　【BRDF】卷展栏

07 单击【凹凸】右边的复选框，添加墙

面的凹凸纹理贴图，凹凸参数设置为30.0，如图6-215、图6-216所示。

图6-215　凹凸贴图

图6-216　凹凸参数

08 红色墙面材质的效果如图6-217所示。

图6-217　材质效果

6.9.6　蓝色披毯材质

蓝色披毯材质的效果如图6-218所示。

图6-218　材质效果

01 单击【漫反射】右边的复选框，添加Falloff（衰减）贴图，设置【衰减类型】为垂直/平行，如图6-219所示。调节前、侧颜色如图6-220、图6-221所示。

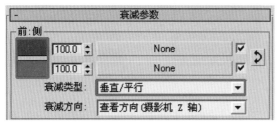

图6-219　Falloff（衰减）贴图

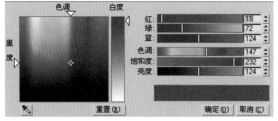

图6-220　前颜色

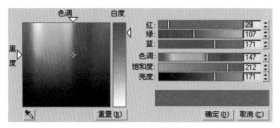

图6-221　侧颜色

02 观察材质的衰减颜色变化，如图6-222所示。

图6-222　颜色变化

03 单击前颜色右边的复选框，添加布纹贴图，混合参数设置为50.0，如图6-223、图6-224所示。

04 打开【坐标】卷展栏，设置贴图的【平铺】数值为"8.0，6.0"，如图6-225所示。

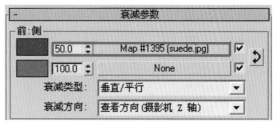

图6-223　衰减参数

图6-224　前贴图

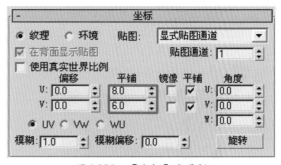

图6-225　【坐标】卷展栏

05 单击【凹凸】右边的复选框，添加布的凹凸纹理贴图，凹凸参数设置为300.0，如图6-226、图6-227所示。

06 打开【坐标】卷展栏，设置贴图的【模糊】数值为0.01，【平铺】数值为"300.0，300.0"如图6-228所示。

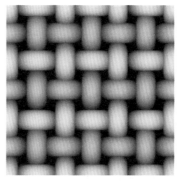

图6-226　凹凸贴图

图6-227 凹凸参数

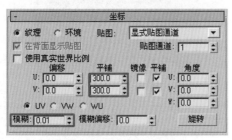

图6-228 【坐标】卷展栏

07 蓝色披毯材质的效果如图6-229所示。

图6-228 材质效果

6.9.7 装饰玻璃瓶材质

装饰玻璃瓶材质的效果如图6-230所示。

图6-230 材质效果

01 选择VRay材质。单击【漫反射】并调节颜色，如图6-231所示。

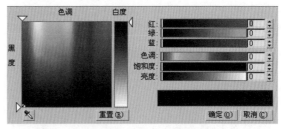

图6-231 漫反射颜色

02 单击【反射】并调节颜色，如图6-232所示。

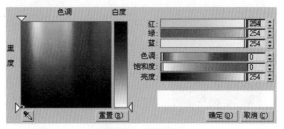

图6-232 反射颜色

03 设置【反射光泽度】为0.98，勾选【菲涅耳反射】复选项，如图6-233所示。

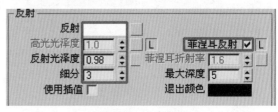

图6-233 反射参数

04 设置折射颜色为"237，237，237"，如图6-234所示。

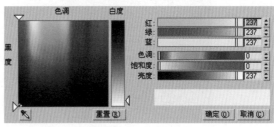

图6-234 折射数值

05 设置折射【光泽度】为1.0，设置【折射率】为1.517，勾选【影响阴影】，如图6-235所示。设置【烟雾颜色】为淡绿色，【烟雾倍增】为0.05，如图6-236所示。

06 单击【BRDF】卷展栏，设置材质类型为【反射】，如图6-237所示。

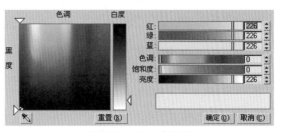

图6-235 折射参数

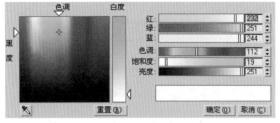

图6-236 烟雾颜色

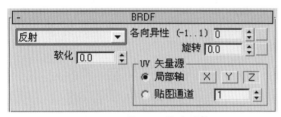

图6-237 【BRDF】卷展栏

07 装饰玻璃瓶材质的效果如图6-238所示。

图6-238 材质效果

6.9.8 白色床品材质

白色床品材质的效果如图6-239所示。

图6-239 材质效果

01 单击【漫反射】并调节颜色，如图6-240所示。

图6-240 漫反射颜色

02 这里不需要设置反射参数，如图6-241所示。

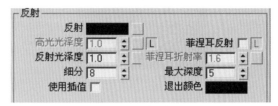

图6-241 反射参数

03 单击【凹凸】右边的复选框，添加Speckle（斑点）贴图，【凹凸】参数设置为4.0，如图6-242所示。

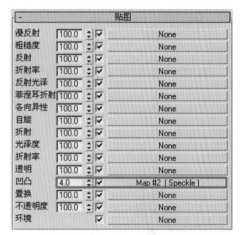

图6-242 Speckle（斑点）贴图

04 打开【坐标】卷展栏，参数的设置如图6-243所示。

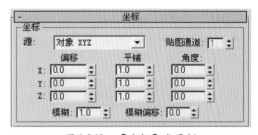

图6-243 【坐标】卷展栏

05 打开【斑点参数】卷展栏，设置斑点【大小】为0.001，如图6-244所示。

图6-244　【斑点参数】卷展栏

06　白色床品材质的效果如图6-245所示。

图6-245　材质效果

6.9.9　床靠板材质

床靠板材质的效果如图6-246所示。

图6-246　材质效果

01　单击【漫反射】并调节颜色，如图6-247所示。

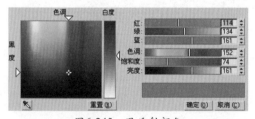

图6-245　漫反射颜色

02　单击【反射】并调节数值为"44，44，44"，如图6-248所示。设置【反射光泽度】为0.6，如图6-249所示。

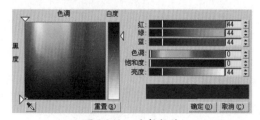

图6-248　反射数值

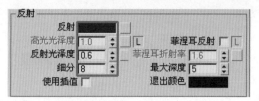

图6-249　反射参数

03　在【BRDF】卷展栏中选择材质的类型为【反射】，如图6-250所示。

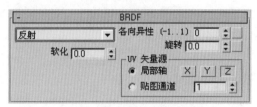

图6-250　【BRDF】卷展栏

04　单击【凹凸】右边的复选框，添加凹凸纹理贴图，将【凹凸】参数设置为100.0，如图6-251、图6-252所示。

图6-251　凹凸贴图

贴图		
漫反射	100.0 ✓	None
粗糙度	100.0 ✓	None
反射	100.0 ✓	None
折射率	100.0 ✓	None
反射光泽	100.0 ✓	None
菲涅耳折射	100.0 ✓	None
各向异性	100.0 ✓	None
自旋	100.0 ✓	None
折射	100.0 ✓	None
光泽度	100.0 ✓	None
折射率	100.0 ✓	None
透明	100.0 ✓	None
凹凸	100.0 ✓	Map #4 [lether.jpg]
置换	100.0 ✓	None
不透明度	100.0 ✓	None
环境	✓	None

图6-252　凹凸参数

05　打开【坐标】卷展栏，设置贴图的【平铺】数值为"40.0，30.0"，【模糊】数值为0.2，如图6-253所示。

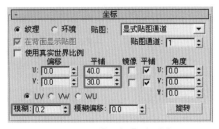

图6-253 【坐标】卷展栏

06 床靠板材质的效果如图6-254所示。

图6-254 材质效果

6.9.10 花盆材质

花盆材质的效果如图6-255所示。

图6-255 材质效果

01 单击【漫反射】右边的复选框，添加Falloff（衰减）贴图，设置【衰减类型】为Fresnel，如图6-256所示。调节前、侧颜色，如图6-257、图6-258所示。

图6-256 Falloff（衰减）贴图

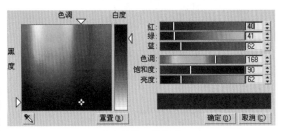

图6-257 前颜色

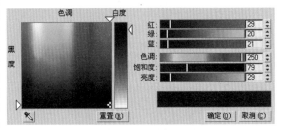

图6-258 侧颜色

02 观察材质的衰减颜色变化，如图6-259所示。

图6-259 颜色变化

03 单击前颜色右边的复选框，添加建筑纹理贴图，如图6-260、图6-261所示。

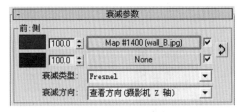

图6-260 衰减参数

图6-261 前贴图

167

04 打开【坐标】卷展栏，设置贴图的【平铺】数值为"2.0，2.0"，如图6-262所示。

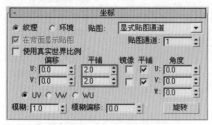

图6-262 【坐标】卷展栏

05 观察材质的衰减颜色和纹理变化，如图6-263所示。

图6-263 颜色变化

06 为建筑纹理贴图添加RGB Tint（RGB染色）贴图，调节贴图的颜色关系，如图6-264所示。

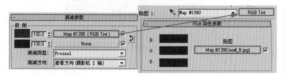

图6-264 RGB Tint（RGB染色）贴图

07 调节RGB的颜色值，如图6-265～图6-267所示。

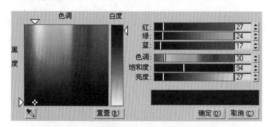

图6-265 红（R）

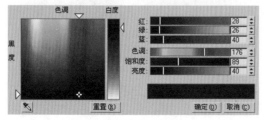

图6-266 绿（G）

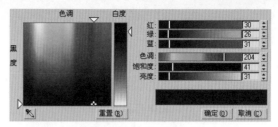

图6-267 蓝（B）

08 观察材质的衰减颜色和纹理变化，如图6-268所示。

图6-268 颜色变化

09 单击【反射】并调节数值为"5，5，5"，如图6-269所示。

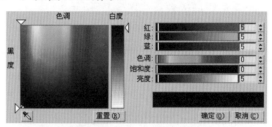

图6-269 反射数值

10 设置【反射光泽度】为0.7，如图6-270所示。

图6-270 反射参数

11 单击【反射】右边的复选框，添加建筑纹理贴图中，如图6-271所示。

图6-271 反射贴图

12 设置【反射】混合数值为5.0，使反射和贴图共同作用来影响材质的反射效果，调节反射细节的变化，如图6-272所示。

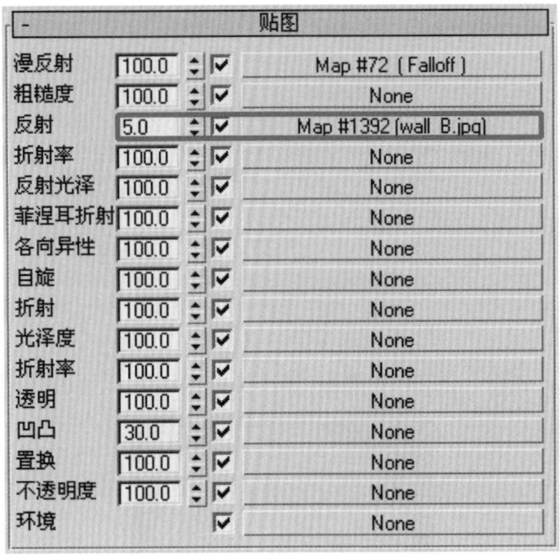

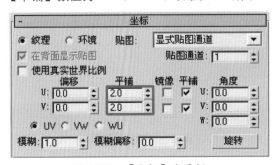

图6-272　混合参数

13 将反射贴图复制到凹凸贴图中，将【凹凸】参数设置为25.0，如图6-273所示。

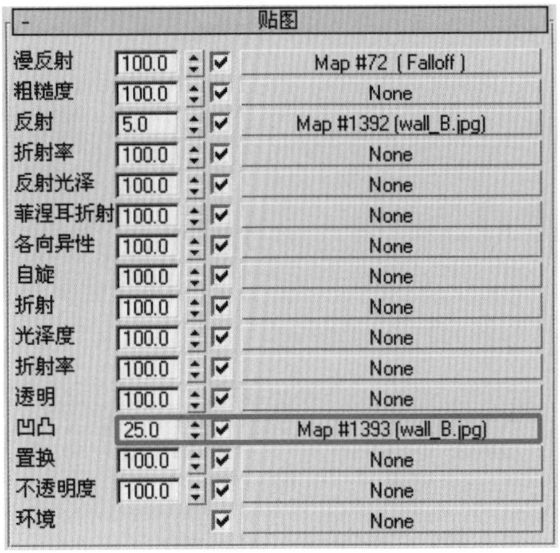

图6-273　凹凸参数

14 打开【坐标】卷展栏，设置贴图的【平铺】数值为"2.0，2.0"，如图6-274所示。

图6-274　【坐标】卷展栏

15 花盆材质的效果如图6-275所示。

图6-275　材质效果

6.9.11　建筑外景材质

建筑外景材质的效果如图6-276所示。

图6-276　材质效果

01 选择VRay灯光材质，单击【颜色】右边的复选框，添加Mix（混合）贴图，设置倍增器为2.2，如图6-277所示。

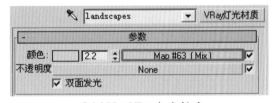

图6-277　VRay灯光材质

02 单击【颜色#1】右边的复选框，添加背景贴图，如图6-278、图6-279所示。

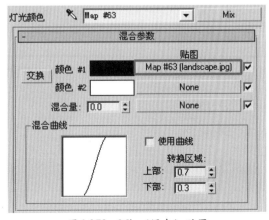

图6-278　Mix（混合）贴图

图6-279　背景贴图

03　单击【混合量】右边的复选框，添加Gradient（渐变）贴图，如图6-280所示。

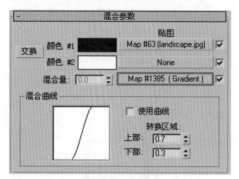

图6-280　Gradient（渐变）贴图

04　打开【渐变参数】卷展栏，相关参数的设置如图6-281所示。

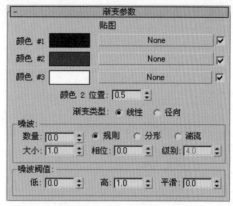

图6-281　【渐变参数】卷展栏

05　建筑外景材质的效果如图6-280所示。

图6-282　最终效果

6.10　渲染参数设置和最终渲染

本节主要对渲染参数进行最终设置，包括图像最终输出的饱和度、对比度、精度等一系列参数，从而保证最终出色的渲染品质。

01　打开【V-Ray::强力全局照明】卷展栏，设置【细分】为18，如图6-283所示。

图6-283　【V-Ray::强力全局照明】卷展栏

02　打开【V-Ray::灯光缓冲】卷展栏，设置【细分】为1200，【采样大小】为0.01，如图6-284所示。

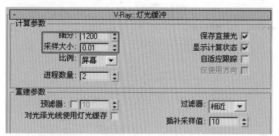

图6-284　【V-Ray::灯光缓冲】卷展栏

03　打开【V-Ray::DMC采样器】卷展栏，参数的设置如图6-285所示。

图6-285　【V-Ray::DMC采样器】卷展栏

04　单击 👁 按钮，最终的渲染效果如图6-286所示。

图6-286　最终的图像

第7章　现代厨房

7.1　案例分析

　　本节主要是制作厨房日光空间的效果。厨具的隔断将厨房的空间进行了划分，使单一的空间结构不再单调。同时，通透的隔断使空间的开放性保持不变。木色与白墙是空间的主要色彩关系，使空间的视觉效果典雅、清爽。图7-1为本节场景的线框渲染表现，读者可以进行参考。

图7-1　线框表现

7.2　设置场景物理摄像机和渲染器参数

7.2.1　给场景指定物理摄像机

　　01 开启3ds Max 2015，在创建面板中单击【物理摄像机】按钮，选择物理摄像机，创建场景中的摄像机，如图7-2所示。

　　02 在顶视图中观察创建的物理摄像机，如图7-3所示。

图7-2　物理摄像机

图7-3　创建摄像机

　　03 打开【基本参数】卷展栏，设置【胶片规格】参数为60.0，【焦距】参数为35.0，如图7-4所示。

　　04 设置【快门速度】为15.0，【底片感光度】为330.0，如图7-5所示。

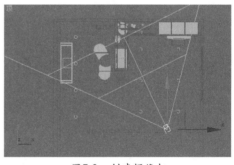

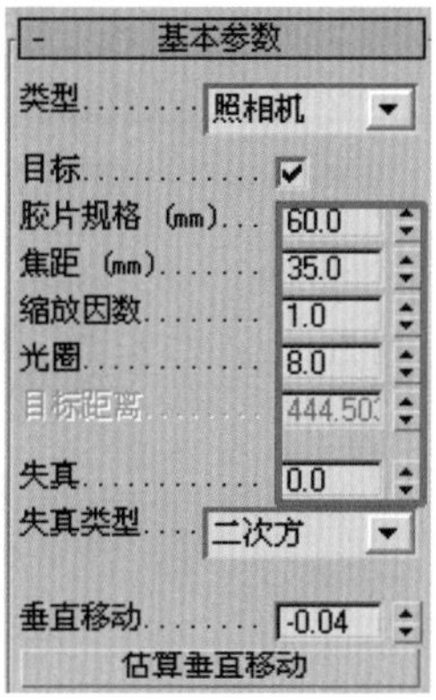

图7-4　【基本参数】卷展栏 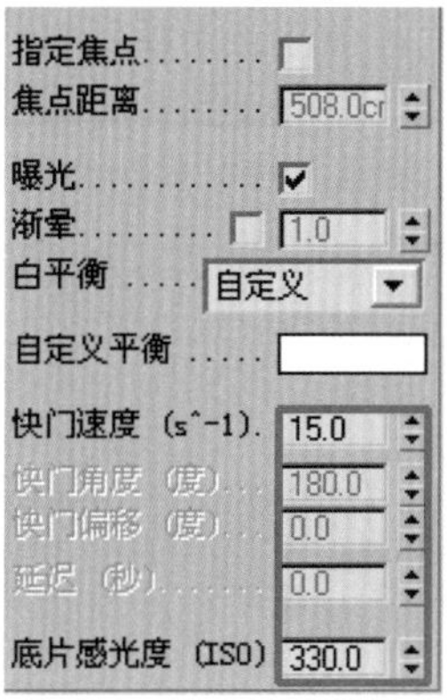　　图7-5　【基本参数】卷展栏

05 观察最终的物理摄像机角度，如图 7-6所示。

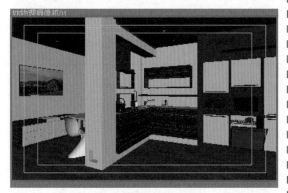

图7-6　物理摄像机角度

7.2.2　设置渲染器参数

01 打开【V-Ray::图像采样器（抗锯齿）】卷展栏，【抗锯齿过滤器】的设置如图7-7所示。

图7-7　【V-Ray::图像采样器（抗锯齿）】卷展栏

02 打开【V-Ray::间接照明（GI）】卷展栏。勾选【开】复选项，选择【首次反弹】的【全局照明引擎】为【发光贴图】，【二次反弹】的【全局照明引擎】为【灯光缓冲】，如图7-8所示。设置【发光贴图】和【灯光缓冲】的参数如图7-9、图7-10所示。

03 打开【V-Ray::环境】卷展栏。开启【全局照明环境（天光）覆盖】功能，单击【天光】右边的复选框，添加Gradient Ramp（渐变坡度）贴图，通过贴图模拟天光颜色的变化，设置【倍增器】为1.0，如图7-11所示。

图7-8　【V-Ray::间接照明（GI）】卷展栏

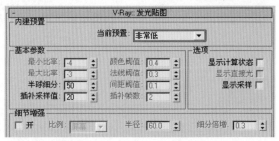

图7-9　【V-Ray::发光贴图】卷展栏

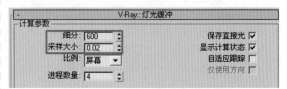

图7-10　【V-Ray::灯光缓冲】卷展栏

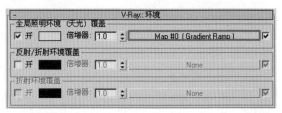

图7-11　【V-Ray::环境】卷展栏

04 将贴图关联到材质编辑器中并进行编辑。打开【坐标】卷展栏，设置贴图的W角度为-90.0，如图7-12所示。

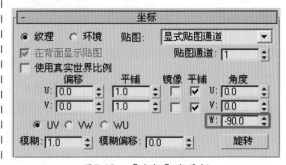

图7-12　【坐标】卷展栏

05 打开【渐变坡度参数】卷展栏，设置天空的渐变颜色，如图7-13～图7-15所示。

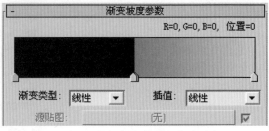

图7-13　【渐变坡度参数】卷展栏

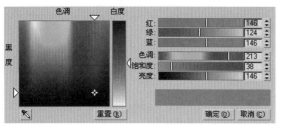

图7-14　渐变颜色

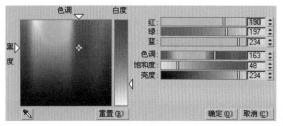

图7-15　渐变颜色

06 打开【V-Ray::颜色映射】卷展栏。将颜色贴图的【类型】设置为指数，【亮部倍增值】为2.7，【暗部倍增值】为1.2，如图7-16所示。

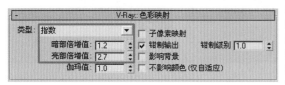

图7-16　【V-Ray::色彩映射】卷展栏

07 执行【渲染】|【环境和效果】命令，打开【公用参数】卷展栏，调节背景颜色，如图7-17、图7-18所示。

图7-17　【公用参数】卷展栏

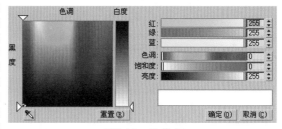

图7-18　背景色

08 观察模型检查的效果，如图7-19所示。

图7-19　模型效果

7.3　设置场景灯光

7.3.1　创建室外阳光照明

本章采用VR灯光进行太阳光的模拟，具体操作步骤如下。

01 开启3ds Max 2015以后，执行【文件】|【打开】命令，打开本书的配套光盘中的"本书素材\第7章\现代厨房.max"文件，如图7-20所示。

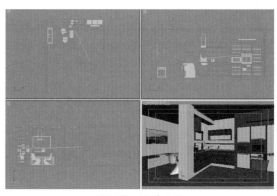

图7-20　场景文件

02 单击命令面板中的 ▣▣▣▣▣ VR灯光 按钮，在视图中创建"VR灯光"，设置窗口处灯光，加强阳光的全局照明效果，如图7-21所示。

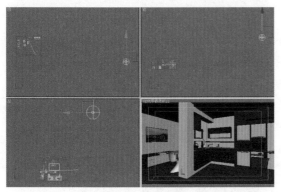

图7-21 灯光位置

03 在【常规参数】卷展栏中设置灯光【类型】为球体，【颜色】为粉红色，【倍增器】为1.0，如图7-22、图7-23所示。

图7-22 灯光参数

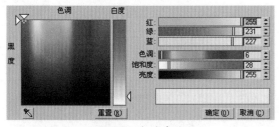

图7-23 灯光颜色

04 勾选【不可见】复选项，设置【细分】为40，【阴影偏移】为0.051cm，如图7-24所示。

05 单击 ▣ 按钮查看渲染结果。如图7-25所示。

图7-24 灯光参数

图7-25 渲染效果

06 观察画面的渲染效果，VR灯光模拟了太阳光的照明效果，光影偏移加强了光影的柔和程度。

07 继续在窗口添加灯光，加强阳光的全局光照明，具体的位置如图7-26所示。

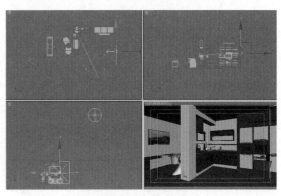

图7-26 灯光位置

08 打开【参数】卷展栏，设置灯光【颜色】为淡蓝色，【倍增器】为3.6，如图7-27、图7-28所示。

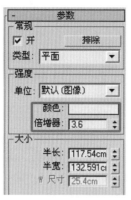

图7-27 灯光参数

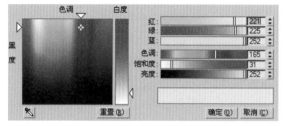

图7-28 灯光颜色

09 设置灯光的相关参数，如图7-29所示。

图7-29 灯光参数

10 单击 按钮查看渲染结果，如图7-30所示。

图7-30 渲染效果

11 观察画面的渲染效果，厨房的日光效果已经非常出色，我们继续完善相关窗口的灯光设置。

12 添加靠近摄像机窗口的照明灯光，具体的位置如图7-31所示。

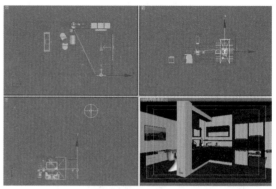

图7-31 灯光位置

13 打开【参数】卷展栏，设置灯光【颜色】为淡黄色，【倍增器】为2.0，如图7-32、图7-33所示。

图7-32 【参数】卷展栏

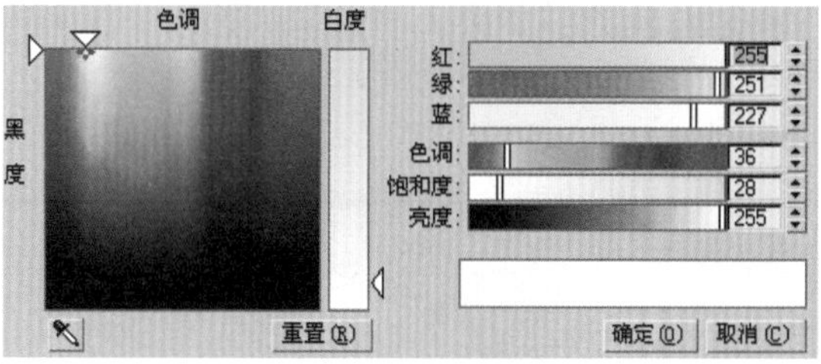

图7-33 灯光颜色

14 设置灯光的相关参数，如图7-34所示。

15 单击 按钮查看渲染结果，如图7-35所示。

16 继续在窗口添加灯光，加强阳光的全局光照明，具体的位置如图7-36所示。

图7-34 灯光参数

图7-35 渲染效果

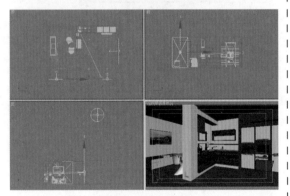

图7-36 灯光位置

17 打开【参数】卷展栏，设置灯光【颜色】为淡黄色，【倍增器】为8.0，如图7-37、图7-38所示。

图7-37 【参数】卷展栏

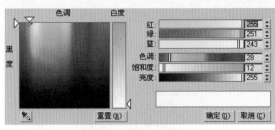

图7-38 灯光颜色

18 设置灯光的相关参数，如图7-39所示。

图7-39 灯光参数

19 单击 按钮查看渲染结果，如图7-40所示。

图7-40 渲染效果

7.3.2 创建室内照明灯光

本节中我们将继续设置室内的照明灯光，加强室内的全局光效果表现。

01 首先，我们通过VR灯光设置隔断顶部的灯带，具体的位置如图7-41所示。

02 打开【参数】卷展栏，设置灯光【颜色】为淡黄色，【倍增器】为13.0，如图7-42、图7-43所示。

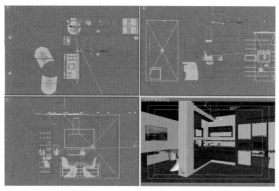

图7-41　灯光位置

图7-42　【参数】卷展栏

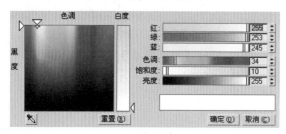

图7-43　灯光颜色

03　设置灯光的相关参数，如图7-44所示。

图7-44　灯光参数

04　将灯光镜向到隔壁的空间位置，具体的位置如图7-45所示。

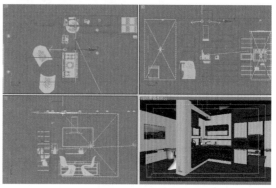

图7-45　关联灯光

05　单击■按钮查看渲染结果，如图7-46所示。

图7-46　渲染效果

06　单击命令面板中的 📷 🔧 目标灯光 按钮，设置室内壁橱的照明射灯，如图7-47所示。

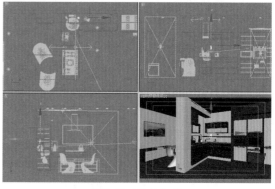

图7-47　目标灯光

07　打开【参数】卷展栏，设置灯光阴影为【VRayShadow】，灯光分布类型设置为【光度学Web】，如图7-48所示。

08　打开【分布（光度学Web）】卷展栏，调入需要的光域网文件，如图7-49所示。

图7-48　【常规参数】　　图7-49　【分布（光度学
　　　　卷展栏　　　　　　　　　Web）】卷展栏

09　打开【强度/颜色/衰减】卷展栏，设置【颜色】的类型为D50 Illuminant（Reference White）。设置【强度】单位为cd，【结果强度】为999.5，如图7-50所示。

10　在【VRayShadows params】卷展栏中勾选【区域阴影】复选项，设置【区域阴影】的模式为球体，【U、V、W】尺寸为"3.0cm，3.0cm，3.0cm"，如图7-51所示。

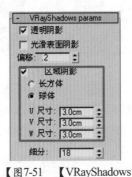

图7-50　【强度/颜色/衰减】【图7-51　【VRayShadows
　　　　卷展栏　　　　　　　　　params】卷展栏

11　将灯光关联到相邻的窗口位置，如图7-52所示。

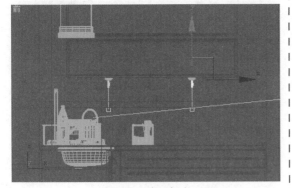

图7-52　关联灯光

12　单击 按钮查看射灯的渲染结果，如图7-53所示。

图7-53　渲染结果

13　单击命令面板中的 按钮，设置一体橱柜顶部的灯光，如图7-54所示。

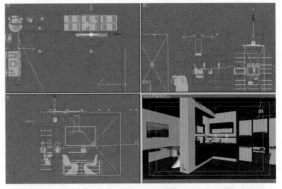

图7-54　目标灯光

14　打开【常规参数】卷展栏，设置灯光阴影为【VRayShadow】，灯光分布类型设置为【统一漫反射】，如图7-55所示。

15　打开【强度/颜色/衰减】卷展栏，设置【颜色】的类型为D50 Illuminant（Reference White）。设置【强度】单位为cd，【结果强度】为1000.0，如图7-56所示。

图7-55　【常规参数】图7-56　【强度/颜色/衰减】
　　　　卷展栏　　　　　　　　卷展栏

16 在【图形/区域阴影】卷展栏中设置从（图形）发射光线的类型为【线】，如图7-57所示。

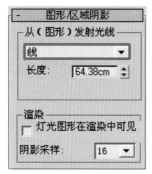

图7-57 【图形/区域阴影】卷展栏

17 单击 按钮查看射灯的渲染结果，如图7-58所示。

图7-58 渲染结果

18 继续在壁橱内添加灯光，模拟点光源的照明效果，具体的位置如图7-59所示。

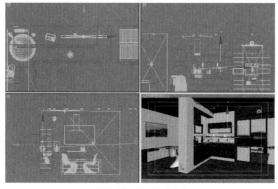

图7-59 灯光位置

19 打开【参数】卷展栏，设置灯光【颜色】为淡黄色，【倍增器】为18.0，如图7-60、图7-61所示。

20 设置灯光的相关参数，如图7-62所示。

图7-60 【参数】卷展栏

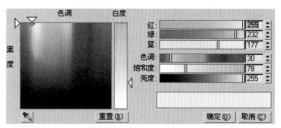

图7-61 灯光颜色

图7-62 灯光参数

21 其他的点光源设置与此类似，这里不再赘述。单击 命令查看渲染效果，如图7-63所示。

图7-63 渲染效果

7.4 场景中主要材质参数的设置

7.4.1 金属材质

金属材质的效果如图7-64所示。

图7-64 材质效果

01 单击【漫反射】并调节颜色，如图7-65所示。

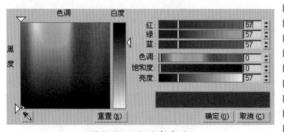

图7-65 漫反射颜色

02 单击【反射】并调节数值为"196，196，196"，如图7-66所示。

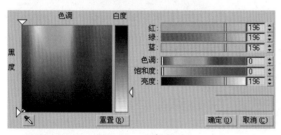

图7-66 反射数值

03 调节【反射光泽度】为0.75，【细分】为16，如图7-67所示。

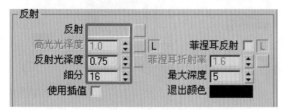

图7-67 反射参数

04 在【BRDF】卷展栏中选择材质的类型为【反射】，如图7-68所示。

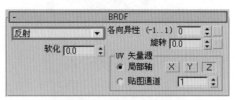

图7-68 【BRDF】卷展栏

05 金属材质的效果如图7-69所示。

图7-69 材质效果

7.4.2 地板材质

地板材质的效果如图7-70所示。

01 单击【漫反射】右边的复选框，添加地板贴图，如图7-71所示。

图7-70 材质效果　　图7-71 地板贴图

02 单击【反射】并调节数值为"170，170，170"，如图7-72所示。

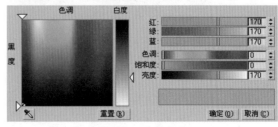

图7-72 反射数值

03 设置【反射光泽度】为0.87，【高光光泽度】为0.62，勾选【菲涅耳反射】复选项并设置【菲涅耳折射率】为1.7，如图7-73所示。

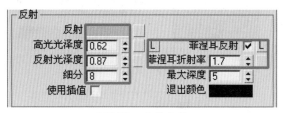

图7-73　反射参数

04 在【BRDF】卷展栏中设置材质的类型为【反射】，设置【各向异性】为0.4，如图7-74所示。

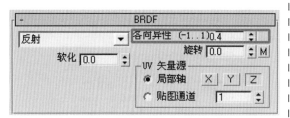

图7-74　【BRDF】卷展栏

05 单击【凹凸】右边的复选框，添加地板的黑白贴图，设置【凹凸】参数为50.0，如图7-75、图7-76所示。

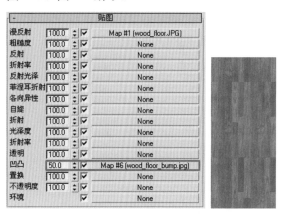

图7-75　凹凸参数　　图7-76　凹凸贴图

06 地板材质的效果如图7-77所示。

图7-77　材质效果

7.4.3　家具木材质

家具木材质效果如图7-78所示。

图7-78　材质效果

01 单击【漫反射】右边的复选框添加家具木贴图，如图7-79所示。

图7-79　家具木贴图

02 单击【反射】并调节参数值为"30，30，30"，如图7-80所示。

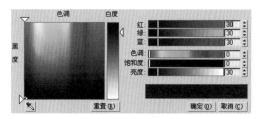

图7-80　反射数值

03 设置【反射光泽度】为0.85，如图7-81所示。

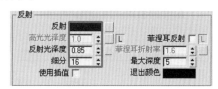

图7-81　反射参数

04 在【BRDF】卷展栏中设置材质的类型为【反射】，设置【各向异性】为0.4，如图7-82所示。

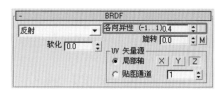

图7-82　【BRDF】卷展栏

05 家具木材质的效果如图7-83所示。

图7-83　材质效果

7.4.4　吊顶材质

吊顶材质的效果如图7-84所示。

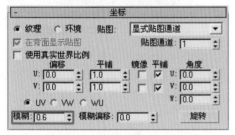

图7-84　材质效果

01　单击【漫反射】右边的复选框，添加吊顶的纹理贴图，如图7-85所示。打开【坐标】卷展栏，设置贴图的【模糊】数值为0.6，如图7-86所示。

图7-85　吊顶贴图

图7-86　【坐标】卷展栏

02　单击【反射】并调节参数值为"23，23，23"，如图7-87所示。

03　设置【反射光泽度】为0.9，【高光光泽度】为0.62，如图7-88所示。

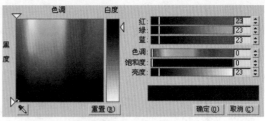

图7-87　反射数值

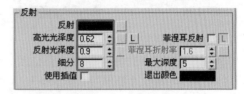

图7-88　反射参数

04　在【BRDF】卷展栏中设置材质的类型为【反射】，如图7-89所示。

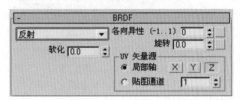

图7-89　【BRDF】卷展栏

05　单击【凹凸】右边的复选框，添加吊顶的凹凸纹理贴图，设置【凹凸】参数为60.0，如图7-90、图7-91所示。

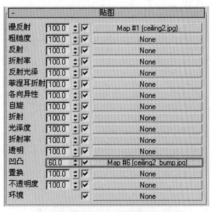

图7-90　凹凸参数

图7-91　凹凸贴图

06 打开【坐标】卷展栏，设置贴图的【模糊】数值为0.6，如图7-92所示。

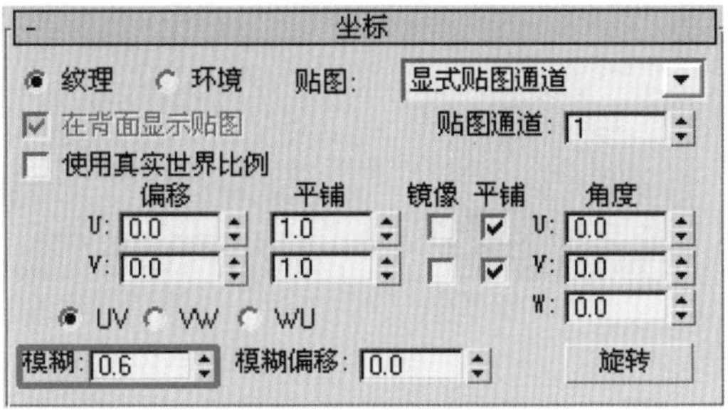

图7-92　【坐标】卷展栏

07 吊顶材质的效果如图7-93所示。

图7-93　材质效果

7.4.5　白色餐椅材质

白色餐椅材质的效果如图7-94所示。

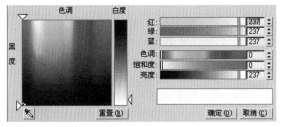

图7-94　材质效果

01 单击【漫反射】并调节颜色，如图7-95所示。

图7-95　漫反射颜色

02 单击【反射】右边的复选框，添加Falloff（衰减）贴图，如图7-96所示。

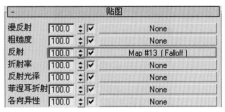

图7-96　Falloff（衰减）贴图

03 设置【衰减类型】为Fresnel，如图7-97所示。调节前、侧颜色如图7-98、图7-99所示。

图7-97　Falloff（衰减）贴图

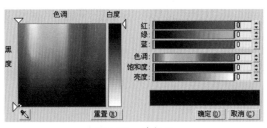

图7-98　前颜色

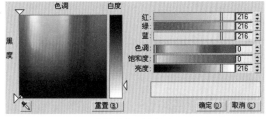

图7-99　侧颜色

04 设置【反射光泽度】为0.9，【细分】为14，如图7-100所示。

图7-100　反射参数

05 白色餐椅材质的效果如图7-101所示。

图7-101 材质效果

7.4.6 黑玻璃材质

黑玻璃材质的效果如图7-102所示。

图7-102 材质效果

01 单击【漫反射】并调节颜色，如图7-103所示。

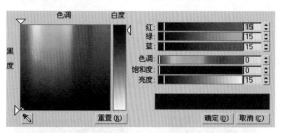

图7-103 漫反射颜色

02 单击【反射】并调节数值为"23，23，23"，如图7-104所示。

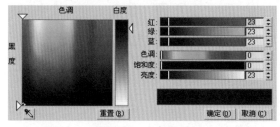

图7-104 反射数值

03 设置【反射光泽度】为0.9，【细分】为18，如图7-105所示。

图7-105 反射参数

04 单击【折射】并调节数值为"119，119，119"，如图7-106所示。

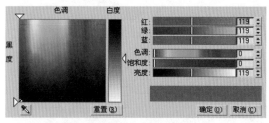

图7-106 折射数值

05 设置【折射率】为1.2，勾选【影响阴影】复选项，如图7-107所示。

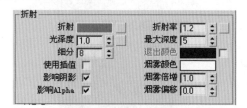

图7-107 折射参数

06 在【BRDF】卷展栏中设置材质的类型为【多面】，如图7-108所示。

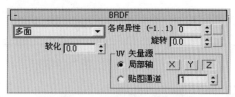

图7-108 【BRDF】卷展栏

07 黑玻璃材质的效果如图7-109所示。

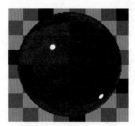

图7-109 材质效果

7.4.7 磨砂玻璃材质

磨砂玻璃材质的效果如图7-110所示。

图7-110 材质效果

01 单击【漫反射】并调节颜色，如图7-111所示。

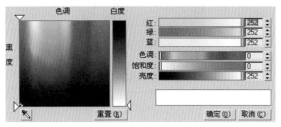

图7-111　漫反射颜色

02 单击【反射】并调节数值为"15，15，15"，如图7-112所示。

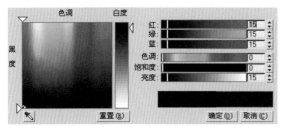

图7-112　反射数值

03 设置【反射光泽度】为0.9，【细分】为12，如图7-113所示。

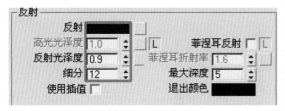

图7-113　反射参数

04 单击【折射】并调节数值为"195，195，195"，如图7-114所示。

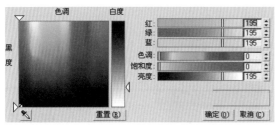

图7-114　折射数值

05 设置【光泽度】为0.85，【细分】为14，【折射率】为1.6，勾选【影响阴影】和【影响Alpha】复选项，如图7-115所示。

06 在【BRDF】卷展栏中设置材质的类型为【反射】，如图7-116所示。

07 磨砂玻璃材质的效果如图7-117所示。

图7-115　折射参数

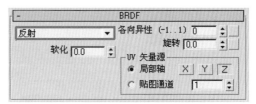

图7-116　【BRDF】卷展栏

图7-117　材质效果

7.4.8　玻璃瓶材质

玻璃瓶材质的效果如图7-118所示。

图7-118　材质效果

01 单击【漫反射】并调节颜色，如图7-119所示。

02 单击【反射】并调节数值为"23，23，23"，如图7-120所示。

03 调节【反射光泽度】为0.7，勾选【菲涅耳反射】复选项，如图7-121所示。

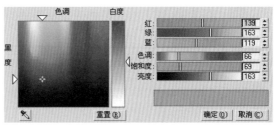

图7-119　漫反射颜色

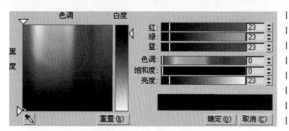

图7-120　反射数值

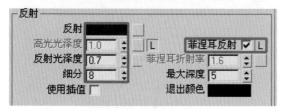

图7-121　反射参数

04　单击【折射】并调节数值为"208，208，208"，如图7-122所示。

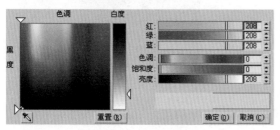

图7-122　折射数值

05　设置折射【光泽度】为1.0，【折射率】为1.6，如图7-123所示。

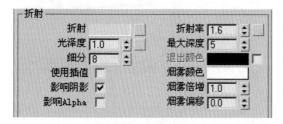

图7-123　折射参数

06　在【BRDF】卷展栏中选择材质的类型为【反射】，如图7-124所示。

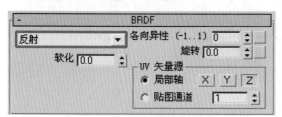

图7-124　【BRDF】卷展栏

07　玻璃瓶材质的效果如图7-125所示。

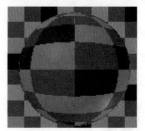

图7-125　材质效果

7.4.9　绿色陶瓷材质

绿色陶瓷材质的效果如图7-126所示。

图7-126　材质效果

01　单击【漫反射】并调节颜色，如图7-127所示。

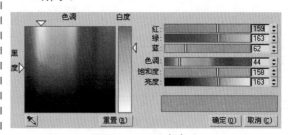

图7-127　漫反射颜色

02　单击【反射】并调节数值为"15，15，15"，如图7-128所示。

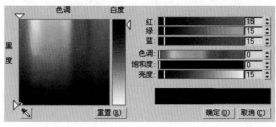

图7-128　反射数值

03　调节【反射光泽度】为0.9，如图7-129所示。

04　在【BRDF】卷展栏中选择材质的类型为【反射】，如图7-130所示。

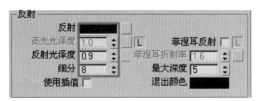

图7-129 反射参数

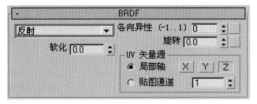

图7-130 【BRDF】卷展栏

05 绿色陶瓷材质的效果如图7-131所示。

图7-131 材质效果

7.5 渲染参数设置和最终渲染

本节主要是对渲染参数进行最终设置，包括图像最终输出的饱和度、对比度、精度等一系列参数，从而保证最终的渲染品质。

01 打开【V-Ray::间接照明（GI）】卷展栏，设置【二次反弹】的【倍增器】为0.95，【对比度】为1.1，如图7-132所示。

图7-132 【V-Ray::间接照明（GI）】卷展栏

02 打开【V-Ray::发光贴图】卷展栏，设置【当前预置】类型为自定义，如图7-133所示。

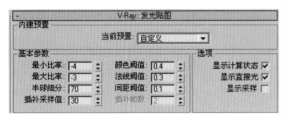

图7-133 【V-Ray::发光贴图】卷展栏

03 打开【V-Ray::灯光缓冲】卷展栏，设置【细分】为1000.0，如图7-134所示。

04 打开【V-Ray::DMC采样器】卷展栏，参数的设置如图7-135所示。

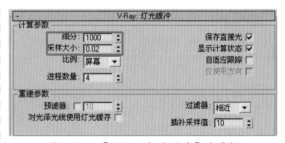

图7-134 【V-Ray::灯光缓冲】卷展栏

图7-135 【V-Ray::DMC采样器】卷展栏

05 单击 按钮查看渲染结果，如图7-136所示。

图7-136 渲染效果

第8章 现代客厅效果图

8.1 案例分析

　　这个案例主要是制作现代客厅。这是一个非常典型的全局光场景案例，室内的日光照明效果非常出色。精致的家具点缀了室内空间环境，使空间传达出了宁静、温馨的气氛。图8-1是本节场景的线框渲染表现。

图8-1　线框表现

8.2 设置场景物理摄像机和渲染器参数

8.2.1 给场景指定物理摄像机

　　01 开启3ds Max 2015，在创建面板中单击【物理摄像机】按钮，选择物理摄像机，创建场景中的摄像机，如图8-2所示。

　　02 在顶视图中观察创建的物理摄像机，如图8-3所示。

图8-2　物理摄像机

图8-3　创建摄像机

　　03 打开【基本参数】卷展栏，设置【胶片规格】为35.0，【焦距】为45.0，如图8-4所示。

　　04 设置【快门速度】为8.0，【胶片感光度】为200.0，勾选【渐晕】复选项，如图8-5所示。

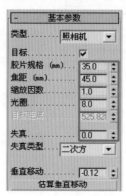

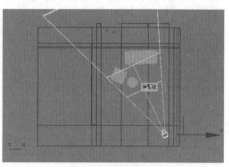

图8-4　【基本参数】卷展栏

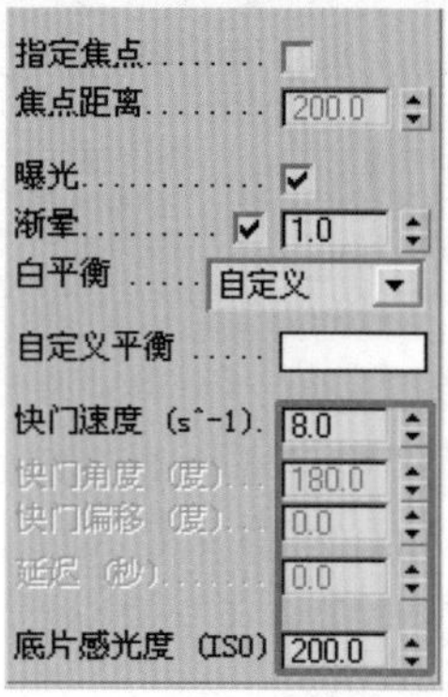

图8-5　【基本参数】卷展栏

05 观察最终的物理摄像机角度，如图8-6所示。

图8-6 物理摄像机角度

8.2.2 设置渲染器参数

01 打开【V-Ray::图像采样器（抗锯齿）】控制面板，【抗锯齿过滤器】的设置如图8-7所示。

图8-7 【V-Ray::图像采样器（抗锯齿）】卷展栏

02 打开【V-Ray::间接照明】卷展栏。勾选【开】选项，选择【首次反弹】的【全局照明引擎】为【发光贴图】，【二次反弹】的【全局照明引擎】为【灯光缓冲】，如图8-8所示。设置【发光贴图】和【灯光缓冲】的参数如图8-9、图8-10所示。

03 打开【V-Ray::环境】卷展栏。开启【全局照明环境（天光）覆盖】功能，设置天光颜色为淡蓝色，【倍增器】为34.0，同时勾选【反射/折射环境覆盖】和【折射环境覆盖】中的【开】复选项，添加环境贴图，如图8-11～图8-13所示。

图8-8 【V-Ray::间接照明（GI）】卷展栏

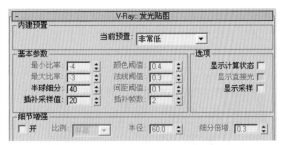

图8-9 【V-Ray::发光贴图】卷展栏

图8-10 【V-Ray::灯光缓冲】卷展栏

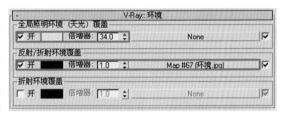

图8-11 【V-Ray::环境】卷展栏

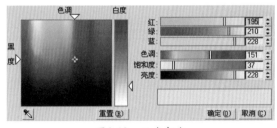

图8-12 天光颜色

图8-13 反射环境贴图

04 将环境贴图关联到材质编辑器中，设置【贴图】类型为球形环境，如图8-14、图8-15所示。

05 打开【V-Ray::色彩映射】卷展栏。将颜色贴图的【类型】设置为HSV指数，【亮部倍增值】设置为1.0，【暗部倍增值】为1.0，如图8-16所示。

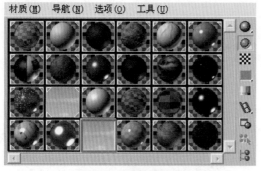

图8-14 材质编辑器

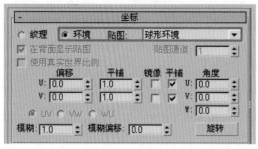

图8-15 球形环境

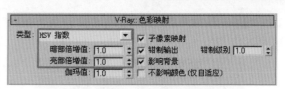

图8-16 【V-Ray::色彩映射】卷展栏

06 观察模型检查的结果，如图8-17所示。

图8-17 天光效果

8.3 设置场景灯光

本章的灯光设置比较简单，主要在于把握全局照明的特点与精髓。在天光渲染的效果下，我们只需要对场景灯光进行适当的加强即可，具体操作步骤如下。

01 开启3ds Max 2015以后，执行【文件】|【打开】命令打开本书的配套光盘中的"本书素材\第8章\现代客厅.max"文件，如图8-18所示。

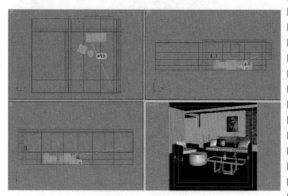

图8-18 场景文件

02 单击命令面板中的 VR灯光 按

钮，在侧面的空间设置VR灯光，加强场景的全局照明效果，同时增强场景中的灯光阴影效果，如图8-19所示。

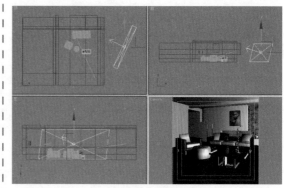

图8-19 灯光位置

03 打开【参数】卷展栏，设置灯光【颜

色】为灰黄色，【倍增器】为11.0，如图8-20、图8-21所示。

图8-20　灯光参数

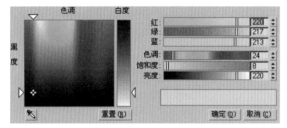

图8-21　灯光颜色

04　设置灯光的选项参数，如图8-22所示。

05　单击◉按钮查看渲染结果，如图8-23所示。

06　场景中的灯光和场景环境部分制作完毕。

图8-22　灯光参数

图8-23　渲染效果

场景中主要材质参数的设置

本章将详细讲解如何制作地板材质、组合家具材质以及装饰品材质等。通过深入的学习，去体会VRay材质的特点。

8.4.1　金属材质

金属材质的效果如图8-24所示。

图8-24　材质效果

01　单击【漫反射】并调节颜色，如图8-25所示。

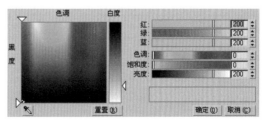

图8-25　漫反射颜色

02　单击【反射】右边的复选框，添加

Falloff（衰减）贴图，设置【衰减类型】为垂直/平行，如图8-26所示。调节前、侧颜色如图8-27、图8-28所示。

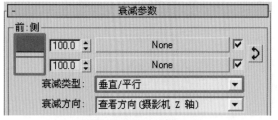

图8-26　Falloff（衰减）贴图

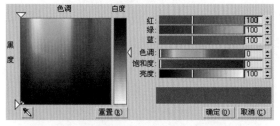

图8-27　前颜色

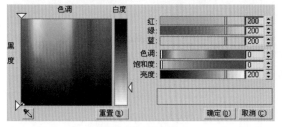

图8-28　侧颜色

03　调节【反射光泽度】为1.0，【细分】为16，如图8-29所示。

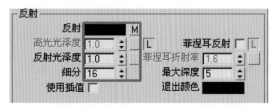

图8-29　反射参数

04　在【BRDF】卷展栏中选择材质的类型为【反射】，如图8-30所示。

图8-30　【BRDF】卷展栏

05　金属材质的效果如图8-31所示。

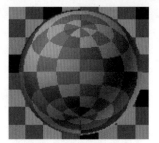

图8-31　材质效果

8.4.2　黑色沙发材质

黑色沙发材质的效果如图8-32所示。

图8-32　材质效果

01　单击【漫反射】右边的复选框，添加Falloff（衰减）贴图，如图8-33所示。

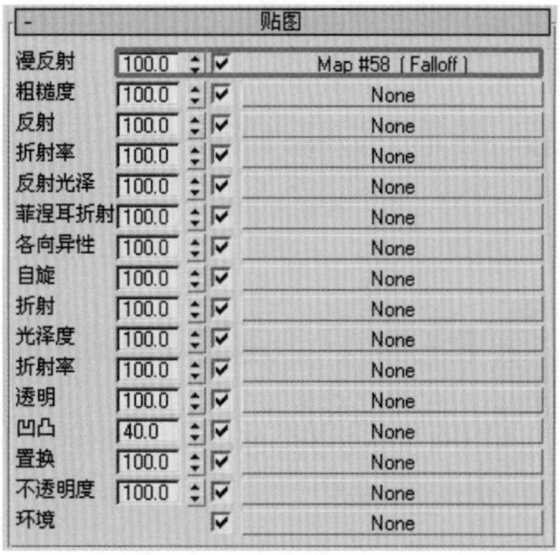

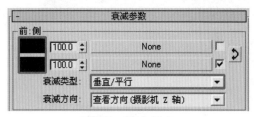

图8-33　Falloff（衰减）贴图

02　设置【衰减类型】为垂直/平行，如图8-34所示。调节前、侧颜色如图8-35、图8-36所示。

图8-34　垂直/平行

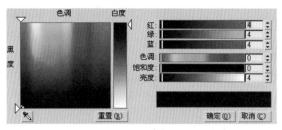

图8-35　前颜色

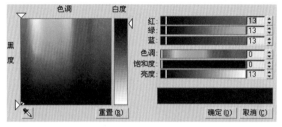

图8-36　侧颜色

03　单击前颜色右边的复选框，添加软沙发的布纹理贴图，如图8-37、图8-38所示。

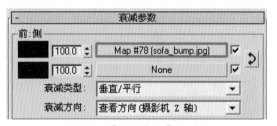

图8-37　【衰减参数】卷展栏

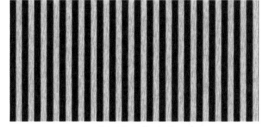

图8-38　前贴图

04　打开【坐标】卷展栏，设置贴图的【平铺】数值为"3.0，3.0"，如图8-39所示。

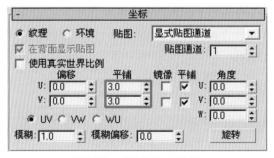

图8-39　【坐标】卷展栏

05　观察此时的材质效果，这时候衰减的变化按照贴图与颜色进行模拟，如图8-40所示。

图8-40　材质贴图效果

06　单击【反射】并调节参数值为"55，55，55"，如图8-41所示。

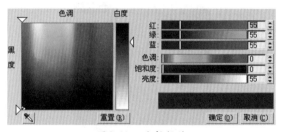

图8-41　反射数值

07　设置【反射光泽度】为0.51，【高光光泽度】为0.54，勾选【菲涅耳反射】复选项并设置【菲涅耳折射率】为3.0，如图8-42所示。

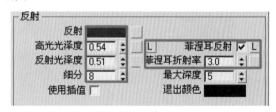

图8-42　反射参数

08　在【BRDF】卷展栏中设置材质的类型为【反射】，如图8-43所示。

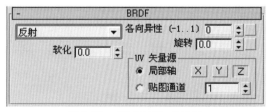

图8-43　【BRDF】卷展栏

09　将漫反射贴图复制到凹凸贴图中，设置【凹凸】参数为20.0，如图8-44所示。

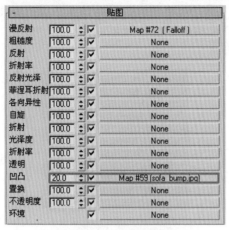

图8-44 凹凸参数

10 黑色沙发材质的效果如图8-45所示。

图8-45 材质效果

8.4.3 时尚茶几支架材质

时尚茶几支架材质效果如图8-46所示。

图8-46 材质效果

01 单击【漫反射】并调节颜色，如图8-47所示。

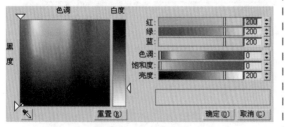

图8-47 漫反射颜色

02 单击【反射】右边的复选框，添加

Falloff（衰减）贴图，设置【衰减类型】为垂直/平行，如图8-48所示。调节前、侧颜色如图8-49、图8-50所示。

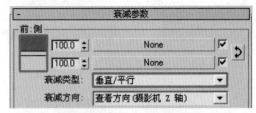

图8-48 Falloff（衰减）贴图

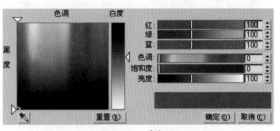

图8-49 前颜色

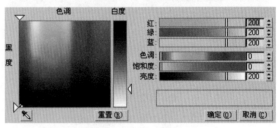

图8-50 侧颜色

03 调节【反射光泽度】为0.9，【细分】为24，如图8-51所示。

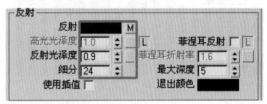

图8-51 反射参数

04 在【BRDF】卷展栏中选择材质的类型为【反射】，如图8-52所示。

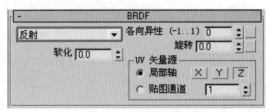

图8-52 【BRDF】卷展栏

05 时尚茶几支架材质的效果如图8-53所示。

图8-53 材质效果

8.4.4 木地板材质

木地板材质的效果如图8-54所示。

图8-54 材质效果

01 单击【漫反射】右边的复选框，添加木地板的纹理贴图，如图8-55所示。打开【坐标】卷展栏，设置贴图的【平铺】数值为"3.0，3.0"，如图8-56所示。

图8-55 木地板贴图

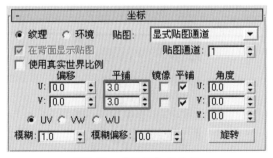

图8-56 【坐标】卷展栏

02 单击【反射】右边的复选框，添加

Falloff（衰减）贴图，设置【衰减类型】为垂直/平行，如图8-57所示。调节前、侧颜色如图8-58、图8-59所示。

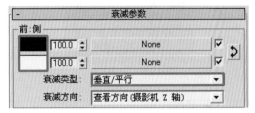

图8-57 Falloff（衰减）贴图

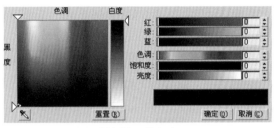

图8-58 前颜色

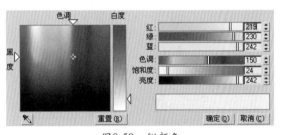

图8-59 侧颜色

03 设置【反射光泽度】为0.84，如图8-60所示。

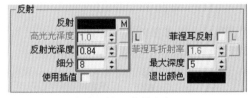

图8-60 反射参数

04 在【BRDF】卷展栏中设置材质的类型为【反射】，如图8-61所示。

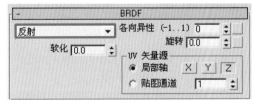

图8-61 【BRDF】卷展栏

05 木地板材质的效果如图8-62所示。

图8-62　材质效果

8.4.5　食品材质

食品材质的效果如图8-63所示。

图8-63　材质效果

01　单击【漫反射】并调节颜色为咖啡色，如图8-64所示。

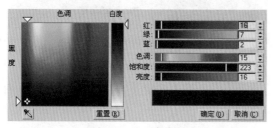

图8-64　漫反射颜色

02　单击【反射】并调节数值为"30，22，14"，参数的设置如图8-65所示。

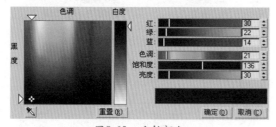

图8-65　反射颜色

03　设置【反射光泽度】为0.8，【高光光泽度】为0.57，如图8-66所示。

04　观察此时的材质反射效果，如图8-67所示。食品威化饼的反射光泽效果有点过，反射的层次也比较缺乏，在这里我们需要通过贴图进行改善。

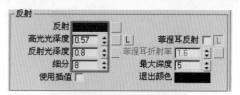

图8-66　反射参数

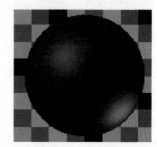

图8-67　反射效果

05　单击【高光光泽度】右边的复选框并添加贴图，如图8-68、图8-69所示。这里的贴图是在Photoshop中进行云彩滤镜后得出的随机混合效果，其层次丰富。

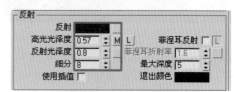

图8-68　反射参数

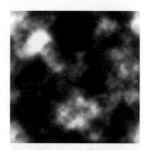

图8-69　反射贴图

06　观察此时的材质反射效果，如图8-70所示。

图8-70　反射效果

07　设置混合参数为20.0，如图8-71所示。

08　观察此时的材质反射效果，如图8-72

所示。

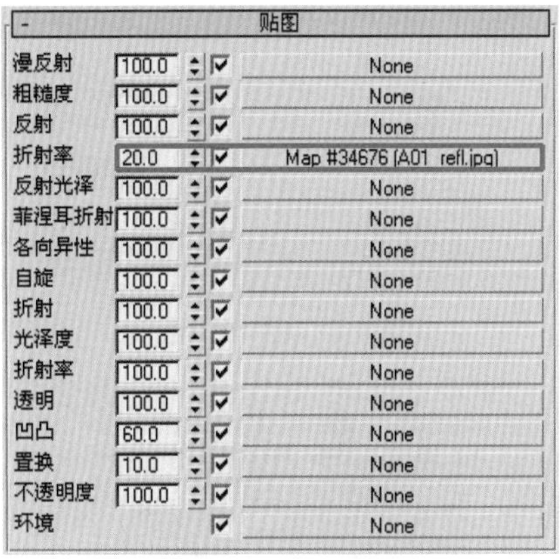

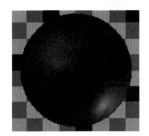

图8-71 反射效果

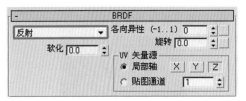

图8-72 反射效果

09 在【BRDF】卷展栏中设置材质的类型为【反射】，如图8-73所示。

图8-73 【BRDF】卷展栏

10 单击【置换】右边的复选框，添加置换纹理贴图，用于表现突出的商品logo，将【置换】参数设置为10.0，如图8-74、图8-75所示。

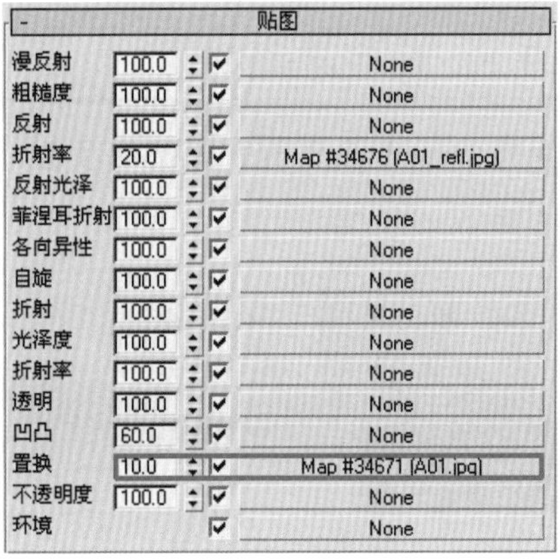

图8-74 黑白贴图

图8-75 黑白贴图

11 打开【坐标】卷展栏，设置贴图的【模糊】数值为2.0，如图8-76所示。

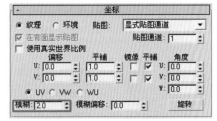

图8-76 【坐标】卷展栏

12 食品材质的效果如图8-77所示。

图8-77 材质效果

8.4.6 洋酒瓶材质

洋酒瓶材质的效果如图8-78所示。

图8-78 材质效果

01 单击【漫反射】并调节颜色，如图8-79所示。

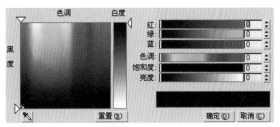

图8-79 漫反射颜色

02 单击【反射】右边的复选框，添加 Falloff（衰减）贴图，设置【衰减类型】为 Fresnel，如图8-80所示。调节前、侧颜色如图 8-81、图8-82所示。

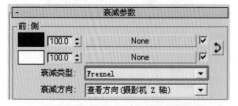

图8-80　Falloff（衰减）贴图

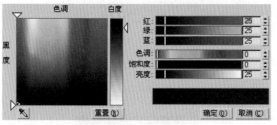

图8-81　前颜色

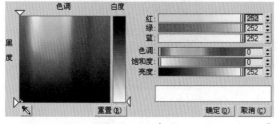

图8-82　侧颜色

03 设置【反射光泽度】为0.98，如图 8-83所示。

图8-83　反射参数

04 单击【折射】并调节数值为"252，252，252"，如图8-84所示。

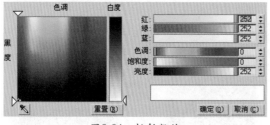

图8-84　折射数值

05 设置【折射率】为1.517，勾选【影

响阴影】复选项，设置【烟雾颜色】为白色，【烟雾倍增】为0.1，如图8-85、图8-86所示。

图8-85　折射参数

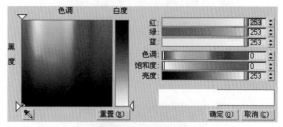

图8-86　烟雾颜色

06 在【BRDF】卷展栏中设置材质的类型为【反射】，如图8-87所示。

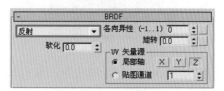

图8-87　【BRDF】卷展栏

07 洋酒瓶材质的效果如图8-88所示。

图8-88　材质效果

8.4.7　黄色洋酒材质

01 单击【漫反射】并调节颜色，如图 8-89所示。

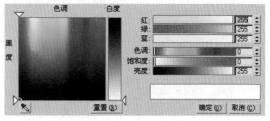

图8-89　漫反射颜色

02 单击【反射】并调节颜色为"23，22，18"，如图8-90所示。

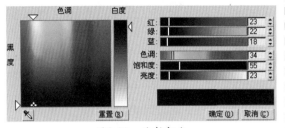

图8-90 反射颜色

03 设置【反射光泽度】为0.95，如图8-91所示。

图8-91 反射参数

04 单击【折射】并调节数值为"230，230，230"，如图8-92所示。

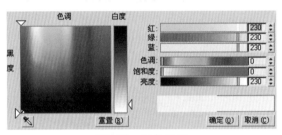

图8-92 折射数值

05 设置【折射率】为1.4，勾选【影响阴影】复选项，设置【烟雾颜色】为淡黄色，【烟雾倍增】为0.66，如图8-93、图8-94所示。

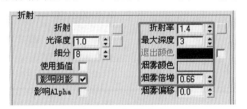

图8-93 折射参数

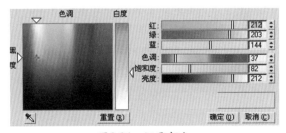

图8-94 烟雾颜色

06 在【BRDF】卷展栏中设置材质的类型为【多面】，如图8-95所示。

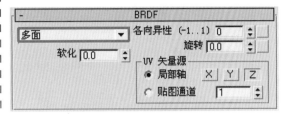

图8-95 【BRDF】卷展栏

07 黄色洋酒材质的效果如图8-96所示。

图8-96 材质效果

8.4.8 蓝色裂纹瓷盘材质

蓝色裂纹瓷盘材质的效果如图8-97所示。

图8-97 材质效果

01 单击【漫反射】并调节裂纹瓷盘颜色为"243，253，255"，如图8-98所示。

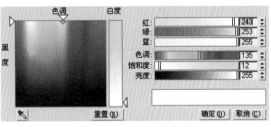

图8-98 裂纹瓷盘颜色

02 调节【反射】数值为"200，200，200"，如图8-99所示。设置【反射光泽度】为0.8，【高光光泽度】为0.75，勾选【菲涅耳反射】复选项，如图8-100所示。

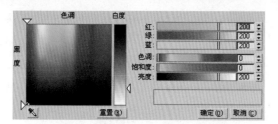

图8-99　反射颜色

图8-100　反射参数

03 单击【折射】右边的复选框，为材质添加Cellular（细胞）贴图，模拟裂纹效果，这里主要是通过透明度通道的原理进行模拟，间接控制裂纹的显隐效果，如图8-101所示。

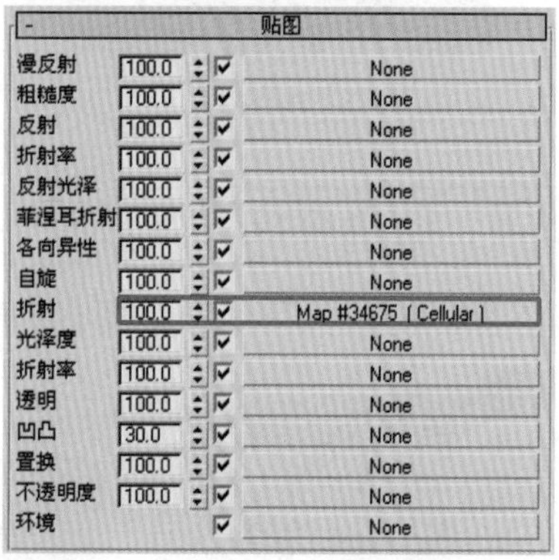

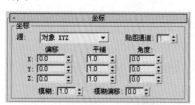

图8-101　Cellular（细胞）贴图

04 打开【坐标】卷展栏，参数的设置如图8-102所示。

图8-102　【坐标】卷展栏

05 打开【细胞参数】卷展栏，设置细胞颜色为"200，200，200"，如图8-103所示。设置【细胞特性】为碎片，调节细胞【大小】为0.3，相关参数的设置如图8-104所示。

06 调节折射的【光泽度】为0.8，勾选【影响阴影】复选项，如图8-105所示。设置【烟雾颜色】为蓝色，【烟雾倍增】为0.7，如图8-106所示。

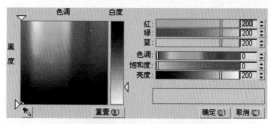

图8-103　细胞颜色

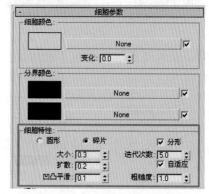

图8-104　【细胞参数】卷展栏

难点解疑

　　这里的参数设置没有固定的模式，适合所在场景的效果就是最合适的，读者可以多次进行调节，观察参数变化带给画面材质的变化效果。

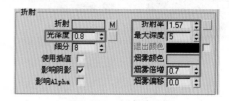

图8-105　折射参数

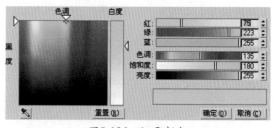

图8-106　烟雾颜色

07 在【BRDF】卷展栏中选择材质的类型为【反射】，如图8-107所示。

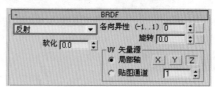

图8-107　【BRDF】卷展栏

08 蓝色裂纹瓷盘材质的效果如图8-108所示。

图8-108 材质效果

8.4.9 背景墙材质

背景墙材质的效果如图8-109所示。

图8-109 材质效果

01 单击【漫反射】右边的复选框，添加墙的纹理贴图，如图8-110所示。打开【坐标】卷展栏，设置贴图【模糊】数值为0.2，如图8-111所示。

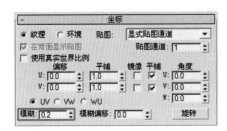

图8-110 墙贴图

图8-111 【坐标】卷展栏

02 调节反射的数值为"44，44，44"，如图8-112所示。

03 设置【反射光泽度】为0.42，如图8-113所示。

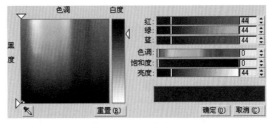

图8-112 反射数值

图8-113 反射参数

04 在【BRDF】卷展栏中设置材质的类型为【反射】，如图8-114所示。

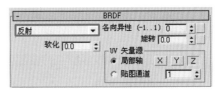

图8-114 【BRDF】卷展栏

05 单击【凹凸】右边的复选框，添加墙的凹凸贴图，【凹凸】参数设置为22.0，如图8-115、图8-116所示。

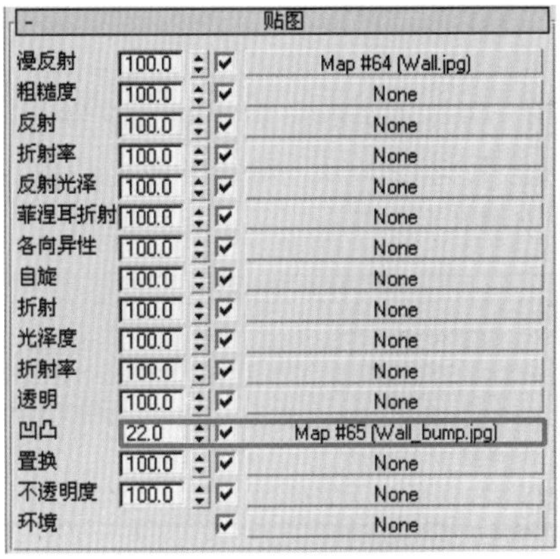

图8-115 凹凸参数

图8-116 凹凸贴图

06 打开【坐标】卷展栏，设置贴图【模糊】数值为0.2，如图8-117所示。

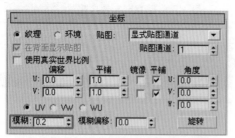

图8-117 【坐标】卷展栏

07 背景墙材质的效果如图8-118所示。

图8-118 材质效果

8.5 渲染参数设置和最终渲染

本节主要是对渲染参数进行最终设置，包括图像最终输出的饱和度、对比度、精度等一系列参数，从而保证最终出色的渲染品质。

01 打开【V-Ray::发光贴图】卷展栏，开启【细节增强】功能，如图8-119所示。

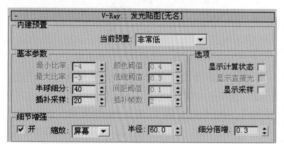

图8-119 【V-Ray::发光贴图】卷展栏

02 打开【V-Ray::灯光缓冲】卷展栏，设置【细分】为1200.0，勾选【自适应跟踪】复选项，如图8-120所示。

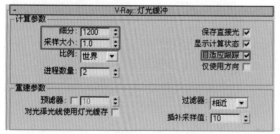

图8-120 【V-Ray::灯光缓冲】卷展栏

03 调节【V-Ray::DMC采样器】卷展栏

中的参数，具体的设置如图8-121所示。

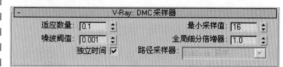

图8-121 【V-Ray::DMC采样器】卷展栏

04 单击 按钮查看渲染结果，如图8-122所示。

图8-122 最终效果

第9章　中式茶室效果图

　　本案例主要是制作中式茶室效果图。本节案例的空间构成大气，设计上拔高了垂直距离的视觉落差，使空间看起来宽敞、明亮。画面中黑色的中式颜色占据了主要的空间构成，通过与白色墙体的搭衬，使空间看起来素雅、高级。本节是典型的阳光场景制作，窗口的日光与室内的全局光表现是画面灯光的主题，这也是我们需要处理的重要环节。图9-1是本节场景的线框渲染表现。

图9-1　线框渲染表现

9.2　模型的检查

9.2.1　给场景指定物理摄像机

　　为了获取更为自然的真实视觉角度，我们在这里用到了物理摄像机的剪切功能。通过剪切功能，我们可以自由地调节摄像机在画面中的位置，寻求最佳的观赏角度。

　　01　开启3ds Max 2015版本，在创建面板中单击【物理摄像机】按钮，选择物理摄像机，创建场景中的摄像机，如图9-2所示。

图9-2　物理摄像机

　　02　在顶视图中观察创建的物理摄像机，

如图9-3所示。

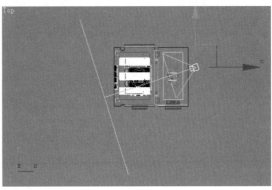

图9-3　创建摄像机

　　03　打开【基本参数】卷展栏，设置【胶片规格】参数为50.0，【焦距】参数为30.0，如图9-4所示。

　　04　设置【快门速度】为19.0，【底片感光度】为350.0，如图9-5所示。

　　05　勾选【剪切】复选框，设置【近剪切平面】和【远剪切平面】的参数，观察最终的物理摄像机角度，如图9-6所示。

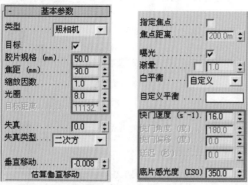

图9-4 【基本参数】卷展栏 图9-5 【基本参数】
卷展栏

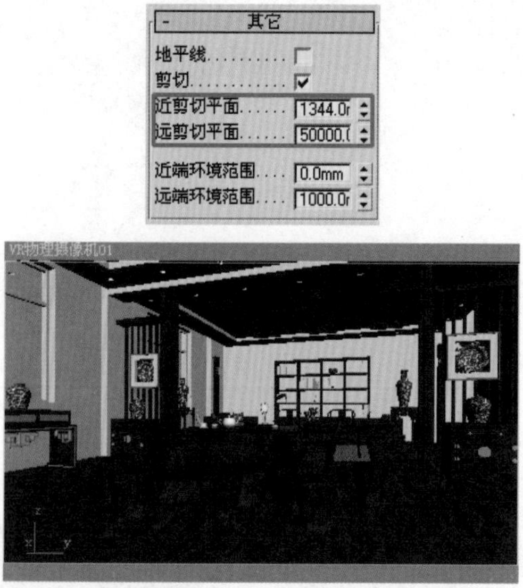

图9-6 物理摄影机角度

难点解疑

【剪切】功能在默认相机和物理摄像机中都是存在的，在这里的功能和目的都是一致的。通过剪切操作，我们可以针对部分空间不足或者建筑结构在摄影时出现问题的空间等情况，灵活多变地搭建摄像机，以此满足不同观察角度的需求。

9.2.2 渲染器参数设置和检查模型

01 选择VR材质。单击【漫反射】并添加VRay边纹理材质，参数的设置如图9-7

所示。

图9-7 【VRay边纹理】卷展栏

02 打开【V-Ray::全局开关】卷展栏，将VRay线框材质关联到覆盖材质中，如图9-8所示。

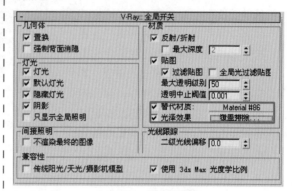

图9-8 覆盖材质

03 打开【V-Ray::图像采样器（抗锯齿）】卷展栏，【抗锯齿过滤器】的设置如图9-9所示。

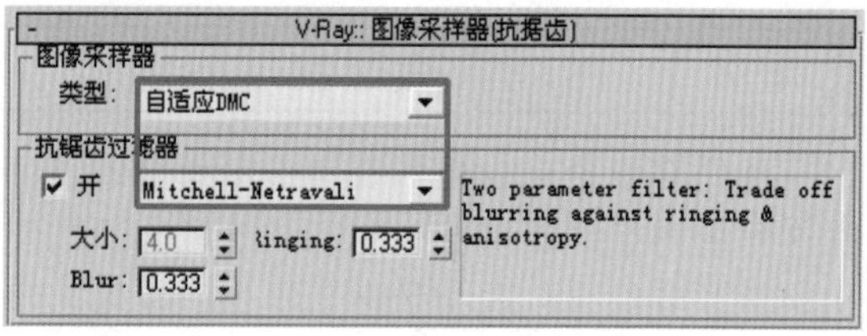

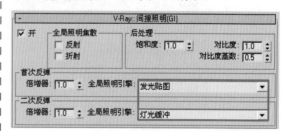

图9-9 【V-Ray::图像采样器（抗锯齿）】卷展栏

04 打开【V-Ray::间接照明（GI）】卷展栏。勾选【开】复选项，选择【首次反弹】的【全局照明引擎】为【发光贴图】，【二次反弹】的【全局照明引擎】为【灯光缓冲】，如图9-10所示。设置【发光贴图】和【灯光缓冲】的参数如图9-11、图9-12所示。

图9-10 【V-Ray::间接照明（GI）】卷展栏

图9-11 【V-Ray::发光贴图】卷展栏

图9-12 【V-Ray::灯光缓冲】卷展栏

05 打开【V-Ray::环境】卷展栏。勾选全局照明环境覆盖中的【开】复选项，【倍增器】设置为1.0，颜色设置为蓝色，如图9-13、图9-14所示。

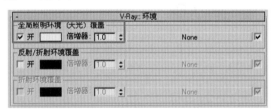

图9-13 【V-Ray::环境】卷展栏

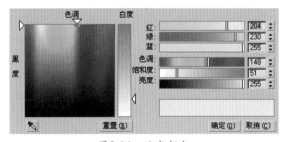

图9-14 天光颜色

06 打开【V-Ray::色彩映射】卷展栏。将颜色贴图的【类型】设置为指数，【亮部倍增值】为2.0，【暗部倍增值】为2.0，如图9-15所示。

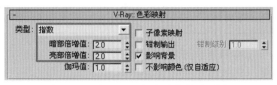

图9-15 【V-Ray::色彩映射】卷展栏

07 执行【渲染】|【环境】命令打开【公共参数】卷展栏，设置【颜色】为白色，如图9-16、图9-17所示。

图9-16 公共参数

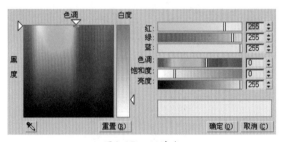

图9-17 环境色

08 观察模型检查的结果，如图9-18所示。

图9-18 线框渲染效果

通过检查，发现场景中的模型并没有存在明显的问题。这样，后面的工作就可以继续进行，接着设置场景中的灯光和材质。

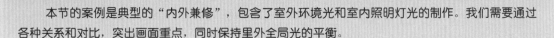

9.3 设置场景灯光

本节的案例是典型的"内外兼修"，包含了室外环境光和室内照明灯光的制作。我们需要通过各种关系和对比，突出画面重点，同时保持里外全局光的平衡。

9.3.1　设置室外阳光照明

本章采用目标平行光来模拟室外环境光效果，具体的操作步骤如下所述

01　开启3ds Max 2015版本以后，执行【文件】|【打开】命令打开本书的配套光盘中的"本书素材\第9章\中式茶室.max"文件，如图9-19所示。

图9-19　场景文件

02　单击命令面板中的 目标平行光 按钮，为场景设置太阳光，如图9-20、图9-21所示。

图9-20　选择VRay灯光

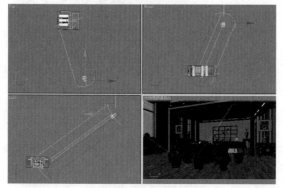

图9-21　灯光位置

03　打开【常规参数】卷展栏，设置灯光【阴影】为"VRayShadow"，如图9-22所示。

04　打开【强度/颜色/衰减】对话框，设置灯光颜色为土黄色，将【倍增】设置为2.0，如图9-23、图9-24所示。

图9-22　【常规参数】卷展栏

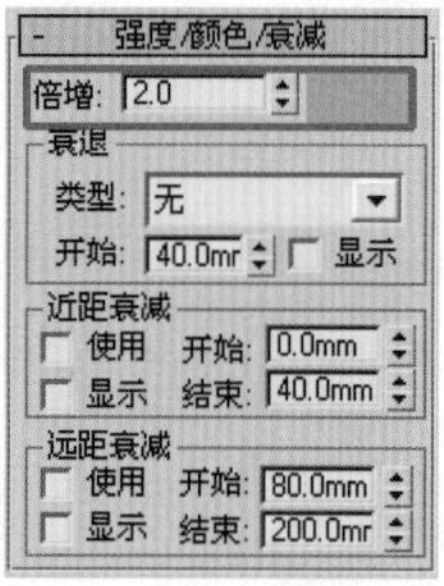

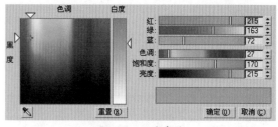

图9-23　【强度/颜色/衰减】卷展栏

图9-24　阳光颜色

05　打开【平行光参数】卷展栏，设置灯光的【聚光区/光束】为3628.0mm，【衰减区/区域】为3630.0mm，如图9-25所示。

06　打开【VRayShadows params】卷展栏，勾选【区域阴影】复选框，设置灯光类型为球体，【U、V、W尺寸】设置为"500.0mm，500.0mm，500.0mm"，如图9-26所示。

图9-25　【平行光参数】卷展栏

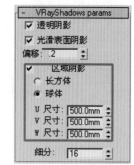

图9-26　【VRayShadows params】卷展栏

07　单击 按钮查看渲染结果，如图9-27所示。

图9-27 阳光效果

难点解疑

　　阳光照明为场景定义了日光照射的角度和光影位置。同时，我们需要注意，这里的灯光照明不仅仅是产生照明这么简单，光影还联系着垂直与左右的空间关系。

08 单击命令面板中的 VRay灯光 按钮，设置窗户的照明灯光，如图9-28、图9-29所示。这里的灯光更多的是室外照明灯光的补充，加强空间的照明效果。

图9-28 VRay灯光

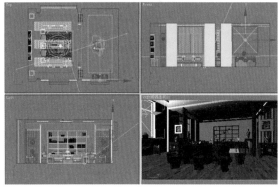

图9-29 灯光位置

09 选择VRay灯光，打开【参数】卷展栏，设置灯光颜色为蓝色，【倍增器】为7.0，如图9-30、图9-31所示。

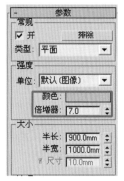

图9-30 【参数】卷展栏

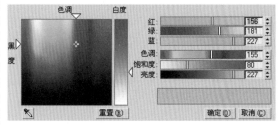

图9-31 灯光颜色

10 勾选【不可见】复选项，设置灯光【细分】为20，如图9-32所示。

图9-32 灯光参数

11 将灯光关联到相邻的窗口位置，如图9-33所示。

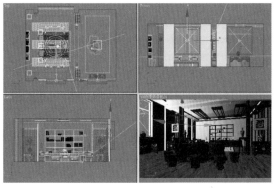

图9-33 关联灯光

207

12 单击 👁 按钮查看渲染结果，如图9-34 所示。

图9-34　灯光效果

13 观察此时的太阳光照明效果，通过平行光和VR灯光共同作用，场景内基本的阳光照明效果已经非常明显。在下面的操作过程中，我们需要继续对室内的照明灯光进行完善。

9.3.2　设置室内照明灯光

本节室内灯光包含的部分比较多，包括射灯、顶部吊顶灯等。

01 单击命令面板中的 █│█ 自由灯光 按钮，设置顶部射灯的照明灯光，如图9-35、图9-36所示。

图9-35　VRay灯光

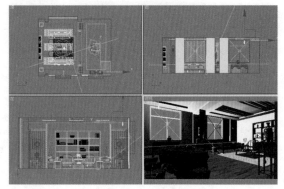

图9-36　灯光位置

02 打开【常规参数】卷展栏，设置灯光【阴影】为VRayShadow，【灯光分布（类型）】设置为光度学Web，如图9-37所示。

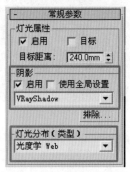

图9-37　【常规参数】卷展栏

03 在【分布（光度学Web）】卷展栏中，调入需要的光域网文件，如图9-38所示。

图9-38　【分布（光度学Web）】卷展栏

04 打开【强度/颜色/衰减】卷展栏，设置【颜色】类型为D65 Illuminant（Reference White），设置过滤颜色为黄色，【强度】单位设置为cd，【强度】数值设置为1516.0，如图9-39、图9-40所示。

图9-39　【强度/颜色/衰减】卷展栏

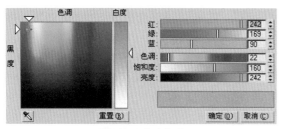

图9-40　过滤颜色

05 将灯光关联到相邻的灯口位置，如图9-41所示。

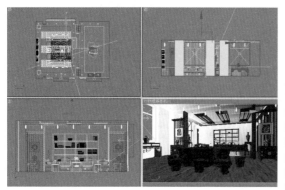

图9-41　关联灯光

06 单击 按钮查看射灯的渲染结果，如图9-42所示。

图9-42　渲染结果

07 观察渲染效果，照明射灯不仅为场景带来了室内照明的改善，同时区分了灯光的颜色，实现室内外的灯光颜色的互补，使画面灯光更加真实。

08 单击命令面板中的 VRay灯光 按钮，设置吊顶的内藏灯带，如图9-43所示。

09 选择VRay灯光，打开【参数】卷展栏，设置灯光颜色为黄色，【倍增器】为7.0，如图9-44、图9-45所示。

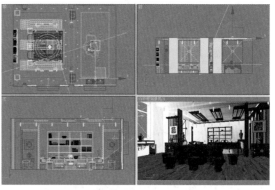

图9-43　灯光位置

图9-44　【参数】卷展栏

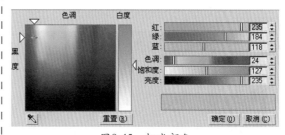

图9-45　灯光颜色

10 对灯光参数的设置如图9-46所示。

图9-46　灯光参数

11 将灯光关联到相应的吊顶灯槽位置，如图9-47所示。

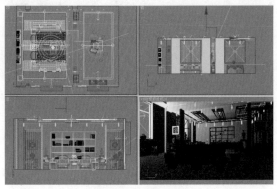

图9-47 关联灯光

12 单击 🔘 按钮查看渲染结果，如图9-48所示。

图9-48 渲染效果

13 到目前为止，场景中的灯光设置完毕。

9.4 场景中主要材质参数的设置

本节中主要涉及到VRay材质中室内装饰的材质制作，通过学习本节的内容，可以详细了解室内空间的相关材质制作以及软装饰配制的过程。

9.4.1 木地板材质

木地板材质的效果如图9-49所示。

图9-49 材质效果

01 单击【漫反射】右边的复选框，添加木地板的纹理贴图，如图9-50所示。打开【坐标】卷展栏，设置【平铺】参数为"2.0，2.0"，【模糊】值为0.1，如图9-51所示。

图9-50 木地板纹理贴图

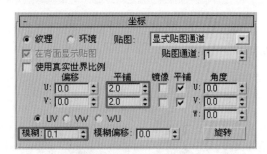

图9-51 【坐标】卷展栏

02 单击【反射】右边的复选框，添加Falloff（衰减）贴图，将【衰减类型】设置为Fresnel，如图9-52所示。

图9-52 Falloff（衰减）贴图

03　设置【反射光泽度】为0.9，【高光光泽度】为0.6，如图9-53所示。

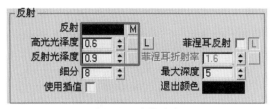

图9-53　反射参数

04　在【BRDF】卷展栏中选择材质的类型为【反射】，如图9-54所示。

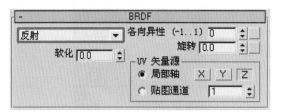

图9-54　【BRDF】卷展栏

05　木地板材质的最终效果，如图9-55所示。

图9-55　材质效果

9.4.2　中式家具木材质

中式家具木材质的效果如图9-56所示。

图9-56　材质效果

01　单击【漫反射】右边的复选框，添加装饰木的纹理贴图，如图9-57所示。

图9-57　装饰木贴图

02　单击【反射】右边的复选框，添加Falloff（衰减）贴图，将【衰减类型】设置为Fresnel，如图9-58所示。

图9-58　Falloff（衰减）贴图

03　设置【反射光泽度】为0.9，【高光光泽度】为0.6，如图9-59所示。

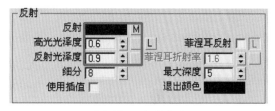

图9-59　反射参数

04　在【BRDF】卷展栏中选择材质的类型为反射，如图9-60所示。

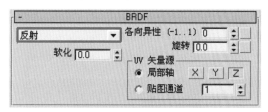

图9-60　【BRDF】卷展栏

05　装饰木材质的效果如图9-61所示。

图9-61　材质效果

9.4.3　金色金属件材质

金色金属件材质的效果如图9-62所示。

图9-62　材质效果

01　单击【漫反射】并调节金属颜色，如图9-63所示。

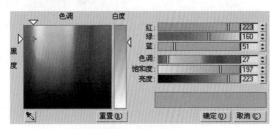

图9-63　漫反射颜色

02　调节【反射】数值为"194，194，194"，如图9-64所示。设置【反射光泽度】为0.85，【高光光泽度】为0.6，如图9-65所示。

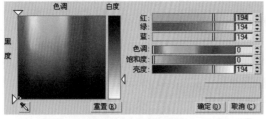

图9-64　反射数值

图9-65　反射参数

03　在【BRDF】卷展栏中选择材质的类型为反射，将【各向异性】设置为5，如图9-66所示。

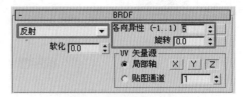

图9-66　【BRDF】卷展栏

04　金属材质的效果如图9-67所示。

图9-67　材质效果

9.4.4　不锈钢-钛金铜材质

材质的效果如图9-68所示。

图9-68　材质效果

01　单击【漫反射】并调节金属颜色，如图9-69所示。

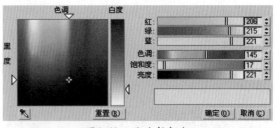

图9-69　漫反射颜色

02　调节【反射】的数值为"239，239，239"，如图9-70所示。设置【反射光泽度】为1.0，【高光光泽度】为0.6，如图9-71所示。

03　在【BRDF】卷展栏中选择材质的类型为反射，如图9-72所示。

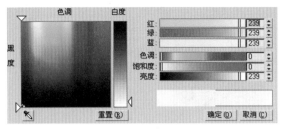

图9-70　反射数值

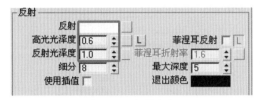

图9-71　反射参数

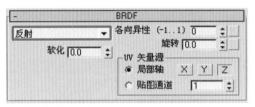

图9-72　【BRDF】卷展栏

04 金属材质的效果如图9-73所示。

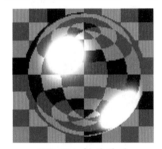

图9-73　材质效果

9.4.5　青花陶瓷材质

青花陶瓷材质的效果如图9-74所示。

图9-74　材质效果

01 单击【漫反射】右边的复选框，添加青花陶瓷的纹理贴图，如图9-75所示。

图9-75　青花陶瓷贴图

02 调节【反射】的数值为"18，18，18"，如图9-76所示。设置【反射光泽度】为1.0，陶瓷表面一般为非常光泽的，如图9-77所示。

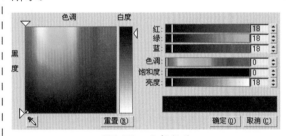

图9-76　反射数值

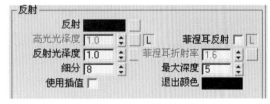

图9-77　反射参数

03 青花陶瓷材质的效果如图9-78所示。

图9-78　材质效果

9.4.6　透明玻璃材质

透明玻璃包含了烟灰缸、玻璃瓶以及壁画的玻璃隔膜等，其材质的效果如图9-79所示。

图9-79　材质效果

01　单击【漫反射】并调节玻璃颜色，如图9-80所示。

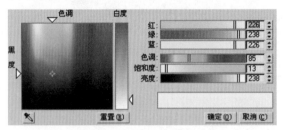

图9-80　漫反射颜色

02　调节【反射】的数值为"65，65，65"，如图9-81所示。设置【反射光泽度】为1.0，如图9-82所示。

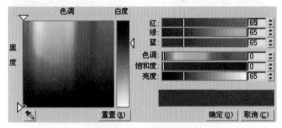

图9-81　反射数值

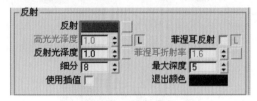

图9-82　反射参数

03　单击【折射】调节其数值为"250，250，250"，如图9-83所示。

04　设置折射的【光泽度】为1.0，【折射率】为1.5，勾选【影响阴影】和【影响Alpha】复选项，如图9-84所示。

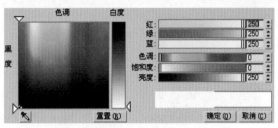

图9-83　折射数值

图9-84　折射参数

05　单击【BRDF】卷展栏，设置材质类型为反射，如图9-85所示。

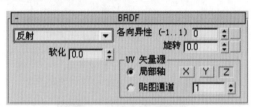

图9-85　【BRDF】卷展栏

06　透明玻璃材质的效果如图9-86所示。

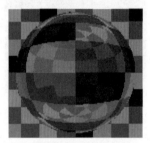

图9-86　材质效果

9.4.7　抱枕材质

抱枕材质的效果如图9-87所示。

图9-87　材质效果

01 单击【漫反射】右边的复选框，添加Falloff（衰减）贴图，将【衰减类型】设置为垂直/平行，如图9-88所示。

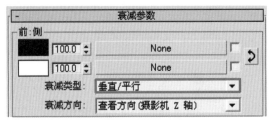

图9-88 Falloff（衰减）贴图

02 单击前、侧右边的复选框，添加抱枕纹理贴图，如图9-89所示通过贴图模拟抱枕的漫射纹理效果，如图9-90所示。

图9-89 添加贴图

图9-90 贴图

03 打开【坐标】卷展栏，设置贴图的【模糊】值为0.6，如图9-91所示。

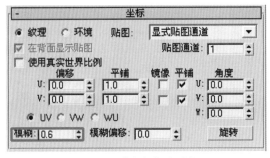

图9-91 【坐标】卷展栏

04 单击【反射】并调节其数值为"22，22，22"，如图9-92所示。设置【反射光泽度】为0.63，【高光光泽度】为1.0，如图9-93所示。

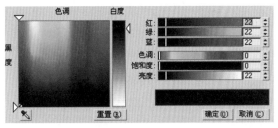

图9-92 反射数值

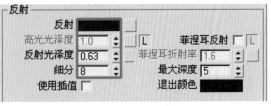

图9-93 反射参数

05 将纹理贴图关联到凹凸贴图中，将【凹凸】参数设置为30.0，如图9-94所示。

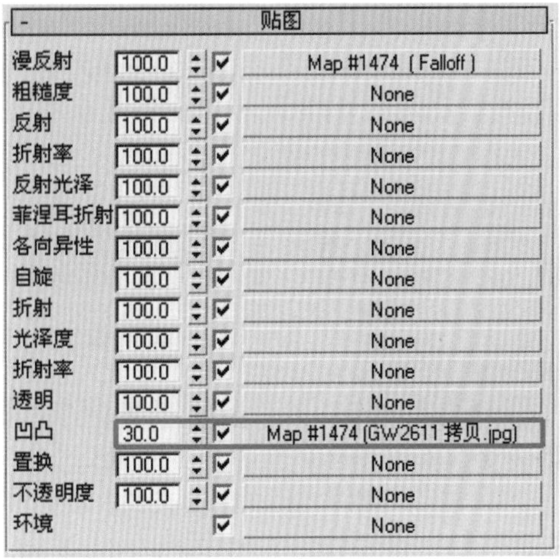

贴图			
漫反射	100.0	✓	Map #1474（Falloff）
粗糙度	100.0	✓	None
反射	100.0	✓	None
折射率	100.0	✓	None
反射光泽	100.0	✓	None
菲涅耳折射	100.0	✓	None
各向异性	100.0	✓	None
自旋	100.0	✓	None
折射	100.0	✓	None
光泽度	100.0	✓	None
折射率	100.0	✓	None
透明	100.0	✓	None
凹凸	30.0	✓	Map #1474 (GW2611 拷贝.jpg)
置换	100.0	✓	None
不透明度	100.0	✓	None
环境		✓	None

图9-94 凹凸参数

06 抱枕材质的效果如图9-95所示。

图9-95 材质效果

215

9.4.8　灯罩材质

灯罩材质的效果如图9-96所示。

图9-96　材质效果

01　单击【漫反射】并调节颜色为"250，235，219"，如图9-97所示。

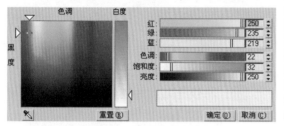

图9-97　漫反射颜色

02　单击【反射】并调节数值为"11，11，11"，如图9-98所示。设置【反射光泽度】为0.85，如图9-99所示。

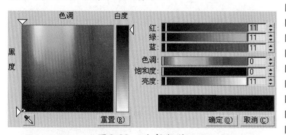

图9-98　反射数值

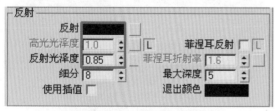

图9-99　反射参数

03　单击【BRDF】卷展栏，设置材质类型为反射，如图9-100所示。

04　单击【折射】并调节其数值为"159，159，159"，如图9-101所示。设置折射的【光泽度】为0.97，【折射率】为1.01，勾

选【影响阴影】复选项，如图9-102所示。

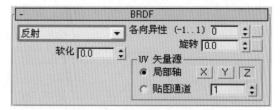

图9-100　【BRDF】卷展栏

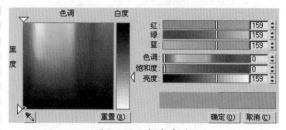

图9-101　折射颜色

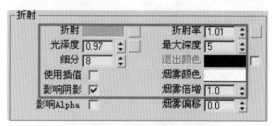

图9-102　折射参数

05　材质的最终效果如图9-103所示。

图9-103　材质效果

9.4.9　白色陶瓷材质

白色陶瓷材质的效果如图9-104所示。

图9-104　材质效果

01 单击【漫反射】并调节颜色为"255，255，255"，如图9-105所示。

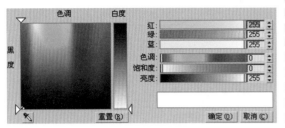

图9-105　漫反射颜色

02 单击【反射】并调节数值为"242，242，242"，如图9-106所示。设置【反射光泽度】为0.92，勾选【菲涅耳反射】复选项并设置【菲涅耳折射率】为1.6，如图9-107所示。

03 单击【BRDF】卷展栏，设置材质类型为反射，如图9-108所示。

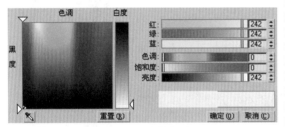

图9-106　反射数值

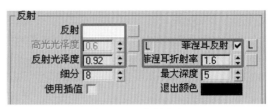

图9-107　反射参数

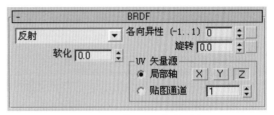

图9-108　【BRDF】卷展栏

04 白色陶瓷材质的效果如图9-109所示。

图9-109　材质效果

9.5 渲染参数设置和最终渲染

本节主要是对渲染参数进行最终设置，包括图像最终输出的饱和度、对比度、精度等一系列参数，从而保证最终出色的渲染品质。

01 打开【V-Ray::间接照明（GI）】卷展栏，设置【二次反弹】中的【倍增器】为0.9，如图9-110所示。

图9-110【V-Ray::间接照明（GI）】卷展栏

02 打开【V-Ray::发光贴图】卷展栏，勾选细节增强中的"开"命令，加强发光贴图对转折面以及暗部的细节计算，具体的参数设置如图9-111所示。

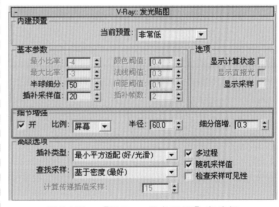

图9-111　【V-Ray::发光贴图】卷展栏

03 打开【V-Ray::灯光缓冲】卷展栏，设置【细分】为900，如图9-112所示。

04 打开【V-Ray::DMC采样器】卷展栏，最小采样值为16，如图7-113所示。

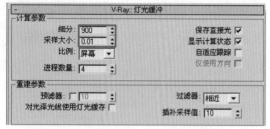

图9-112　【V-Ray::灯光缓冲】卷展栏　　　　图9-113　【VRay::DMC采样器】卷展栏

05 单击◉按钮，最终渲染的效果如图9-114所示。

图9-114　最终渲染图像

第10章　会议室效果图设计

10.1　案例分析

　　会议室，开会、商谈生意、交流意见、开记者会等的会议场地。

　　会议室的种类有剧院形式的，茶馆形式的，还有回字形的，u字形的。近年出现的多媒体会议室，中央控制器作为控制中心，本案例为其中的一种，这类空间主要注意室内灯光的设置，显示其宽敞大气的主装修风格。

　　这个案例主要是封闭空间的灯光会议室效果。封闭空间的效果是比较难处理的一类场景，对灯光节奏和气氛的把握要求比较高。在制作这类气氛的场景时把握或者设定一个气氛焦点是至关重要的，这样制作的画面才会吸引人的眼球。如图10-1所示为渲染效果表现，读者可以进行参考。

图10-1

10.2　设置摄像机和渲染器参数

10.2.1　给场景指定摄像机

　　01　开启3ds Max 2015版本，在创建面板中单击【目标】按钮，选择目标摄像机，创建场景中的摄像机，如图10-2所示。

图10-2　目标摄像机

　　02　在顶视图中观察创建的目标摄像机，如图10-3所示。

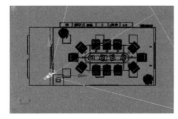

图10-3　创建摄像机

　　03　打开【参数】卷展栏，设置【镜头】为18.0mm，【视野】为90.0度，如图10-4所示。

　　04　开启【手动剪切】功能，参数的设置如图10-5所示。

图10-4　【参数】卷展栏　　　图10-5　手动剪切

　　05　观察最终的摄像机角度，如图10-6所示。

图10-6　目标摄像机

10.2.2 设置渲染器参数

01 选择VR材质。单击【漫反射】并添加VRay边纹理材质，参数的设置如图10-7所示。

图10-7 VR边纹理材质

02 打开【V-Ray::全局开关】卷展栏，将VRay线框材质关联到覆盖材质中，如图10-8所示。

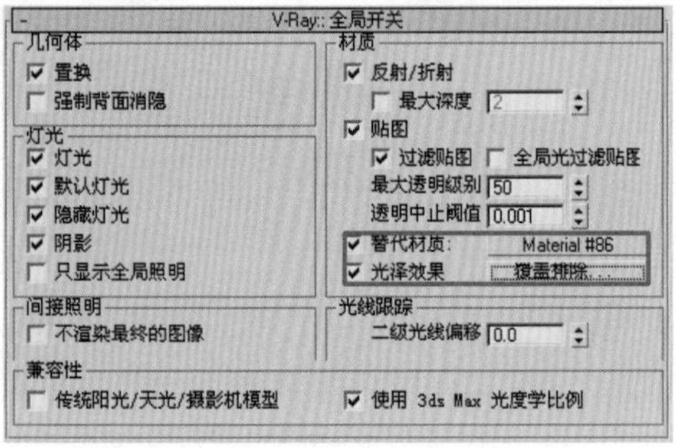

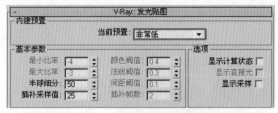

图10-8 【V-Ray::全局开关】卷展栏

03 打开【V-Ray::图像采样器（抗锯齿）】卷展栏，【抗锯齿过滤器】的设置如图10-9所示。

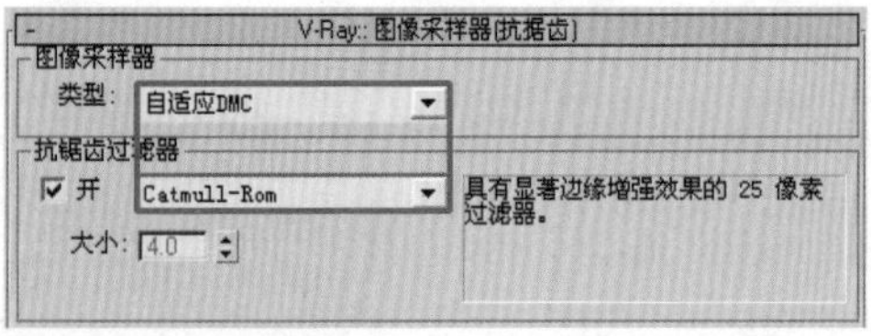

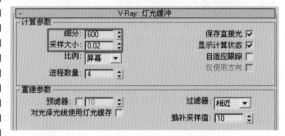

图10-9 【V-Ray::图像采样器（抗锯齿）】卷展栏

04 打开【V-Ray::间接照明（GI）】卷展栏。勾选【开】复选项，选择【首次反弹】的【全局照明引擎】为【发光贴图】，【二次反弹】的【全局照明引擎】为【灯光缓冲】，如图10-10所示。设置【发光贴图】和【灯光缓冲】的参数如图10-11、图10-12所示。

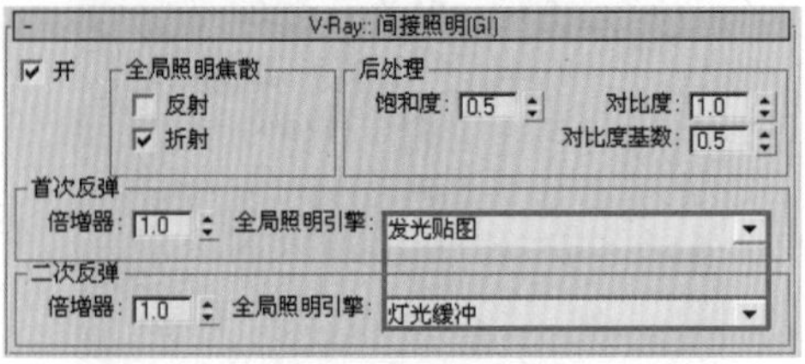

图10-10 【V-Ray::间接照明】卷展栏

图10-11 【V-Ray::发光贴图】卷展栏

图10-12 【V-Ray::灯光缓冲】卷展栏

05 打开【V-Ray::环境】卷展栏。勾选全局照明环境（天光）覆盖中的【开】复选项，设置天光颜色为蓝色，【倍增器】为3.0，如图10-13、图10-14所示。

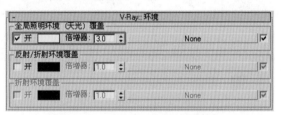

图10-13 【V-Ray::环境】卷展栏

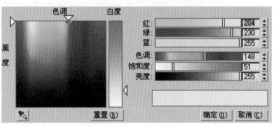

图10-14 天光颜色

06 打开【V-Ray::色彩映射】卷展栏。将颜色贴图的【类型】设置为指数，【亮部倍增值】设置为1.0，【暗部倍增值】为1.0，如图10-15所示。

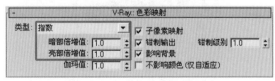

图10-15 【V-Ray::色彩映射】卷展栏

07 观察模型检查的效果，如图10-16所示。

图10-16　模型效果

10.2.3　设置场景灯光

本节采用平行光进行户外光线的模拟，具体的操作步骤如下所述。

01 开启3ds Max 2015版本以后，执行【文件】|【打开】命令打开本书的配套光盘中的"本书素材\第10章\会议室.max"文件，如图10-17所示。

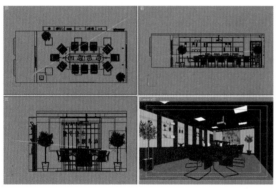

图10-17　场景文件

02 单击命令面板中的 VR灯光 按钮，设置天花吊顶的日光灯照明，如图10-18所示。

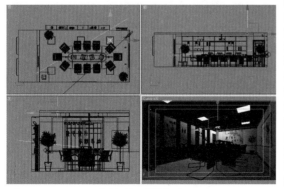

图10-18　VR灯光

03 在【参数】卷展栏中设置灯光【颜色】为白色，【倍增器】为55.0，如图10-19所示。

04 设置灯光的选项参数，如图10-20所示。

图10-19　【参数】卷展栏　　图10-20　选项

难点解疑

这里不需要勾选【不可见】复选项，可以通过可见的灯光面板模拟日光灯照明效果。

05 关联灯光并移动到相应的灯口位置，如图10-21所示。

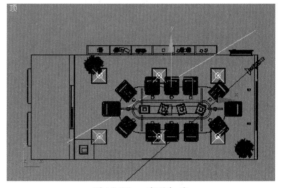

图10-21　关联灯光

06 单击按钮查看渲染结果，如图10-22所示。

图10-22　渲染效果

221

难点解疑

观察渲染效果，吊顶日光灯已经将室内空间得全局照明演绎得非常完美，这是我们本节场景中全局照明的主光源。这一类场景的制作相对比较简单，思路清晰，接下来继续设置场景中的辅助照明灯光，包括射灯、环境光等。

07 继续设置室外空间对室内环境全局照明的影响，位置如图10-23所示。

图7-23 设置灯光

08 在【参数】卷展栏中设置灯光的【颜色】为淡蓝色，【倍增器】为2.0，如图10-24、图10-25所示。

图10-24 灯光参数

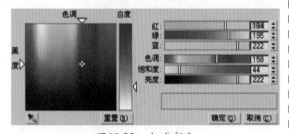

图10-25 灯光颜色

09 勾选【不可见】复选项，如图10-26所示。

图10-26 选项

10 单击 按钮查看渲染的结果，如图10-27所示。

图10-27 渲染效果

11 继续设置室外走廊的全局灯光，如图10-28所示。

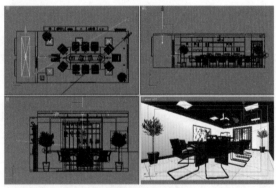

图10-28 设置灯光

12 在【参数】卷展栏中设置灯光的【颜色】为淡黄色，【倍增器】为8.0，如图10-29、图10-30所示。

图10-29　灯光参数

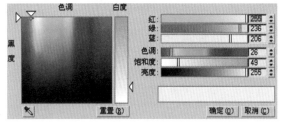

图10-30　灯光颜色

[13] 勾选【不可见】复选项，如图10-31所示。

图10-31　选项

[14] 单击◉按钮查看渲染结果，如图10-32所示。

图10-32　渲染效果

[15] 单击命令面板中的 目标灯光 按钮，制作射灯的灯光，位置如图10-33所示。

[16] 在【常规参数】卷展栏中勾选【启用】复选项，设置【阴影】类型为VRayShadow，

如图10-34所示。

[17] 单击【分布（光度学）】卷展栏，调入适合的光域网文件，如图10-35所示。

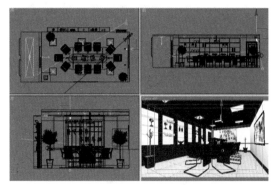

图10-33　目标灯光

图10-34　【常规参数】　图10-35　【分布（光度
　　卷展栏　　　　　　　　　学）】卷展栏

[18] 打开【强度/颜色/衰减】卷展栏，选择灯光类型为D50 Illuminant，设置强度单位为cd，强度倍增器为2500.0，如图10-36所示。

[19] 打开【VRayShadows params】卷展栏，勾选【区域阴影】复选项，设置灯光类型为球体，设置【U、V、W尺寸】为"50.0，50.0，10.0"，如图10-37所示。

 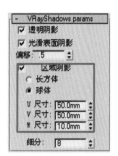

图10-36　【强度/颜色/衰　图10-37　【VRayShadows
　　减】卷展栏　　　　　　params】卷展栏

20 关联灯光并移动到相应的灯口位置，如图10-38所示。

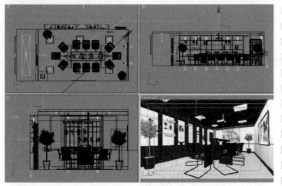

图10-38 关联灯光

21 单击 📷 命令以查看渲染结果，如图10-39所示。

图10-39 渲染效果

10.3 场景中主要材质参数的设置

10.3.1 瓷砖地面材质

瓷砖地面具有非常高的光泽度，其质感细腻真实，如图10-40所示。

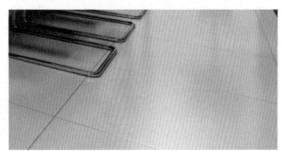

图10-40 材质效果

01 选择VR材质。单击【漫反射】右边的复选框，添加瓷砖的纹理贴图，打开【坐标】卷展栏，设置贴图的【模糊】数值为0.65，如图10-41所示。

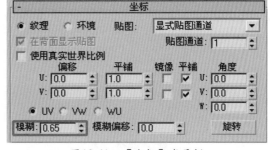

图10-41 【坐标】卷展栏

02 调节【反射】的数值为"230，230，230"，如图10-42所示。

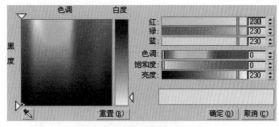

图10-42 反射数值

03 设置【反射光泽度】为0.9，【高光光泽度】为0.82，勾选【菲涅耳反射】复选项并设置【菲涅耳折射率】为2.1，如图10-43所示。

反射
反射
高光光泽度 0.82
反射光泽度 0.9
细分 15
使用插值
L
菲涅耳反射 L
菲涅耳折射率 2.1
最大深度 5
退出颜色

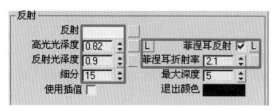

图10-43　反射参数

04 在【BRDF】卷展栏中设置材质的类型为【沃德】，如图10-44所示。

BRDF
沃德
各向异性 (-1..1) 0
旋转 0.0
软化 0.0
UV 矢量源
局部轴 X Y Z
贴图通道 1

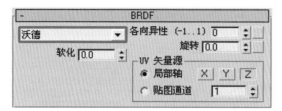

图10-44　【BRDF】卷展栏

05 将漫射贴图关联到凹凸中，将【凹凸】参数设置为30.0，如图10-45所示。

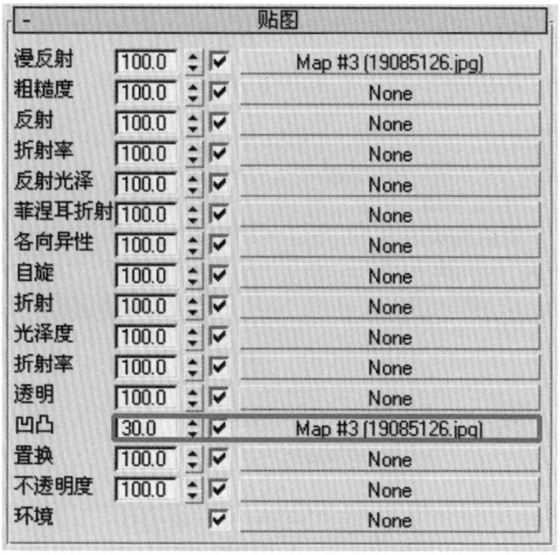

贴图
漫反射 100.0 Map #3 (19085126.jpg)
粗糙度 100.0 None
反射 100.0 None
折射率 100.0 None
反射光泽 100.0 None
菲涅耳折射 100.0 None
各向异性 100.0 None
自旋 100.0 None
折射 100.0 None
光泽度 100.0 None
折射率 100.0 None
透明 100.0 None
凹凸 30.0 Map #3 (19085126.jpg)
置换 100.0 None
不透明度 100.0 None
环境 None

图10-45　凹凸参数

06 地面瓷砖材质的效果如图10-46所示。

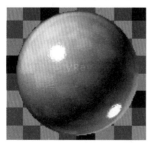

图10-46　材质效果

10.3.2　灰色沙发皮革材质

灰色沙发皮革材质的效果如图10-47所示。

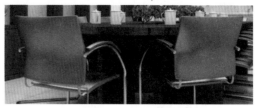

图10-47　材质效果

01 选择VR材质。单击【漫反射】右边的复选框，添加皮革的纹理贴图，如图10-48所示。打开【坐标】卷展栏，设置贴图的【模糊】数值为0.65，【平铺】数值为“1.3，1.3”，如图10-49所示。

图10-48　皮革贴图

坐标
纹理 环境 贴图: 显式贴图通道
在背面显示贴图 贴图通道: 1
使用真实世界比例
偏移 平铺 镜像 平铺 角度
U: 0.0 1.3 U: 0.0
V: 0.0 1.3 V: 0.0
W: 0.0
UV VW WU
模糊: 0.65 模糊偏移: 0.0 旋转

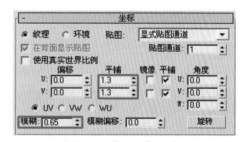

图10-49　【坐标】卷展栏

02 调节【反射】的数值为“72，72，72”，如图10-50所示。

色调
白度
黑
度
红: 72
绿: 72
蓝: 72
色调: 0
饱和度: 0
亮度: 72
重置(R)
确定(O)
取消(C)

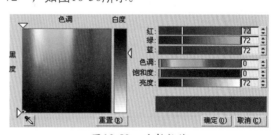

图10-50　反射数值

03 设置【反射光泽度】为0.92，【高光光泽度】为0.75，如图10-51所示。

反射
反射
高光光泽度 0.75
反射光泽度 0.92
细分 15
使用插值
L
菲涅耳反射 L
菲涅耳折射率 1.6
最大深度 5
退出颜色

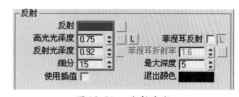

图10-51　反射参数

04 在【BRDF】卷展栏中设置材质的类型为【沃德】，设置【各向异性】为3，【旋转】为30.0，如图10-52所示。

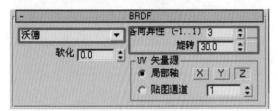

图10-52 【BRDF】卷展栏

05 椅子皮革材质的效果如图10-53所示。

图10-53 材质效果

10.3.3 办公家具木材质

办公家具木材质的效果如图10-54所示。

图10-54 材质效果

01 选择VR材质。单击【漫反射】右边的复选框，添加家具木的纹理贴图，如图10-55所示。打开【坐标】卷展栏，设置贴图的【模糊】数值为0.5，如图10-56所示。

图10-55 家具木贴图

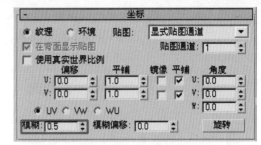

图10-56 【坐标】卷展栏

02 调节【反射】的数值为"13，13，13"，如图10-57所示。

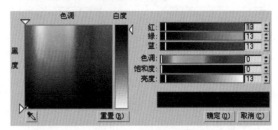

图10-57 反射数值

03 设置【反射光泽度】为0.92，【高光光泽度】为0.75，如图10-58所示。

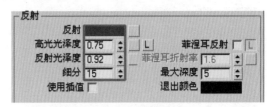

图10-58 反射参数

04 在【BRDF】卷展栏中设置材质的类型为反射，如图10-59所示。

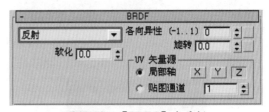

图10-59 【BRDF】卷展栏

05 办公家具木材质的效果如图10-60所示。

图10-60 材质效果

10.3.4　白色陶瓷杯材质

白色陶瓷杯材质的效果如图10-61所示。

图10-61　材质效果

01 单击【漫反射】并调节颜色，如图10-62所示。

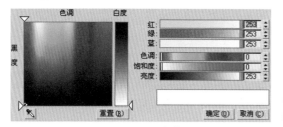

图10-62　漫反射颜色

02 调节【反射】的数值为"39，39，39"，如图10-63所示。

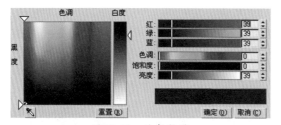

图10-63　反射数值

03 设置【反射光泽度】为0.88，如图10-64所示。

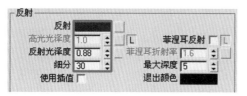

图10-64　反射参数

04 在【BRDF】卷展栏中选择材质的类型为反射，如图10-65所示。

图10-65　【BRDF】卷展栏

05 白色陶瓷杯材质的效果如图10-66所示。

图10-66　材质效果

10.3.5　金属材质

金属材质的效果如图10-67所示。

图10-67　材质效果

01 单击【漫反射】并调节颜色，如图10-68所示。

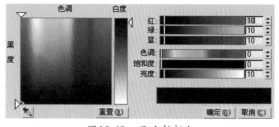

图10-68　漫反射颜色

02 单击【反射】并调节数值为"159，159，159"，如图10-69所示。

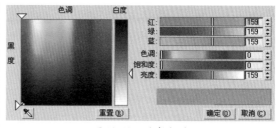

图10-69　反射数值

03 设置【反射光泽度】为0.95，【高光光泽度】为0.92，如图10-70所示。

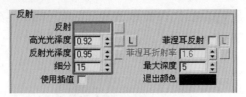

图10-70　反射参数

04 在【BRDF】卷展栏中设置材质的类型为反射，如图10-71所示。

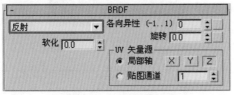

图10-71　【BRDF】卷展栏

05 金属材质的效果如图10-72所示。

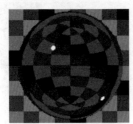

图10-72　材质效果

10.3.6　旧金属材质

旧金属表面的材质效果如图10-73所示。

图10-73　材质效果

难点解疑

观察金属的质感可以发现金属材质是那种带有污垢的，尤其是其凹槽部分，这和我们常见的带有复杂纹理的油画框表面效果很像。很显然，通过单纯的基本材质不能表现出这种效果。令人兴奋的是，VR渲染器中自带的VR材质包括相关的程序贴图，可以很好地模拟出这样表面随机分布的污垢效果。本节中将对该材质进行详细讲解。

01 选择VR混合材质。单击基本材质并添加VR材质，如图10-74所示。

图10-74　混合材质

难点解疑

VR混合贴图可以通过多层材质混合的方法实现多层材质的叠加，从而制作出需要的材质效果。

02 单击【漫反射】并调节颜色，如图10-75所示。

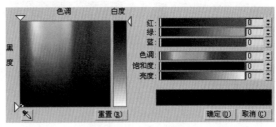

图10-75　漫反射颜色

03 单击【反射】并调节数值为"96，56，30"，如图10-76所示。设置【反射光泽度】为0.6，【细分】为16，如图10-77所示。

04 基本材质主要是设置金属铜的底色，或者说本色，后面制作的污垢材质都是在这个基础上进行叠加的。观察此时铜材质的效果，如图10-78所示。

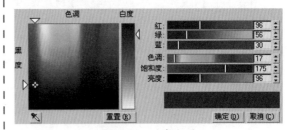

图10-76　反射数值

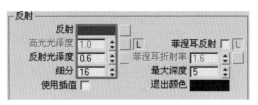

图10-77　反射参数

图10-78　铜材质

05 返回上一层级，为混合材质添加镀膜材质，这里依旧用VR基本材质进行模拟，如图10-79所示。镀膜材质为需要叠加的污垢材质。

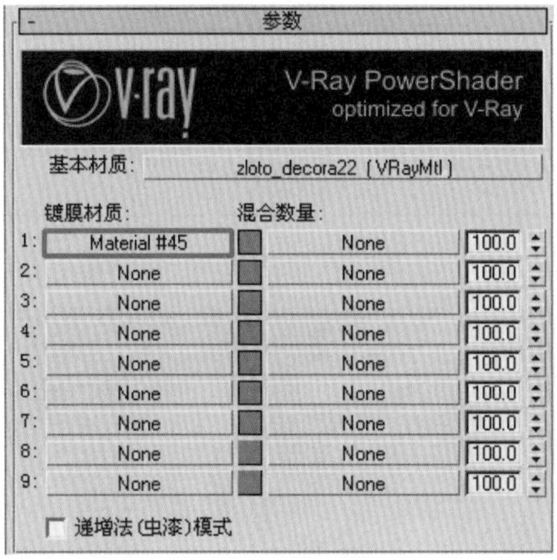

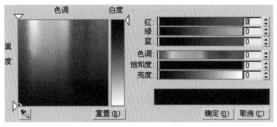

图10-79　镀膜材质

06 单击【漫反射】并调节颜色，如图10-80所示。这里的颜色是调节混合的污垢材质颜色。

图10-80　污垢颜色

07 单击【反射】并调节数值为"30，30，30"，如图10-81所示。设置【反射光泽度】为0.75，如图10-82所示。注意，物体表面

的锈迹或者污垢的反射一般都很低，因为它们的表面已经不再具有光泽的质感效果。

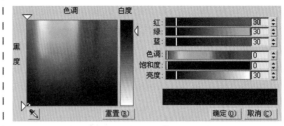

图10-81　反射数值

图10-82　反射参数

08 观察此时的材质效果，如图10-83所示。

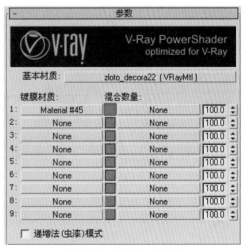

图10-83　材质效果

09 注意混合材质的参数变化，镀膜材质的效果是靠混合数量的颜色控制来实现与基本材质的叠加变化。这里的混合数量颜色框为"128，128，128"，接近50%透明度的材质与基本材质进行叠加的效果，如图10-84所示。

图10-84　混合数量参数

10 通过观察材质球的材质效果，这显然不是我们需要的材质效果。我们需要的表面污垢效果是随机的，而不是平均分布的。其实这里有很多程序贴图可以模拟类似效果，其基本原理就是在混合数量后面的贴图中添加随机形状的黑白贴图，通过Alpha通道的原理来实现表面随机的颜色叠加和透明，如图10-85所示。

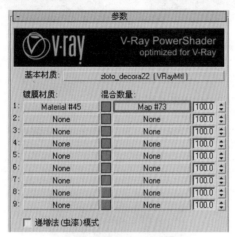

图10-85　VR合成贴图

11 单击【源A】右边的复选框，添加地图的黑白纹理贴图，如图10-86、图10-87所示。

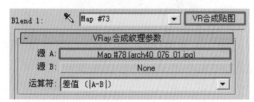

图10-86　源A贴图

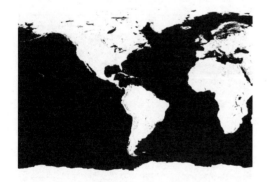

图10-87　源A贴图

12 单击【源B】右边的复选框，添加VR边纹理贴图，相关参数的设置如图10-88、图10-89所示。

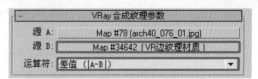

图10-88　源B贴图

图10-89　VR边纹理贴图

13 旧金属材质的效果如图10-90所示。

图10-90　材质效果

10.3.7　装饰品材质

装饰品材质的效果如图10-91所示。

图10-91　材质效果

01 单击【漫反射】右边的复选框，添加木纹理贴图，如图10-92所示。

图10-92　漫反射颜色

02 单击【反射】并调节数值为"30，30，30"，如图10-93所示。

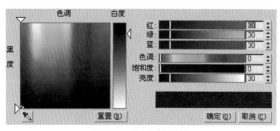

图10-93 反射数值

03 设置【反射光泽度】为0.7，【高光光泽度】为0.65，如图10-94所示。

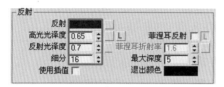

图10-94 反射参数

04 在【BRDF】卷展栏中设置材质的类型为【反射】，如图10-95所示。

图10-95 【BRDF】卷展栏

05 将漫反射贴图关联到凹凸贴图中，将【凹凸】参数设置为60.0，如图10-96所示。

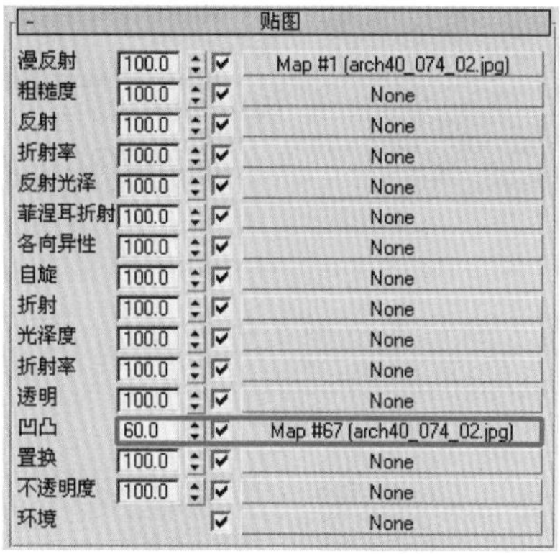

图10-96 凹凸参数

06 装饰品材质的效果如图10-97所示。

图10-97 材质效果

10.3.8 带图案的装饰品材质

材质的效果如图10-98所示。

图10-98 材质效果

01 选择VR材质。单击【漫反射】右边的复选框，添加纹理贴图，如图10-99所示。打开【坐标】卷展栏，设置贴图的【模糊】数值为0.3，如图10-100所示。

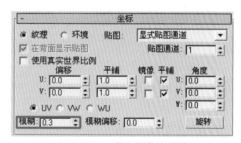

图10-99 纹理贴图

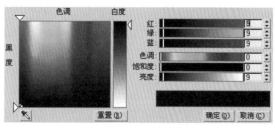

图10-100 【坐标】卷展栏

02 调节【反射】的数值为"9，9，9"，如图10-101所示。

图10-101 反射数值

03 设置【反射光泽度】为0.75，【高光光泽度】为0.6，如图10-102所示。

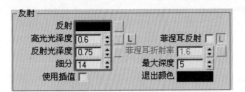

图10-102　反射参数

04　将漫反射贴图关联到折射率贴图中，设置混合数值为10.0，如图10-103所示。

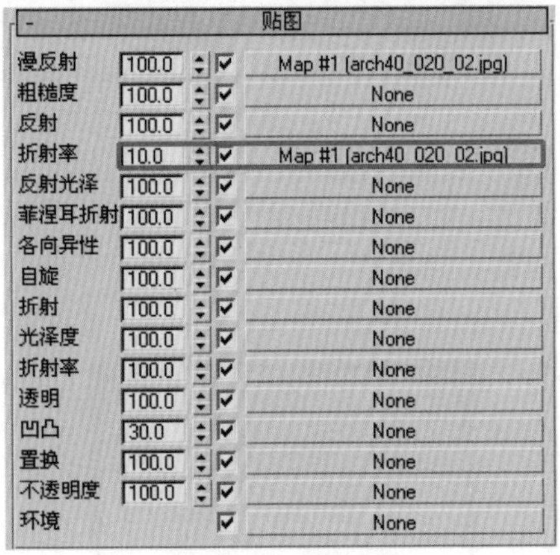

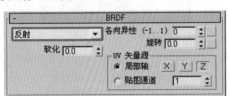

图10-103　关联贴图

05　在【BRDF】卷展栏中设置材质的类型为反射，如图10-104所示。

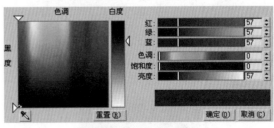

图10-104　【BRDF】卷展栏

06　将漫反射贴图关联到凹凸中，将【凹凸】参数设置为10.0，如图10-105所示。

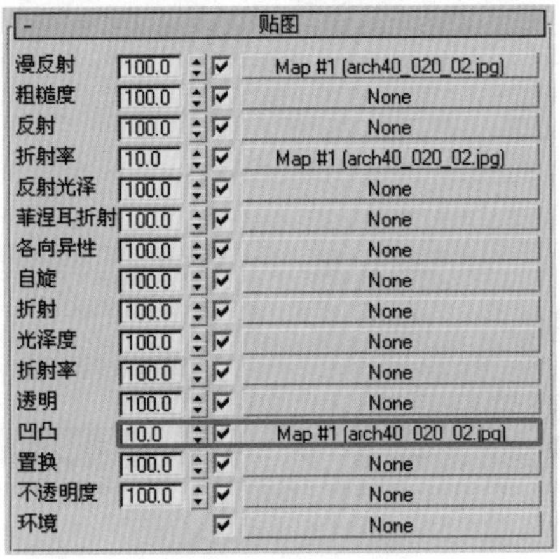

（凹凸参数图，见下）

图10-105　凹凸参数

07　带花纹的装饰品材质的效果如图10-106

所示。

图10-106　材质效果

10.3.9　玻璃材质

玻璃材质的效果如图10-107所示。

图10-107　材质效果

01　单击【漫反射】并调节颜色，如图10-108所示。

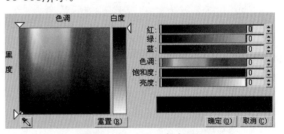

图10-108　漫反射颜色

02　调节【反射】的数值为"57，57，57"，如图10-109所示。

图10-109　反射数值

03　设置【反射光泽度】为1.0，如图10-110所示。

04　单击【折射】并调节数值为"255，255，255"，如图10-111所示。

图10-110 反射参数

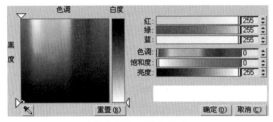

图10-111 折射颜色

05 设置【折射率】为1.6，【烟雾颜色】为淡蓝色，【烟雾倍增】为0.05，勾选【影响阴影】复选框，如图10-112、图10-113所示。

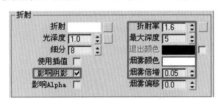

图10-112 折射参数

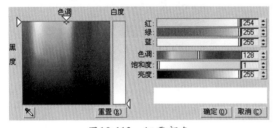

图10-113 烟雾颜色

06 在【BRDF】卷展栏中设置材质的类型为反射，如图10-114所示。

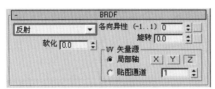

图10-114 【BRDF】卷展栏

07 玻璃材质的效果如图10-115所示。

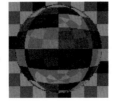

图10-115 材质效果

10.3.10 植物材质

植物材质的效果如图10-116所示。

图10-116 材质效果

01 单击【漫反射】右边的复选框，添加植物叶子的贴图，如图10-117所示。

图10-117 植物贴图

02 调节【反射】的数值为"32，32，32"，如图10-118所示。

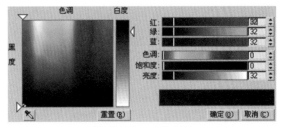

图10-118 反射数值

03 设置【反射光泽度】为0.5，如图10-119所示。

图10-119 反射参数

04 单击【凹凸】右边的复选框，添加Noise（噪波）贴图，将【凹凸】参数设置为30.0，如图10-120所示。

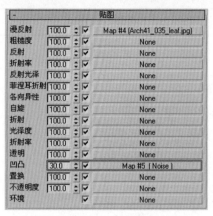

图10-120　Noise（噪波）贴图

05 打开【坐标】卷展栏，设置贴图的【平铺】数值为"0.05，0.1，0.1"，如图10-121所示。

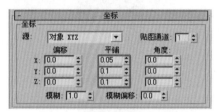

图10-121　【坐标】卷展栏

06 打开【噪波参数】卷展栏，设置【噪波类型】为规则，噪波阈值的【大小】为25.0，如图10-122所示。

图10-122　【噪波参数】卷展栏

07 在【BRDF】卷展栏中设置材质的类型为【反射】，如图10-123所示。

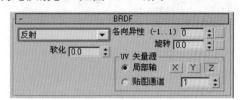

图10-123　【BRDF】卷展栏

08 植物材质的效果如图10-124所示。

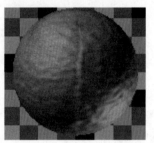

图10-124　材质效果

10.4 渲染参数设置和最终渲染

　　本节主要是对渲染参数进行最终的设置，包括图像最终输出的饱和度、对比度、精度等一系列参数，从而保证最终出色的渲染品质。

01 打开【V-Ray：间接照明（GI）】卷展栏，设置【饱和度】为0.6，【对比度基数】为0.45，加强图像最终输出的颜色力度，设置【首次反弹】的【倍增器】为1.05，如图10-125所示。

图10-125　【V-Ray：间接照明（GI）】卷展栏

02 打开【V-Ray：发光贴图】卷展栏，开启【细节增强】功能，如图10-126所示。

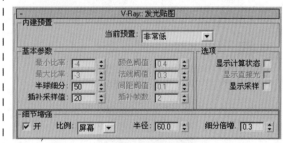

图10-126　【V-Ray：发光贴图】卷展栏

03 打开【V-Ray：灯光缓冲】卷展栏，设置【细分】为1200，如图10-127所示。

04　打开【V-Ray::DMC采样器】卷展栏，参数的设置如图10-128所示。

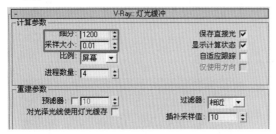

图10-127　【V-Ray::灯光缓冲】卷展栏　　　　　图10-128　【VRay::DMC采样器】卷展栏

05　单击 👁 按钮查看渲染结果，如图10-129所示。

图10-129　渲染效果

第11章　写字楼外观效果图制作

11.1　案例分析

　　本章主要是表现写字楼外观效果，通过VR太阳光设置场景光线，通过VR阳光和VR天光贴图实现场景中的全局照明效果。在制作过程中，日光的光影气氛和建筑的体量关系十分重要，要保证二者的和谐共存，才能达到真实的视觉效果。图11-1是笔者制作的线框图，以供读者欣赏。

图11-1　线框效果

11.2　模型的检查

11.2.1　设定场景角度和相机参数

　　01　开启3ds Max 2015版本，图中的红色选框为最终的渲染取景区域，如图11-2所示。

图11-2　取景框

　　02　观察画面的构图形式，主体建筑物居中，天空的背景和地面的前景各占有画面一定

的比例。这样的效果使得建筑物产生了空间感和体积感，从而加强了建筑本身的体量感，如图11-3所示。

图11-3　构图形式

　　03　本节中采用了VR物理相机制作场景相

机。打开【基本参数】卷展栏，设置【胶片规格】为35.0，【焦距】为32.0，如图11-4所示。

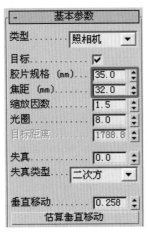

图11-4　【基本参数】卷展栏

04 设置【快门速度】为25.0，【胶片速度】为200.0，如图11-5所示。快门速度与场景的进光量成反比，胶片速度与场景的进光量成正比。

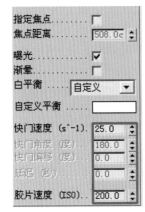

图11-5　【基本参数】卷展栏

11.2.2　渲染器参数设置和模型的检查

首先我们进行线框材质的设定，线框表现也是画面艺术表现的一种方式。

01 选择VRay基本材质。单击【漫射贴图】并添加VR边纹理贴图，调节【颜色】为白色，将【像素】设置为1.0，如图11-6所示。

图11-6　VRay边纹理贴图

02 调节漫反射颜色为中灰色，如图11-7所示。

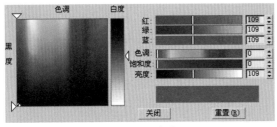

图11-7　漫反射颜色

03 透明材质线框的效果如图11-8所示。

04 将透明线框材质关联到覆盖材质贴图中，如图11-9所示。

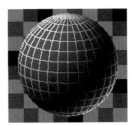

图11-8　线框材质

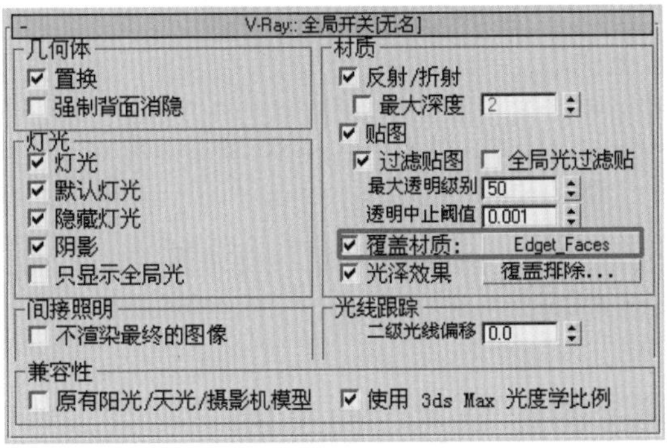

图11-9　覆盖材质

05 打开【V-Ray::图像采样（反锯齿）】卷展栏，【抗锯齿过滤器】的设置如图11-10所示。

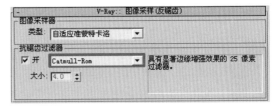

图11-10　【V-Ray::图像采样（反锯齿）】卷展栏

237

06 开启VRay渲染器。打开【V-Ray::间接照明（GI）】卷展栏。勾选【开】复选项，选择【首次反弹】的【全局光照引擎】为【发光贴图】，【二次反弹】的【全局光照引擎】为【灯光缓存】，如图11-11所示。设置【发光贴图】和【灯光缓存】的参数，如图11-12、图11-13所示。

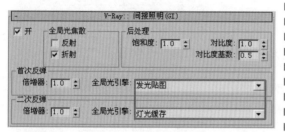

图11-11 【V-Ray::间接照明（GI）】卷展栏

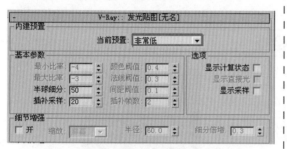

图11-12 【V-Ray::发光贴图】卷展栏

图11-13 【V-Ray::灯光缓存】卷展栏

07 打开【V-Ray::颜色映射】卷展栏。将颜色贴图的【类型】设置为线性倍增，参数的

设置如图11-14所示。

图11-14 【V-Ray::颜色映射】卷展栏

08 观察模型检查的结果，如图11-15所示。

图11-15 模型检查

通过检查，发现场景中的模型并没有存在明显的问题。这样，后面的工作就可以继续进行，接着可以设置场景中的灯光和材质。

11.3 设置VR太阳光

本节主要设置VR太阳光，使其对场景产生照明。VR天光贴图通常和VR阳光搭配使用，本节中将对其设置进行深入探讨。

01 开启3ds Max 2015以后，执行【文件】|【打开】命令打开本书的配套光盘中的"本书素材\第11章\写字楼外观效果图.max"文件，如图11-16所示。

02 单击命令面板中的 VR阳光 按钮，在视图中创建VR阳光，其位置如图11-17所示。

03 这时候会弹出【VR阳光】对话框，单击【是】按钮，如图11-18所示。

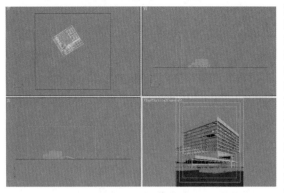

图11-16　场景文件

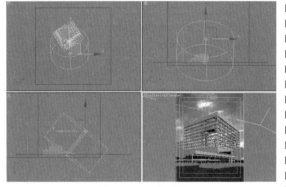

图11-17　灯光位置

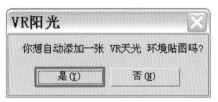

图11-18　【VR阳光】对话框

04 执行【渲染】|【环境】命令，打开【公用参数】卷展栏，在环境贴图中添加了之前设置的VR天光环境贴图，如图11-19所示。

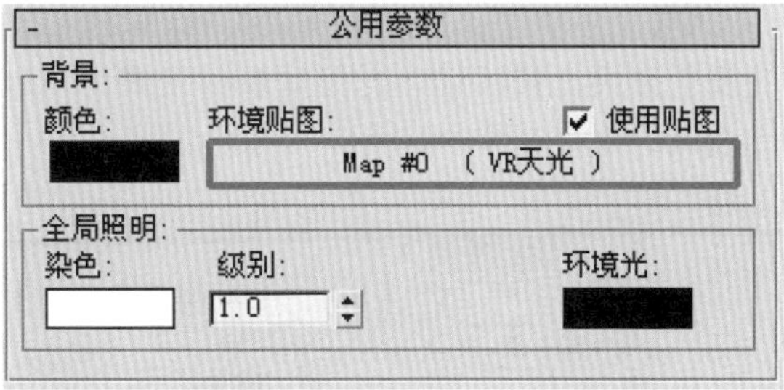

图11-19【公用参数】卷展栏

05 打开【VR阳光参数】卷展栏，设置【浊度】为4.0，【强度倍增器】为0.02，【阴影偏移】为0.507，如图11-20所示。

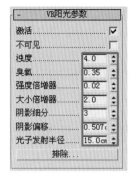

图11-20　【VR阳光参数】卷展栏

> 提示：
>
> 注意，强度倍增器的设置除了与灯光本身的强度参数有关外，还与VR天光贴图有密切的关系，具体的参数设置只能在实际中不断的尝试，从而得到不同时段的能令人满意的阳光效果。阴影偏移参数可以设置得略大，大场景的阳光偏移效果是明显的。尤其是在黄昏时分，太阳光影拖得比较长，空间的介质反射和散射阳光光子的效果就更加明显。

06 单击 ◎ 按钮查看渲染结果，如图11-21所示。

图11-21　渲染效果

07 观察渲染效果，场景中的物体得到了真实的照明效果，其中的光影十分柔和，画面的各个物体的关系十分和谐，空间效果突出。本节中灯光的设置看似十分简单，可以通过VR阳光一步到位，但是，VR阳光和VR天光贴图的搭配使用和参数控制是十分关键的部分，任何一个参数的细节几乎都决定了最终的画面效果。到目前为止，场景中的灯光设置完毕。

11.4 场景中主要材质参数的设置

场景中主要包含了建筑外墙材质、金属材质、玻璃材质以及植物和地面材质等，本节将对这些材质进行深入剖析，将材质的制作过程全面地展示在读者面前。

11.4.1 建筑外墙材质

建筑外墙材质的效果如图11-22所示。

图11-22 材质效果

01 选择VRay材质，单击【漫反射】右边的复选框，添加建筑外墙的纹理贴图，如图11-23所示。

图11-23 纹理贴图

02 单击【反射】右边的复选框，添加Fall off（衰减）贴图，模拟建筑表面的反射变化，如图11-24所示。

03 设置【衰减类型】为垂直/平行，如图11-25所示。

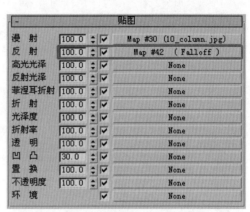

图11-24 Fall off（衰减）贴图

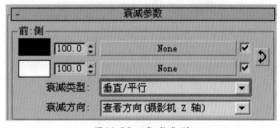

图11-25 衰减类型

04 设置【光泽度】为0.6，使建筑表面的反射效果比较粗糙，这里的参数设置为一个比较低的数值即可，如图11-26所示。

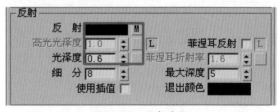

图11-26 反射参数

05 设置材质的类型为【沃德】，如图11-27所示。

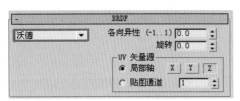

图11-27　材质类型

06　单击【凹凸】右边的复选框，添加法线凹凸贴图，如图11-28所示。设置【凹凸】参数为100.0，模拟建筑表面的凹凸质感效果，如图11-29所示。

图11-28　法线凹凸

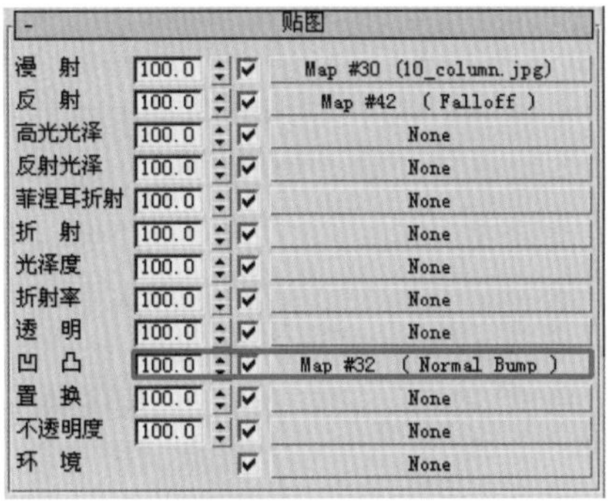

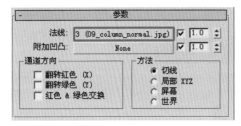

图11-29　凹凸参数

07　单击【法线】右边的复选框，添加制作好的法线贴图，参数设置为1.0，如图11-30、图11-31所示。

图11-30　参数设置

图11-31　法线贴图

08　材质的效果如图11-32所示。

图11-32　材质效果

11.4.2　建筑玻璃材质

建筑玻璃材质的效果如图11-33所示。

图11-33　材质效果

01　选择VRay材质。单击【漫反射】并调节颜色为"0，0，0"，如图11-34所示。

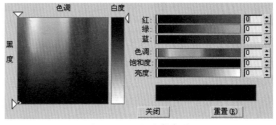

图11-34　漫反射颜色

02　单击【反射】右边的复选框，添加

Fall off（衰减）贴图，模拟玻璃表面的反射效果，如图11-35所示。

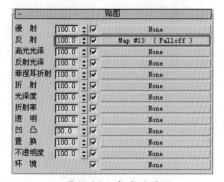

图11-35 衰减贴图

03 设置【衰减类型】为Fresnel，如图11-36所示。设置前颜色和侧颜色，如图11-37、图11-38所示。

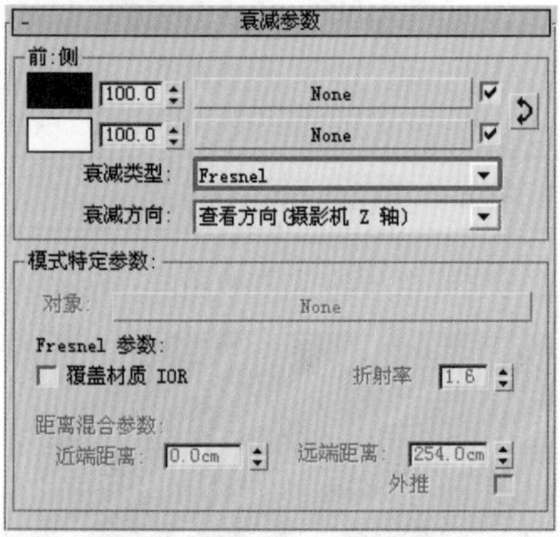

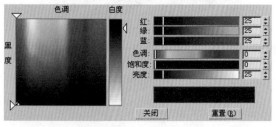

图11-36 衰减设置

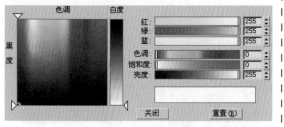

图11-37 颜色1

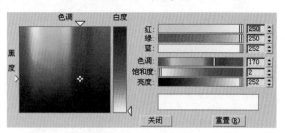

图11-38 颜色2

04 调节【反射】的数值为"255，255，255"，如图11-39所示。设置【光泽度】为

0.98，【细分】为16，如图11-40所示。

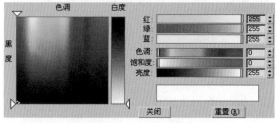

图11-39 反射颜色

图11-40 反射参数

05 调节【折射】的数值为"255，255，255"，如图11-41所示。

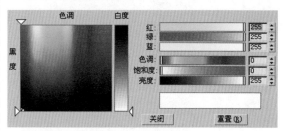

图11-41 折射数值

06 调节【折射率】为1.517，勾选【影响阴影】复选项，如图11-42所示。调节【烟雾颜色】为浅蓝色，将【烟雾倍增】设置为0.1，如图11-43所示。

图11-42 折射参数

图11-43 烟雾颜色

07 设置材质的类型为反射，如图11-44所示。

图11-44　材质类型

08　材质的效果如图11-45所示。

图11-45　材质效果

11.4.3　金属材质

金属材质的效果如图11-46所示。

图11-46　材质效果

01　选择VRay材质。单击并【漫反射】并调节颜色为"141，141，141"，如图11-47所示。

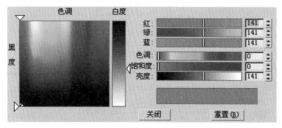

图11-47　漫反射颜色

02　调节【反射】的数值为"156，156，156"，如图11-48所示。设置【光泽度】为0.6，【细分】为16，如图11-49所示。注意金属的表面并非十分光泽，有一定的亚光效果，即反射模糊效果。

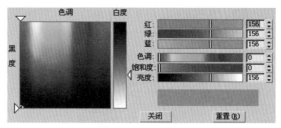

图11-48　反射颜色

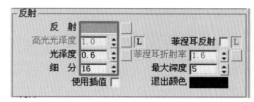

图11-49　反射参数

03　设置材质的类型为反射，如图11-50所示。

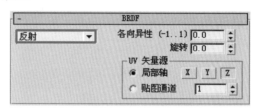

图11-50　材质类型

04　材质的效果如图11-51所示。

图11-51　材质效果

11.4.4　植物叶子材质

植物叶子材质的效果如图11-52所示。

图11-52　材质效果

01 选择VRay材质。单击【漫反射】右边的复选框，添加叶子的纹理贴图，如图11-53所示。

图11-53　纹理贴图

02 单击【反射】右边的复选框，添加叶子的反射贴图，如图11-54、图11-55所示。

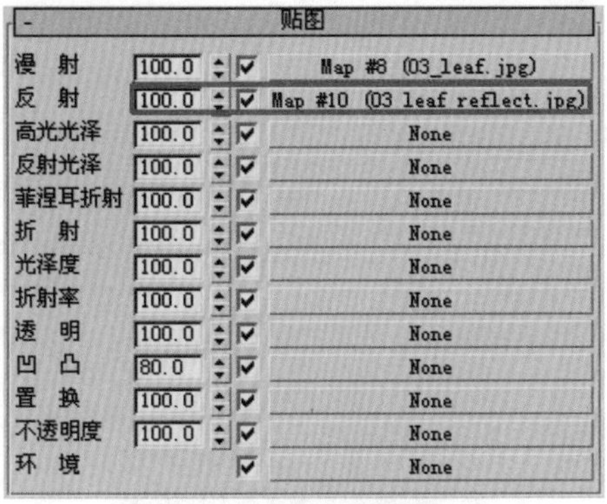

-	贴图			
漫　射	100.0	✓	Map #8 (03_leaf.jpg)	
反　射	100.0	✓	Map #10 (03 leaf reflect.jpg)	
高光光泽	100.0	✓	None	
反射光泽	100.0	✓	None	
菲涅耳折射	100.0	✓	None	
折　射	100.0	✓	None	
光泽度	100.0	✓	None	
折射率	100.0	✓	None	
透　明	100.0	✓	None	
凹　凸	80.0	✓	None	
置　换	100.0	✓	None	
不透明度	100.0	✓	None	
环　境		✓	None	

图11-54　反射贴图

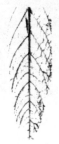

图11-55　反射贴图

03 观察此时的材质效果，如图11-56所示。

图11-56　材质效果

04 观察此时的材质效果，叶子由于按照反射贴图的黑白效果进行反射计算，所以使叶子表面的反射产生了根本的变化。这里需要对反射贴图进行控制，使其符合叶子本身的反射效果。

05 设置反射贴图的混合参数为10.0，如图11-57所示。观察材质效果，如图11-58所示。

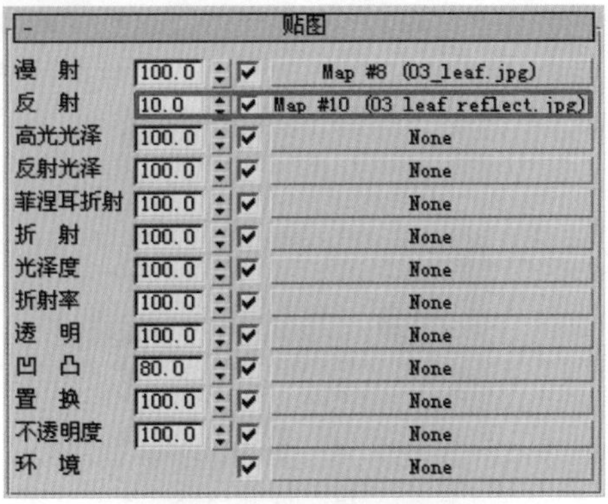

-	贴图			
漫　射	100.0	✓	Map #8 (03_leaf.jpg)	
反　射	10.0	✓	Map #10 (03 leaf reflect.jpg)	
高光光泽	100.0	✓	None	
反射光泽	100.0	✓	None	
菲涅耳折射	100.0	✓	None	
折　射	100.0	✓	None	
光泽度	100.0	✓	None	
折射率	100.0	✓	None	
透　明	100.0	✓	None	
凹　凸	80.0	✓	None	
置　换	100.0	✓	None	
不透明度	100.0	✓	None	
环　境		✓	None	

图11-57　反射混合参数

图11-58　材质效果

06 设置反射【光泽度】为0.7，注意叶子表面具有一定的反射模糊效果，如图11-59所示。

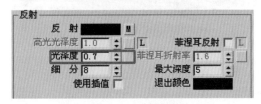

图11-59　反射参数

07 设置【折射】的数值为"70，70，70"，使叶子保持一定的透明效果，如图11-60所示。

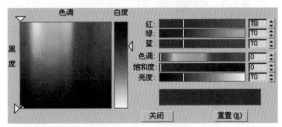

图11-60　折射数值

08 设置折射【光泽度】为0.2，调节

【烟雾颜色】为草绿色，将【烟雾倍增】设置为1.0，如图11-61、图11-62所示。

图11-61 折射参数

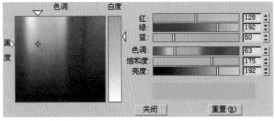

图11-62 烟雾颜色

09 开启半透明设置，叶子表面具有一定的3S半透明效果，单击透明度添加叶子贴图，通过通道模式的计算制作叶子表面的3S半透明效果，参数的设置如图11-63、图11-64所示。

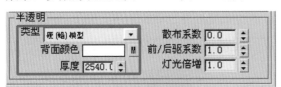

图11-63 半透明参数

图11-64 透明贴图

10 设置材质的类型为反射，如图11-65所示。

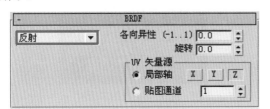

图11-65 材质类型

11 单击【凹凸】右边的复选框，添加黑白纹理贴图，参数设置为80.0，模拟叶子表面茎脉的凹凸起伏变化，如图11-66、图11-67所示。注意观察凹凸贴图，只有叶子表面茎脉的部分为灰色效果，我们需要制作的立体效果也只有叶子表面茎脉的部分。系统在计算凹凸效果的时候，黑色不产生凹凸效果，白色的凹凸效果最强，中间的灰度值以此类推。

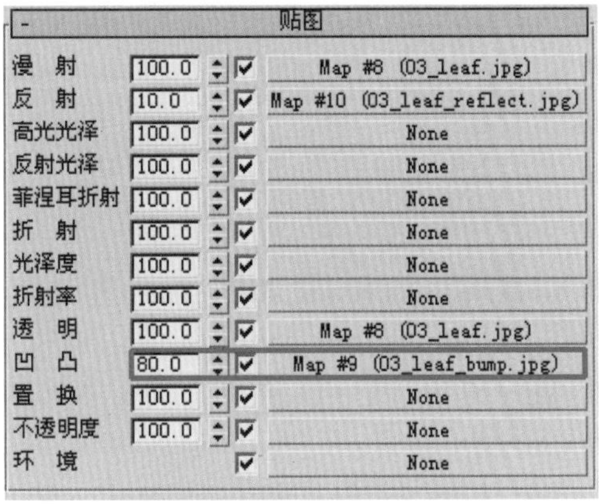

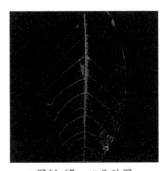

图11-66 凹凸参数

图11-67 凹凸贴图

12 材质的效果如图11-68所示。

图11-68 材质效果

11.4.5 枫叶材质

枫叶材质的效果如图11-69所示。

图11-69　材质效果

01　选择VRay材质。单击【漫反射】右边的复选框，添加Mix（混合）贴图，如图11-70所示。枫叶表面有多种颜色混合效果，这里将通过混合贴图制作叶子表面的混合颜色。

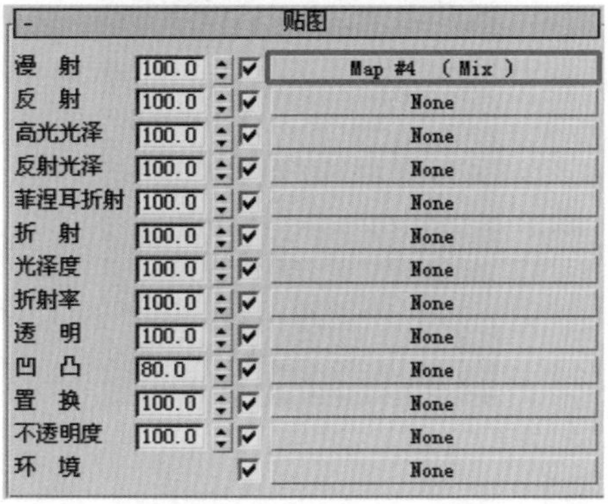

图11-70　Mix（混合）贴图

02　单击【颜色#1】右边的复选框，添加叶子的纹理贴图，如图11-71、图11-72所示。

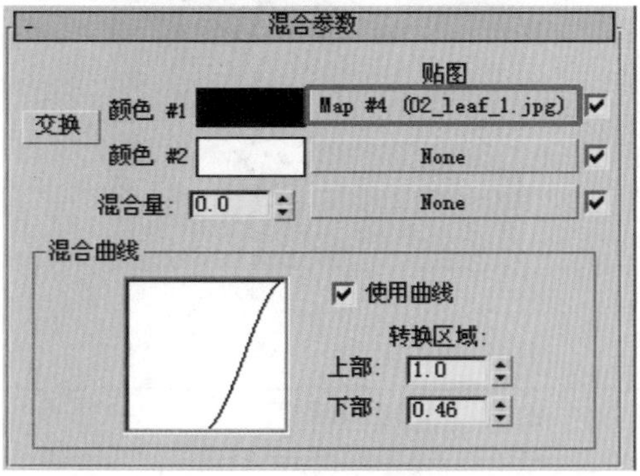

图11-71　颜色#1贴图

图11-72　纹理贴图

03　设置贴图的【模糊】数值为0.1，如图11-73所示。

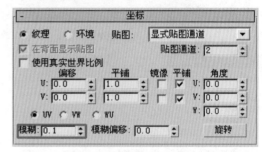

图11-73　【坐标】卷展栏

04　单击【颜色#2】右边的复选框，添加叶子的纹理贴图，如图11-74、图11-75所示。

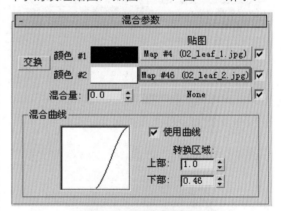

图11-74　颜色#2贴图

图11-75　纹理贴图

05　设置贴图的【模糊】数值为0.1，如

图11-76所示。

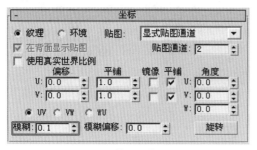

图11-76　【坐标】卷展栏

06　观察此时的材质效果，如图11-77所示。

图11-77　材质效果

提示：

此时材质球的贴图仍旧为【颜色#1】的贴图，这主要是由于混合量参数为0。当该参数默认为0的时候，材质球以【颜色#1】的贴图显示；当混合量参数为100时，材质球以【颜色#2】的贴图显示；当混合量参数为50时，材质球以【颜色#1】和【颜色#2】的混合贴图显示，各占一半。

07　单击【混合量】贴图右边的复选框，添加Noise（噪波）贴图，如图11-78所示。通过噪波的随机分布效果，利用通道效果模拟【颜色#1】和【颜色#2】的贴图混合，实现枫叶表面变化丰富的颜色效果。

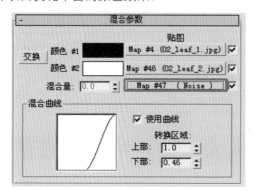

图11-78　混合量贴图

08　设置【噪波类型】为规则，将【噪波阈值】的【高】设置为0.7，【低】为0.3，【大小】为30.0，如图11-79所示。【颜色#1】和【颜色#2】的设置如图11-80、图11-81所示。

图11-79　【噪波参数】卷展栏

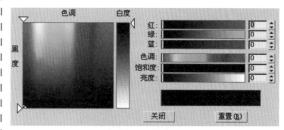

图11-80　颜色1

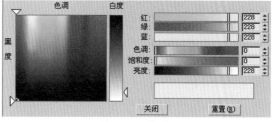

图11-81　颜色2

09　观察此时的材质效果，如图11-82所示。

图11-82　材质效果

10　观察材质球的变化，目前贴图的混合效果太过明显，画面的斑点太大，混合效果并不柔和。我们可以通过调节混合曲线，使贴图间的混合效果更加自然生动。

11　勾选【使用曲线】复选项，调节【上部】参数为1.0，【下部】参数为0.46，如图

11-83所示。

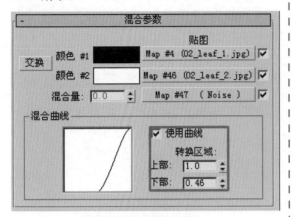

图11-83 混合曲线

12 观察此时的材质效果，如图11-84所示。

图11-84 材质效果

13 调节【反射】的数值为"15，15，15"，如图11-85所示。设置反射【光泽度】为0.6，叶子表面具有一定的反射模糊效果，如图11-86所示。

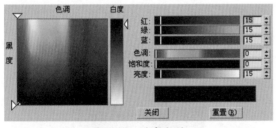

图11-85 反射数值

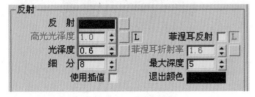

图11-86 反射参数

14 设置【折射】的数值为"171，171，171"，使叶子保持一定的透明效果，如图11-87所示。

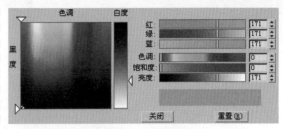

图11-87 折射数值

15 设置折射【光泽度】为0.2，勾选【影响阴影】复选项，调节【烟雾颜色】为橘红色，将【烟雾倍增】设置为2.0，如图11-88、图11-89所示。

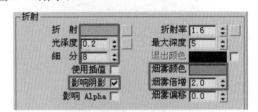

图11-88 折射参数

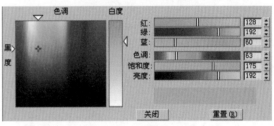

图11-89 烟雾颜色

16 开启半透明设置，叶子表面具有一定的3S半透明效果，将漫射贴图关联到透明贴图中，参数的设置如图11-90、图11-91所示。

图11-90 半透明参数

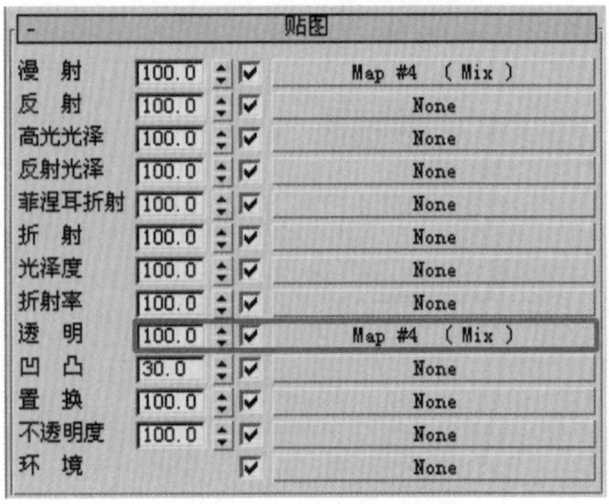

图11-91 透明贴图

17 设置材质的类型为反射，如图11-92所示。

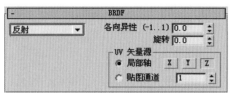

图11-92 材质类型

18 单击【凹凸】右边的复选框，添加黑白纹理贴图，参数设置为80.0，模拟叶子表面茎脉的凹凸起伏变化，如图11-93、图11-94所示。注意观察凹凸贴图，只有叶子表面茎脉的部分为灰色效果，我们需要制作的立体效果也只有叶子表面茎脉的部分。系统在计算凹凸效果的时候，黑色不产生凹凸效果，白色的凹凸效果最强，中间的灰度值以次类推。

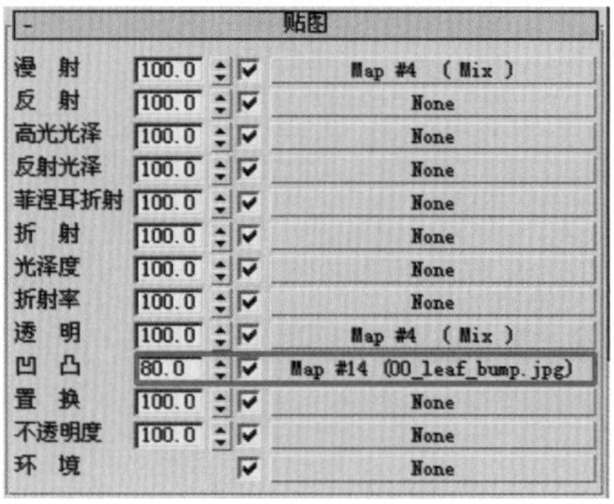

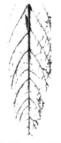

图11-93 凹凸参数

图11-94 凹凸贴图

19 材质的效果如图11-95所示。

图11-95 材质效果

11.4.6 地面沙地材质

地面沙地的材质如图11-96所示。

图11-96 材质效果

01 单击【漫反射】右边的复选框，添加沙地纹理贴图，模拟沙地表面的纹理变化，如图11-97所示。

图11-97 纹理贴图

02 将材质赋予物体，贴图的效果如图11-98所示。

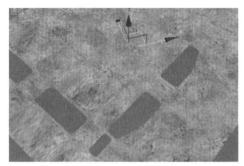

图11-98 贴图效果

03 为沙地模型添加【UVW贴图】修改器，如图11-99所示。在UVW贴图修改器的次层级中通过缩放调节贴图的大小，这里不再赘述，效果如图11-100所示。

图11-99 【UVW贴图】修改器

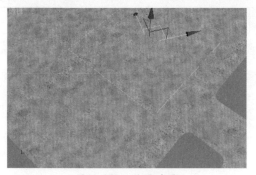

图11-100　贴图效果

04 在【UVW贴图】修改器的基础上继续添加【VRay置换模式】修改器，模拟沙地的置换效果，如图11-101所示。

05 打开【参数】卷展栏。勾选【3D贴图】单选项，单击【纹理贴图】下面的复选框，添加黑白纹理贴图，如图11-102、图11-103所示。这里将【数量】设置为5.0，即是沙地置换的高度。

图11-101　【VRay置换模式】修改器

图11-102　参数设置

图11-103　置换贴图

06 设置【边长度】为4.0像素，如图11-104所示。

图11-104　边长度

07 置换的效果如图11-105所示。

图11-105　材质效果

11.5　渲染参数设置和最终渲染

本节主要是设置最终的渲染参数，满足缩成图的精度需要，从而提高画面渲染品质。

01 执行【创建】|【几何体】中的 圆柱体 命令，在场景中创建圆柱体。将模型转化为可编辑多边形并进行编辑，制作出适合场景的外景模型，如图11-106所示。这里的制作过程比较简单，不再赘述。

02 选择VR灯光材质。单击【不透明度】右边的复选框，添加天空贴图，设置天空的【倍增器】为2.5，如图11-107、图11-108所示。

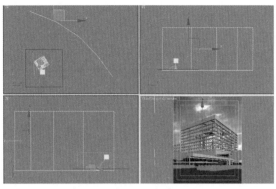

图11-106　外景模型

图11-107　天空贴图

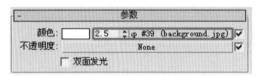

图11-108　参数设置

03 观察背景的最终效果，如图11-109所示。

图11-109　贴图效果

04 打开【V-Ray::灯光缓存】卷展栏。设置灯光的【细分】为1000，从而提高灯光细分

的精度，如图11-110所示。

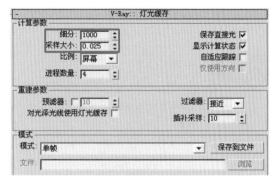

图11-110　【V-Ray::灯光缓存】卷展栏

05 打开【V-Ray::rQMC采样器】卷展栏，设置【适应数量】为0.4，【最小采样值】为16，【噪波阈值】为0.01，【全局细分倍增器】为2.0，从而提高渲染品质，如图11-111所示。

图11-111　【V-Ray::rQMC采样器】卷展栏

06 单击 按钮，最终的渲染效果如图11-112所示。

图11-112　最终渲染图像

第12章　群体建筑夜景表现

12.1　案例分析

　　本章主要是表现夜景中的群体建筑效果，制作夜景效果的难度上比较大，这种建筑类型是结合了环境和室内两种灯光效果。在制作过程中，建筑光感、建筑投影等相关因素，可以作为实现夜景建筑照明的突破口。室内外光线的对比是画面灯光制作的主题，这也是我们在制作中最难把握的环节。场景中的建筑材质相对来说比较容易实现，主要分类建筑涂料、铺砖材质、草地、金属，以及玻璃等。

12.2　模型的检查

12.2.1　给场景指定角度摄像机

　　场景中的摄像机角度对最终的画面效果影响起重要作用。在通常，摄像机的角度设定一般取决于两个方面：一是根据实际的需要，空间的结构特点往往能左右摄像机的角度；二是根据设计的需要，抓住场景特点和设计线条进行角度的抓取。在本节中，笔者主要通过使用物理摄像机进行场景中摄像机的搭建。

　　01　开启3ds Max 2015版本，在创建面板中单击【目标摄像机】按钮，选择目标摄像机，如图12-1所示。

　　02　切换到Top顶视图，拖曳鼠标，创建平行于场景的目标摄像机，如图12-2所示。

　　03　切换到左视图，调节目标摄像机和目标点的高度位置，角度稍微带一点点仰视，如图12-3所示。

　　04　切换到【摄像机】视图，用鼠标右键单击摄像机视图的图标，执行【选择摄像机】命令，如图12-4所示。

图12-1　目标摄像机

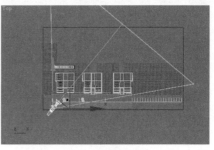

图12-2　顶视图

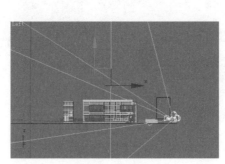

图12-3　左视图

图12-4　选择摄像机

05 选择摄像机后，在摄像机视图中单击右键选择 `Apply Camera Correction Modifier` （矫正摄像机）命令。观察修改器中摄像机的命令设置，如图12-5所示。

图12-5　摄像机矫正工具

06 观察摄像机视图中的角度变化，场景中所有物体的边缘都是垂直或平行画面，如图12-6所示。摄像机矫正命令可以使画面物体的角度显示为垂直和平行的矫正关系，避免了人工设置摄像机时产生的边缘透视问题，使画面的角度和视觉效果看起来更加专业。

图12-6　摄像机视图

12.2.2　渲染器参数设置和模型的检查

这是模型的检查画面制作中一个十分必要的流程，它可以为后面的制作进行很好的铺垫。通过模型的检查可以观察出场景中的模型搭建是否出现漏光、破面，以及叠加重面等现象。这样，有问题提前发现，提前解决，为后面的制作做出更好的铺垫。

01 单击材质编辑器，设置VRay线框材质（线框材质的制作将在视频中进行详细的分析），如图12-7所示。

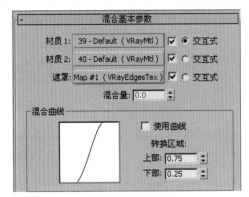

图12-7　线框材质

02 执行【渲染】|【渲染】命令，或者单击工具栏中的按钮，打开【渲染场景】对话框。单击【公用】选项，在【指定渲染器】中，选择"产品级"后面的按钮。打开【选择渲染器】对话框，在下面的列表中选择【V-Ray Adv 2.10.01】选项，单击"确定"按钮，如图12-8所示。

图12-8　线框材质

03 打开【V-Ray::全局开关】卷展栏，将VRay线框材质关联到覆盖材质中，如图12-9所示。

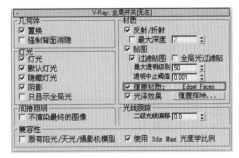

图12-9　覆盖材质

04 打开【V-Ray::图像采样（反锯齿）】卷展栏，将抗锯齿过滤器设置如图12-10所示。在最终渲染测试的时候，可以选择Fixed固定比采样器，并取消【抗锯齿过滤器】命令，节约渲染时间，提高渲染速度，如图12-11所示。

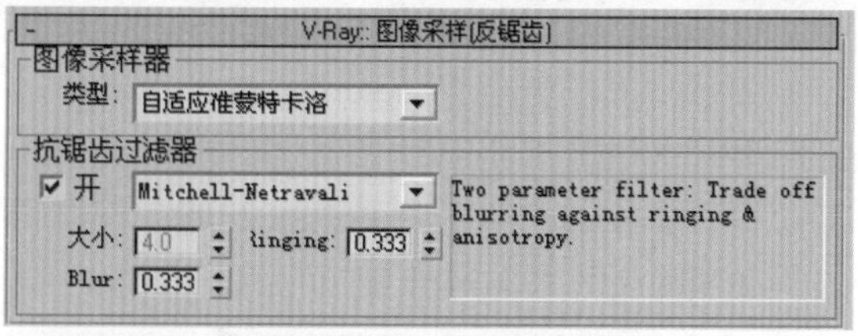

图12-10　图像采样设置

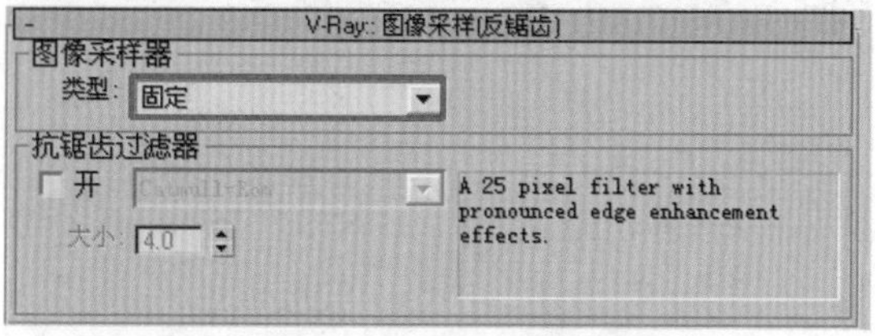

图12-11　渲染初期参数

05 开启【V-Ray】渲染器。打开【V-Ray::间接照明】卷展栏。勾选【开】复选项，选择【首次反弹】的【全局光引擎】为【准蒙特卡洛算法】，【二次反弹】的【全局光引擎】为【灯光缓存】，如图12-12所示。设置准蒙特卡洛和灯光缓冲的参数如图12-13、图12-14所示。

图12-12　【V-Ray::间接照明】卷展栏

图12-13　【V-Ray::准蒙特卡洛全局光】卷展栏

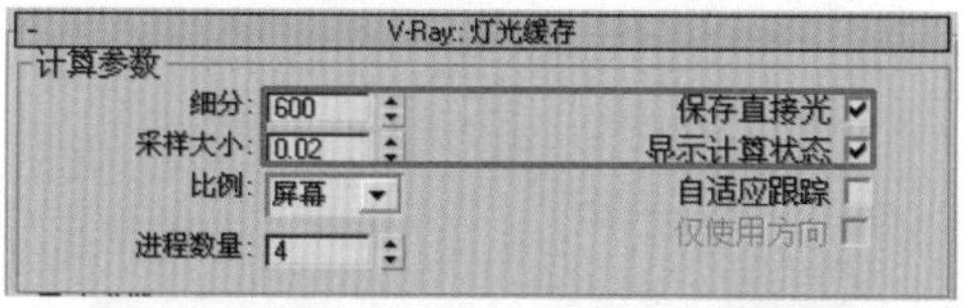

图12-14　【V-Ray::灯光缓存】卷展栏

06 打开【V-Ray::环境】卷展栏。开启天光命令，调节天光颜色为天蓝色，参数设置为0.8，如图12-15、图12-16所示。需要注意的是

天光的颜色，这里的蓝色比较正，适用范围是黄昏刚进入夜晚的时刻。

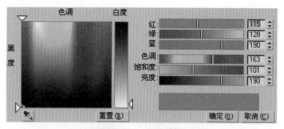

图12-15　天光颜色

图12-16　环境参数

07 打开【V-Ray::颜色映射】卷展栏。将颜色贴图的【类型】设置为【线性倍增】，参数设置如图12-17所示。

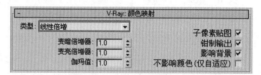

图12-17　颜色影射模式

08 观察模型检查的结果，如图12-18所示。

图12-18　模型效果

通过检查，发现场景中的模型并没有存在明显的问题。这样，后面的工作就可以继续进行，继续设置场景中的灯光和材质。

12.3　设置场景灯光

本章将通过VR灯光和相应的物理灯光对场景的灯光气氛进行模拟，主要是制作室内的灯光照明效果，突出该时段建筑的气氛。整个空间场景的灯光设计比较复杂，我们可以在学习的过程中，对灯光进行单体剖分，逐步解析灯光的制作流程。

12.3.1 场景环境的创建

首先，我们将对场景的环境进行创建。制作夜景效果，我们一般需要创建两个环境因素，首先是环境光，这个因素我们在之前设置渲染器参数的时候已经设置过，而且环境夜光的效果还不错，如图12-19所示，夜景的气氛效果还是很出色的。

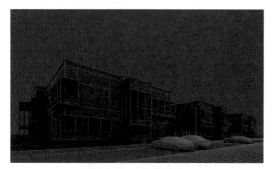

图12-19　夜景效果

其次，我们一般需要设置背景，也就是我们通常所说的背景贴图，本节中我们重点也是要设置一下背景环境贴图，满足制作需要，具体操作步骤如下。

01 开启3ds Max，执行【文件】|【打开】命令，打开本书的配套光盘中的"本书素材\第12章\群体建筑夜景表现.max"文件，如图12-20所示。

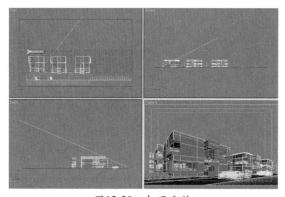

图12-20　打开文件

02 单击 Plane 平面工具，在场景中创建一个平面，我们需要通过平面面板模拟场景的背板模型，如图12-21所示。

03 切换到材质编辑器，选择VR灯光材质，我们在颜色右边的复选框中添加背景贴图，如图10-22所示。灯光材质的参数设置为默认的1.0，如图10-23所示。

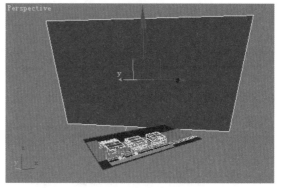

图12-21　创建平面背板

图12-22　背景贴图

图12-23　VR灯光材质

04 在顶视图中调节背景面板的角度，如图12-24所示。

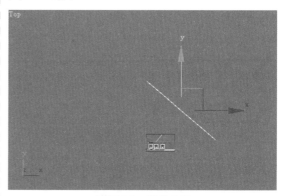

图12-24　背景面板

05 观察最终的背景效果，如图12-25所示。

图12-25　背景效果

12.3.2　设置近景别墅室内灯光

本节采用目标点、线光源和VR灯光创建画面的光源，具体操作步骤如下：

01　开启3ds Max，执行【文件】|【打开】命令，打开本书的配套光盘中的"源文件\第12章\群体夜景别墅表现制作.max"文件，如图12-26所示。

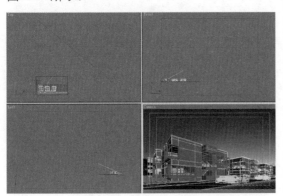

图12-26　打开文件

02　单击命令面板中的 Target Linear 按钮，在视图中创建目标线光源模拟室内场景中的日光照明灯，如图12-27所示。

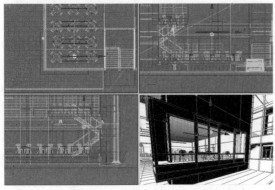

图12-27　创建室内日光灯

03　单击 按钮切换到【修改】面板控制栏。在【常规参数】卷展栏中勾选"启用"复选项，设置灯光的阴影模式为【VRayShadow】，如图12-28所示。

04　在【强度/颜色/衰减】卷展栏中调整灯光的分布为"漫反射"，倍增参数设置为700.0，参数设置如图12-29所示。

图12-28　【常规参数】　　图12-29　【强度/颜色/衰
卷展栏　　　　　　　　　　减】卷展栏

05　在【线光源参数】卷展栏中设置灯光的长度尺寸为317.46，如图12-30所示。在顶视图中观察场景灯光的尺寸，如图12-31、图12-32所示。这里我们通过在同一个视角上对周围场景，尤其是日光灯管的显隐来观察线光源的尺寸，这里的尺寸基本与我们的灯光尺寸相同。

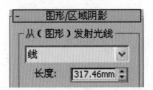

图12-30　【线光源参数】卷展栏

图12-31　线光源尺寸

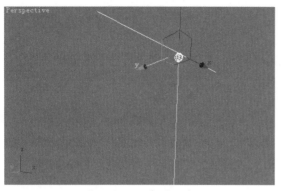

图12-32　线光源尺寸

06 将灯光进行横向的关联，关联到相邻的灯光位置上，如图12-33所示。

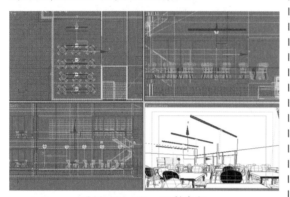

图12-33　VRay阴影参数

07 单击 按钮查看渲染效果，如图12-34所示。

图12-34　渲染效果

08 观察渲染效果，室内场景空间的日光灯效果已经模拟出来。在别墅场景的制作过程中，灯光的渗透和影响是互相的。由于室内空间的连贯性，后续的灯光都会对场景中的空间产生影响。

09 将一层的灯光复制到二楼空间，灯光的位置如图12-35所示。

10 在【强度/颜色/衰减】卷展栏中，调节灯光的过滤色为橘红色，倍增参数设置为1000.0，如图12-36、图12-37所示。

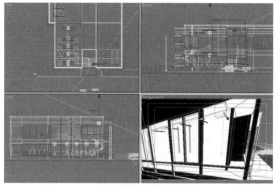

图12-35　设置灯光

图12-36　灯光位置

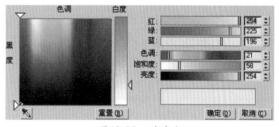

图12-37　过滤色

11 将灯光在二楼空间关联四盏，灯光的相关位置如图12-38所示。

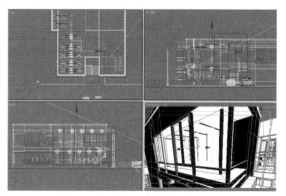

图12-38　灯光位置

257

12 单击 🖾 按钮查看渲染效果，如图
12-39所示。

图12-39　渲染效果

13 观察渲染效果，二楼的空间效果已经
表现出来。注意灯光在颜色和照明效果上与一
层的空间有区别。

14 将灯光复制到右侧空间的二层空间，
灯光的具体位置如图12-40所示。需要注意的
是，因为空间的关系，灯光在不同的空间可能
需要细节的调整，所以这里选择复制模式。

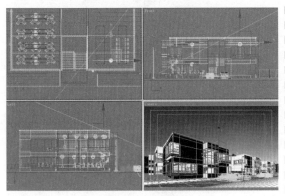

图12-40　设置灯光

15 调节线光源参数的长度为555.46，如
图12-41所示。

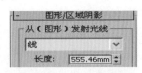

图12-41　线光源参数

16 将灯光复制到相邻的灯口位置，如图
12-42所示。

17 单击 🖾 按钮查看渲染效果，如图12-43
所示。

18 单击命令面板中的 VR灯光 按
钮，在别墅的2层楼道空间设置灯光，灯光位置
如图12-44所示。

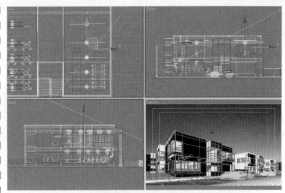

图12-42　复制灯光

图12-43　渲染效果

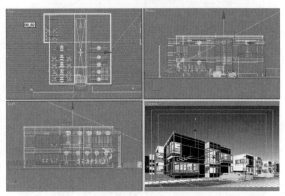

图12-44　灯光位置

19 选中VR灯光，单击 🖾 按钮切换到
【修改】面板控制栏。在【常规参数】卷展栏
中勾选【开】选项，将灯光类型设置为平面，
【倍增器】设置为15.0，如图12-45所示。设置
灯光颜色为冷绿色，如图12-46所示。

图12-45　【参数】卷展栏

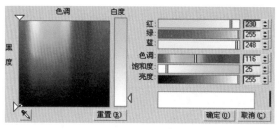

图12-46　灯光颜色

20　勾选【不可见】选项，将灯光在渲染时的渲染效果隐藏，如图12-47所示。

图12-47　参数设置

21　单击 按钮查看渲染效果，如图12-48所示。

图12-48　渲染效果

22　在建筑右侧的体块空间下层继续添加灯光，灯光的具体位置如图12-49所示。

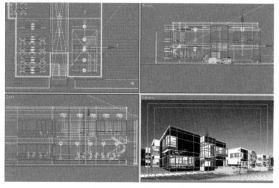

图12-49　设置灯光

23　在【参数】卷展栏中勾选【开】选

项，设置灯光颜色为黄色，【倍增器】设置为8.0，如图12-50、图12-51所示。

图12-50　灯光参数

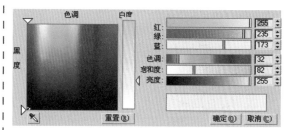

图12-51　灯光颜色

24　勾选【不可见】选项，参数设置如图12-52所示。

图12-52　灯光选项

25　在一楼的阳台创建顶灯，灯光的具体位置如图12-53所示。

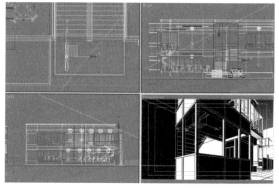

图12-53　灯光位置

26 在【参数】卷展栏中勾选【开】选项，设置灯光颜色为冷绿色，【倍增器】设置为44.0，如图12-54、图12-55所示。

图12-54　灯光参数

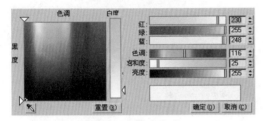

图12-55　灯光颜色

27 将灯光复制到相邻的空间，位置如图12-56所示。

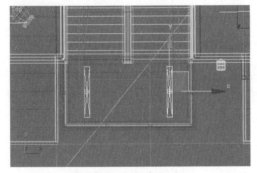

图12-56　灯光位置

28 继续设置单体别墅后侧空间的照明灯光，位置如图12-57所示。

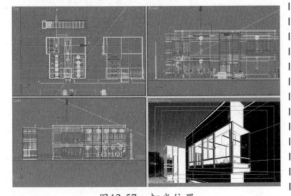

图12-57　灯光位置

29 在【参数】卷展栏中勾选【开】复选项，设置灯光颜色为黄色，【倍增器】设置为10.0，如图12-58、图12-59所示。

图12-58　灯光颜色

图12-59　灯光参数

30 将2层灯光复制到1层空间，位置如图12-60所示。

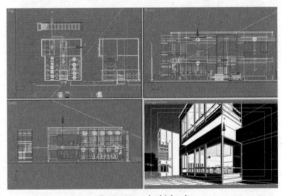

图12-60　复制灯光

31 在【参数】卷展栏中设置【倍增器】为9.0，如图12-61所示。

图12-61　灯光参数

32 单击 按钮查看渲染效果，如图12-62所示。

图12-62　渲染效果

33 单击命令面板中的 Target Point 按钮，在外侧空间设置户外壁灯，如图12-63所示。

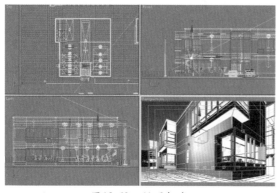

图12-63　设置灯光

34 单击 按钮切换到【修改】面板控制栏。在【常规参数】卷展栏中勾选【启用】选项，设置灯光的阴影模式为【VRay阴影】，如图12-64所示。

35 在【强度/颜色/衰减】卷展栏中调整灯光的分布为【Web】，过滤颜色设置为黄色，【倍增器】参数设置为2000.0，如图12-65所示。

图12-64　【常规参数】卷展栏　　图12-65　【强度/颜色/衰减】卷展栏

36 在【Web参数】卷展栏中，单击Web右边的复选框添加相应的光域网文件，如图12-66、图12-67所示。

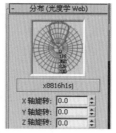

图12-66　【Web参数】卷展栏

图12-67　光域网文件

37 打开【VRay阴影参数】卷展栏，勾选【区域阴影】复选项，设置阴影类型为【球体】，U尺寸设置为22.0，如图12-68所示。

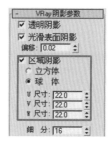

图12-68　【VRay阴影参数】卷展栏

38 将灯光复制到走廊窗的侧面，位置如图12-69所示。

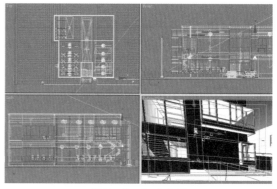

图12-69　灯光位置

39 单击 按钮查看渲染效果，如图12-70所示。

图12-70　灯光效果

40 到目前为止，左侧别墅的灯光设置完毕。场景中的灯光效果将别墅内部的空间表达得非常完美，空间在平面和立面的纵深都非常到位。接下来，我们将继续设置中间和远处的别墅灯光。

12.3.3　设置中景别墅室内灯光

本节的灯光设置与之前的室内灯光制作流程有相似之处，具体操作步骤如下所述。

01 单击命令面板中的 Target Linear 按钮，在视图中创建目标线光源模拟室内场景中的日光照明灯，如图12-71所示。

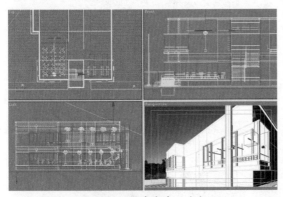

图12-71　创建室内日光灯

02 单击 按钮切换到【修改】面板控制栏。在【常规参数】卷展栏中勾选【启用】选项，设置灯光的阴影模式为【VRay阴影】，如图12-72所示。

03 在【强度/颜色/衰减】卷展栏中调整灯光的分布为【漫反射】，过滤颜色设置为橘红色，【倍增器】设置为800.0，参数设置如图

12-73、图12-74所示。

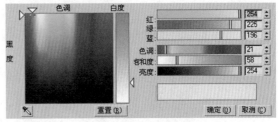

图12-72　【常规参数】　　图12-73　【强度/颜色/衰
卷展栏　　　　　　减】卷展栏

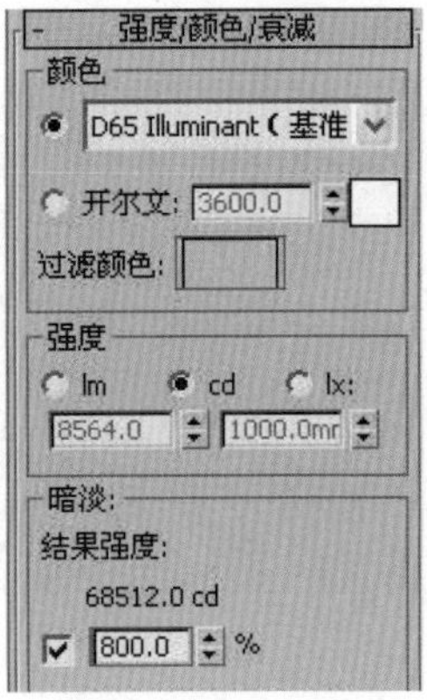

图12-74　过滤颜色

04 在【线光源参数】卷展栏中设置灯光的长度尺寸为555.46，如图12-75所示。

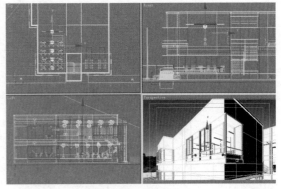

图12-75　【线光源参数】卷展栏

05 将灯光进行横向的关联，关联到相邻的灯光位置上，如图12-76所示。

图12-76　灯光关联

06 单击 按钮查看渲染效果，效果12-77所示。

图12-77　渲染效果

07 继续设置场景灯光。将二层的灯光复制到一楼空间，灯光的位置如图12-78所示。

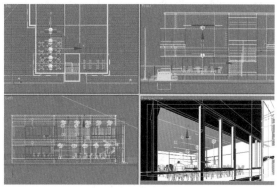

图12-78　设置灯光

08 在【强度/颜色/衰减】卷展栏中，设置【倍增器】参数为700.0，如图12-79所示。

图12-79　【强度/颜色/衰减】卷展栏

09 单击◎按钮查看渲染效果，如图12-80所示。

10 观察渲染效果，一层空间效果已经表现出来。在制作中景和远景别墅灯光的时候，需要注意灯光间的对比关系，近景的灯光效果应该是画面灯光的主体和亮点，远近的虚实层次关系十分重要。

图12-80　渲染效果

11 单击命令面板中的 VR灯光 按钮，在中景别墅的2层楼道空间设置灯光，灯光位置如图12-81所示。

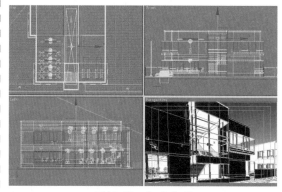

图12-81　灯光位置

12 选择VR灯光，单击✏按钮切换到修改面板控制栏。在【参数】卷展栏中勾选"开"选项，将灯光类型设置为平面，【倍增器】设置为14.0，设置灯光颜色为黄色，如图12-82、图12-83所示。

图12-82　【参数】卷展栏

13 勾选【不可见】复选项，将灯光在渲染时的渲染效果隐藏，如图12-84所示。

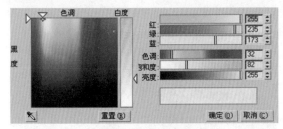

图12-83 灯光颜色

图12-84 参数设置

14 单击 按钮查看渲染效果，如图12-85所示。

图12-85 渲染效果

15 按照近景别墅的制作方法，继续在相应的空间添加VR灯光，模拟一层、二层以及楼道窗台的灯光照明效果，中景别墅的渲染效果如图12-86所示。

图12-86 中景建筑效果

12.3.4 设置远景别墅室内灯光和路灯灯光

01 远景别墅的灯光制作与近、中景的别墅灯光制作流程和原理方法是一样的，这里就不再赘述，最终的远景灯光效果如图12-87所示。

图12-87 远景灯光效果

02 单击命令面板中的 VR灯光 按钮，设置路灯灯光，灯光位置，如图12-88所示。

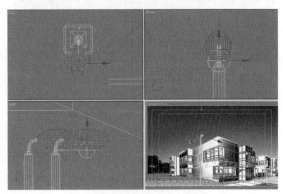

图12-88 灯光位置

03 在【参数】卷展栏中勾选【开】选项，将灯光【类型】设置为【球体】，【倍增器】设置为6000.0，灯光【半径】设置为10.428，设置灯光颜色为黄色，如图12-89、图12-90所示。

图12-89 灯光参数

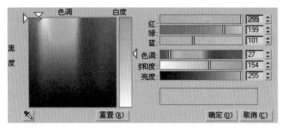

图12-90　灯光颜色

04 勾选【不可见】选项，将灯光在渲染
时的渲染效果隐藏，如图12-91所示。

图12-91　参数设置

05 将灯光关联到相应的路灯位置，如图
12-92所示。

06 单击❤按扭查看渲染效果，如图12-93
所示。

图12-92　关联灯光

图12-93　渲染效果

07 到目前为止，场景灯光设置完毕。通
过本章的灯光学习，我们可以了解不同灯光在
场景中的组合和运用效果。这对训练我们制作
夜景灯光的能力和提高VR灯光的制作技巧是很
有帮助的。

12.4　场景中主要材质参数的设置

　　本章主要包括了建筑外墙材质、玻璃材质、地面材质，以及草地材质等。通过本节的学习，将
把材质的制作过程完整地展示在读者面前。

12.4.1　建筑外墙材质

砖墙材质的效果如图12-94所示。

图12-94　材质效果

01 选择VRay材质，单击【漫反射】右边
的复选框添加砖的纹理贴图，如图12-95所示。

图12-95　砖贴图

02 单击【反射】右边的复选框添加衰减贴图，设置衰减类型为【垂直/平行】，如图12-96所示。观察材质的反射效果，如图12-97所示。

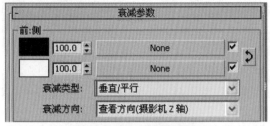

图12-96　衰减贴图

图12-97　衰减效果

03 通过观察材质的反射效果，我们可以很明显地看到垂直/平行模式的反射特点和变化。但是，相对于建筑材质，这种反射的效果过于夸张。建筑材质的反射比较弱，表面的粗糙感和肌理效果比较强。接下来我们将对场景的反射进行控制。

04 单击前、侧颜色右边的复选框添加砖墙的反射贴图，这张贴图的明度关系比较弱，如图12-98、图12-99所示。

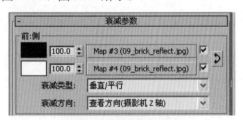

图12-98　前、侧贴图

图12-99　反射贴图

05 注意这张反射贴图的明度关系，这里非常重要。系统将按照贴图的明度关系，进而转化为可计算的黑白灰度值来计算场景里的反射强度。砖墙的反射灰度效果比较弱。

06 观察此时的反射效果，如图12-100所示。

图12-100　反射贴图效果

07 单击反射光泽度右边的复选框添加反射光泽贴图，通过贴图模拟计算材质表面不同位置的光泽度效果，如图12-101所示。在建筑材质的表现中，这种通过贴图模拟材质表面的反射方法非常普遍。好处是可以增加材质表面的反射细节，使我们的场景材质看起来更真实。

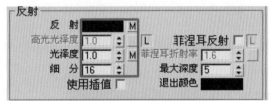

图12-101　光泽度贴图

08 注意观察这里的贴图明度关系，我们可以在Photoshop中通过吸管吸取贴图的颜色来观察贴图的RGB范围。这里的贴图转换成光泽度参数，应该控制在0.6左右的范围。

09 单击【凹凸】右边的复选框添加砖墙的凹凸贴图，模拟砖墙的凹凸质感，参数设置为16.0，如图12-102、图12-103所示。

10 材质的效果如图12-104所示。

图12-102 凹凸参数

图12-103 凹凸贴图　　图12-104 材质效果

12.4.2 玻璃材质

玻璃材质效果如图12-105所示。

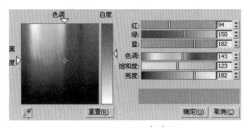

图12-105 材质效果

01 选择VRay材质。单击【漫反射】选项调节颜色为"94，150，182"，如图12-106所示。

图12-106 漫反射颜色

02 将【反射】右边的复选框添加衰减贴图，衰减类型设置为【垂直/平行】，如图12-107所示。在混合曲线中调节曲线手柄的方向，来调节曲线的变化，从而改变场景中材质反射垂直点和边缘部分的反射强度，如图12-108所示。

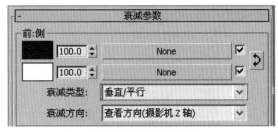

图12-107 衰减贴图

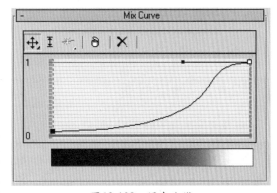

图12-108 混合曲线

03 将折射参数设置为"230，230，230"，【折射率】设置为1.6，勾选【影响阴影】复选项，如图12-109、图12-110所示。

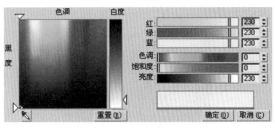

图12-109 折射数值

图12-110 折射参数

04 在【BRDF】卷展栏中选择材质的类型为【反射】，如图12-111所示。

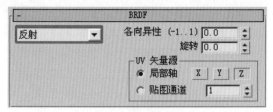

图12-111 材质类型

05 材质的最终效果如图12-112所示。

图12-112 材质效果

12.4.3 地面材质

地面材质的效果如图12-113所示。

图12-113 材质效果

01 选择VRay材质。单击【漫反射】右边的复选框，添加地面的纹理贴图，如图12-114所示。

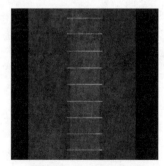

图12-114 地面贴图

02 单击【反射】右边的复选框添加衰减贴图，设置衰减类型为【垂直/平行】，如图12-115所示。观察材质的反射效果，如图12-116所示。

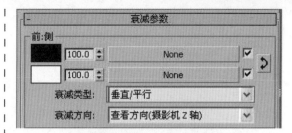

图12-115 衰减贴图

图12-116 衰减效果

03 通过观察材质的反射效果，我们可以很明显地看到垂直/平行模式的反射特点和变化。但是，相对于建筑材质，这种反射的效果过于夸张，建筑材质的反射比较弱，表面的粗糙感和肌理效果比较强。接下来我们将对场景的反射进行控制。

04 单击前、侧颜色右边的复选框添加地面的反射贴图，这张贴图的明度关系比较弱，如图12-117、图12-118所示。

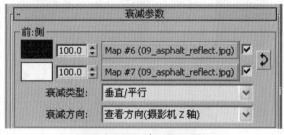

图12-117 前、侧贴图

图12-118 反射贴图

05　注意这张反射贴图的明度关系，这里非常重要。系统将按照贴图的明度关系，进而转化为可计算的黑白灰度值来计算场景里的反射强度，地面的反射灰度效果也是非常弱。

06　观察此时的反射效果，如图12-119所示。

图12-119　反射贴图效果

07　单击反射光泽度右边的复选框添加反射光泽贴图，通过贴图模拟计算材质表面不同位置的光泽度效果，如图12-120、图12-121所示。在建筑材质的表现中，这种通过贴图模拟材质表面的反射方法非常普遍。好处是可以增加材质表面的反射细节，使我们的场景材质看起来更真实。

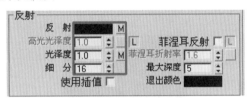

图12-120　光泽度贴图

图12-121　光泽度贴图

08　注意观察这里的贴图明度关系，我们可以在Photoshop中通过吸管吸取贴图的颜色来观察贴图的RGB范围。这里的贴图转换成光泽度参数，应该控制在0.5左右的范围。

09　单击【凹凸】右边的复选框添加砖墙的凹凸贴图，模拟砖墙的凹凸质感，参数设置为8.0，如图12-122、图12-123所示。

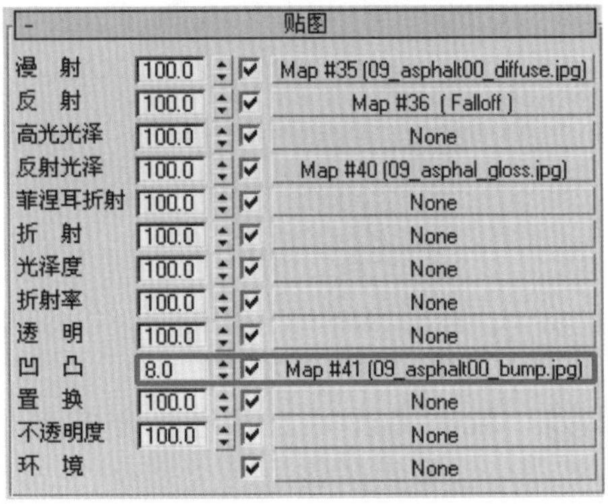

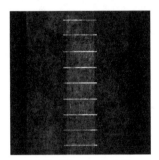

图12-122　凹凸参数

图12-123　凹凸贴图

10　材质的效果如图12-124所示。

图12-124　材质效果

12.4.4　金属窗框材质

金属窗框材质的效果如图12-125所示。

图12-125　材质效果

01　选择VRay材质。调节【漫反射】右边的复选框添加金属的纹理贴图，如图12-126所示。

269

图12-126　漫反射颜色

02　单击【反射】右边的复选框添加衰减贴图，设置衰减类型为【垂直/平行】，如图12-127所示。观察材质的反射效果，如图12-128所示。

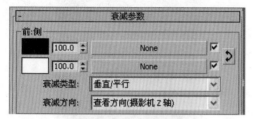

图12-127　衰减贴图

图12-128　衰减效果

03　单击前、侧颜色右边的复选框添加金属的反射贴图，将侧颜色贴图的混合参数设置为80.0，如图12-129、图12-130所示。

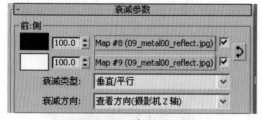

图12-129　前、侧贴图

图12-130　反射贴图

04　观察材质效果，如图12-131所示。材质表面的反射由于贴图的黑白灰度不同会呈现不同的变化，细节明显增强。

图12-131　反射参数

05　单击反射光泽度右边的复选框添加衰减贴图，将衰减类型设置为【垂直/平行】。在前颜色右边的复选框添加光泽度灰度贴图，设置贴图与颜色的混合参数为40.0，如图12-132、图12-133所示。

图12-132　衰减类型

图12-133　光泽度贴图

06　光泽度里的衰减变化，系统在计算的时候，将通过前颜色贴图4成和白色6成的混合比例，与侧颜色的过渡变化来计算在不同位置和点上材质的光泽度效果。

07　材质的效果如图12-134所示。

图12-134　材质类型

12.4.5 木材质

木材质的效果如图12-135所示。

图12-135 材质效果

01 选择VRay材质。调节【漫反射】右边的复选框添加木头的纹理贴图，如图12-136所示。

图12-136 纹理贴图

02 单击【反射】右边的复选框添加衰减贴图，设置衰减类型为【垂直/平行】，如图12-137所示。在混合曲线中调节曲线的弧度，如图12-138所示。

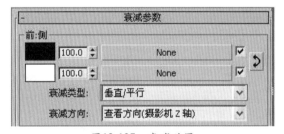

图12-137 衰减贴图

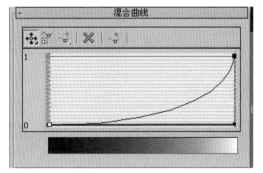

图12-138 曲线弧度

03 调节【光泽度】为0.82，如图12-139所示。

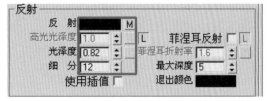

图12-139 反射参数

04 观察材质球的变化，如图12-140所示。

图12-140 材质效果

12.4.6 草地材质

草地材质效果如图12-141所示。

图12-141 材质效果

01 选择VRay材质。调节【漫反射】右边的复选框添加草地的纹理贴图，如图12-142所示。

图12-142 草地纹理贴图

02 单击【反射】右边的复选框添加衰减贴图，设置衰减类型为【垂直/平行】，如图

12-143所示。在混合曲线中调节曲线的弧度，如图12-144所示。

拟草地的置换立体效果，如图12-148所示。

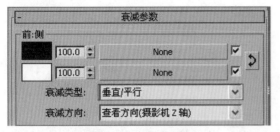

图12-143　衰减贴图

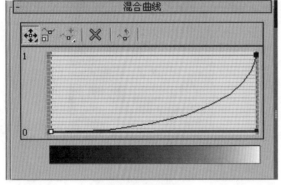

图12-144　曲线弧度

03　调节【光泽度】为0.78，如图12-145所示。

图12-147　贴图效果

图12-148　VRay置换模式修改器

07　单击纹理贴图下边的复选框添加草地的黑白灰度图，将【数量】设置为20.0，这个参数主要是控制置换的高度，如图12-149、图12-150所示。

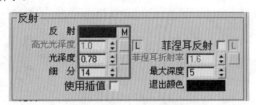

图12-145　反射参数

04　观察材质球的变化，如图12-146所示。

图12-146　材质效果

05　观察草地的贴图效果，这里可以为模型添加UVW贴图修改器进行贴图的定位和调整，如图12-147所示。

06　在修改器中为模型继续添加VRay置换模式修改器，这里我们将通过置换修改器模

图12-149　VRay置换模式　　图12-150　VRay置换草
　　　　　修改器　　　　　　　　　　地贴图

12.4.7　树叶材质

树叶材质的效果如图12-151所示。

图12-151　材质效果

01 选择VRay材质。单击【漫反射】调节树叶颜色为"1，0，17"，注意这里的颜色应该倾向于环境冷色的效果，如图12-152所示。

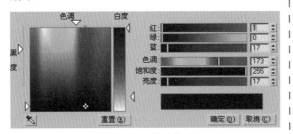

图12-152　树叶颜色

02 单击【不透明度】右边的复选框添加遮罩贴图，白色的部分在不透明度通道中是显示的，黑色的部分隐藏，如图12-153、图12-154所示。

03 材质效果如图12-155所示。

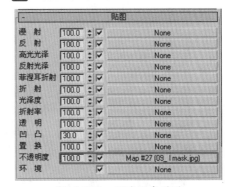

图12-153　不透明度通道

图12-154　黑白贴图　　图12-155　材质效果

12.5　场景环境设置和最终渲染

01 打开【V-Ray::间接照明（GI）】卷展栏。设置后处理中的【对比度】为1.6，提高图像的对比效果，如图12-156所示。

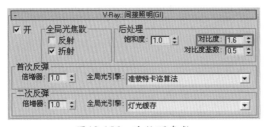

图12-156　后处理参数

02 打开【V-Ray::准蒙特卡洛全局光】卷展栏，设置【细分】为20.0，如图12-157所示。

图12-157　【V-Ray::准蒙特卡洛全局光】卷展栏

03 打开【V-Ray::灯光缓存】卷展栏，设

置灯光【细分】为1200.0，如图12-158所示。在最终渲染的时候可以提高采样，以得到更加出色的画面效果。

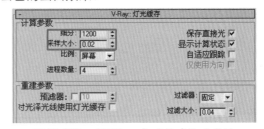

图12-158　【V-Ray::灯光缓存】卷展栏

04 打开【V-Ray::rQMC采样器】卷展栏。将【适应数量】设置为0.6，【噪波阈值】设置为0.002，【最小采样值】设置为14.0，提高渲染品质，如图12-159所示。

图12-159　【V-Ray::rQMC采样器】卷展栏

05 单击◎按钮查看渲染结果，如图12-160所示。

图12-160　最终渲染图像

第13章　日光欧式建筑

13.1　案例分析

　　本章主要是表现日光欧式建筑效果，通过VR太阳光设置场景灯光，依旧是通过VR阳光和VR天光贴图实现场景的全局照明效果，环境占据了画面相当大的部分，建筑的主体和环境的搭配是表现的重点。我们只有集中处理好了画面的光影关系和主次关系，才能达到真实的视觉效果。图13-1是本例的线框图，供读者欣赏。

图13-1　线框效果

13.2　模型的检查

13.2.1　设定场景角度和摄像机参数

　　01　开启3ds Max，图中的红色选框为最终的渲染取景区域，如图13-2所示。

图13-2　取景框

　　02　观察画面的构图形式，画面带有仰视的角度，建筑物的顶部"破"出了画面构图范围。整个空间给人一种肃然起敬的感觉，整个画面的动势突出了建筑的庄重、大气，如图13-3所示。

图13-3　构图形式

　　03　本节采用了VR物理相机制作场景相机。打开【基本参数】控制面板，设置【胶片规格】参数为44.64，【焦距】参数为57.175，如图13-4所示。

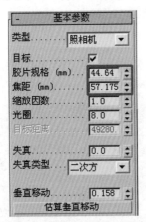

图13-4 【基本参数】卷展栏

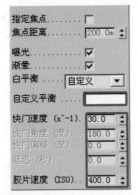

图13-5 【基本参数】卷展栏

04 设置【快门速度】为30.0，【胶片速度】为400.0，如图13-5所示。快门速度与场景的进光量成反比，胶片速度与场景的进光亮成正比。设置【自定义平衡】的颜色，如图13-6所示。

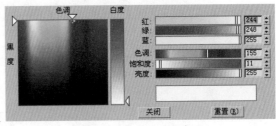

图13-6 自定义平衡颜色

13.2.2 渲染器参数设置和模型的检查

首先我们进行线框材质的设定，线框表现也是画面艺术表现的一种方式。

01 选择VRay基本材质。单击漫射贴图中添加VR边纹理贴图，调节颜色为白色，将像素设置为1.0，如图13-7所示。

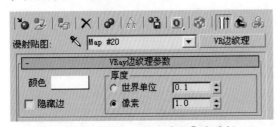

图13-7 【VRay边纹理参数】卷展栏

02 调节漫反射颜色为中灰色，如图13-8所示。

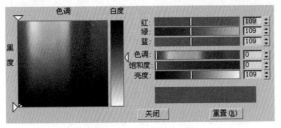

图13-8 漫反射颜色

03 透明材质线框效果如图13-9所示。

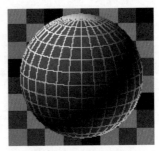

图13-9 线框材质

04 将透明线框材质关联到覆盖材质贴图中，如图13-10所示。

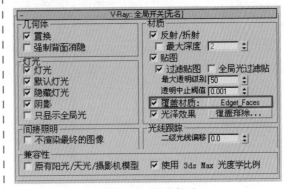

图13-10 覆盖材质

05 打开【V-Ray::图像采样（反锯齿）】控制面板，将抗锯齿过滤器设置如图13-11所示。

图13-11　【V-Ray::图像采样】卷展栏

06 开启"VRay"渲染器。打开【VRay全局环境光照】控制面板。勾选【开】复选项，选择【首次反弹】的【全局光引擎】为【准蒙特卡洛算法】，【二次反弹】的【全局光引擎】为【灯光缓存】，如图13-12所示。设置【准蒙特卡洛全局光】和【灯光缓存】的参数如图13-13、图13-14所示。

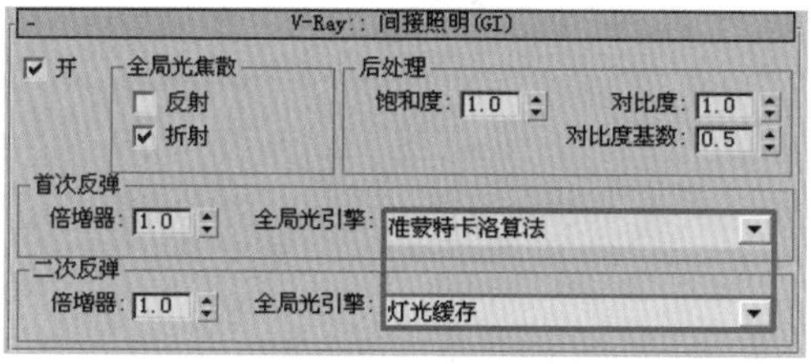

图13-12　【V-Ray::间接照明】卷展栏

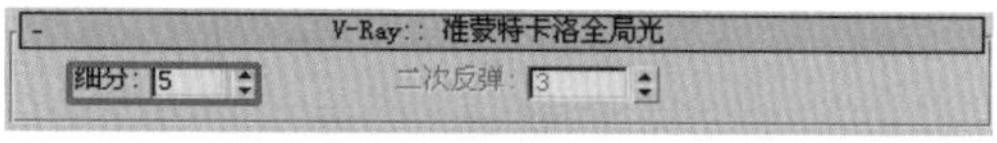

图13-13　【V-Ray::准蒙特卡洛全局光】卷展栏

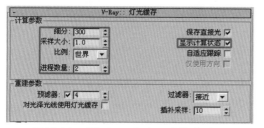

图13-14　【V-Ray::灯光缓存】卷展栏

07 打开【VRay::颜色映射】控制面板。将颜色贴图的【类型】设置为【莱恩哈德】，参数设置如图13-15所示。

图13-15　【V-Ray::颜色映射】卷展栏

08 观察模型检查的结果如图13-16所示。

图13-16　模型检查

通过检查，发现场景中的模型并没有存在明显的问题。这样，后面的工作就可以继续进行，继续设置场景中的灯光和材质。

13.3　设置VR太阳光

本节通过VR天光贴图和VR阳光搭配使用，使其对场景产生照明，我们在后面的制作过程中将进行深入探讨。

01 开启3ds Max，执行【文件】|【打开】命令，打开本书的配套光盘中的"本章素材\第13章\日光欧式建筑.max"文件，如图13-17所示。

02 单击命令面板中的 VR阳光 按钮，在视图中创建VR阳光，模拟阳光的照射效果，位置如图13-18所示。

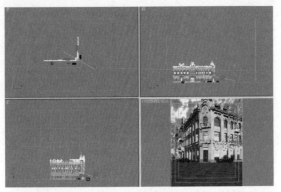

图13-17　场景文件

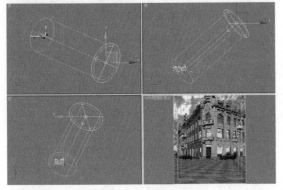

图13-18　灯光位置

03 这时候会弹出【VR阳光】窗口，单击【是】按钮，如图13-19所示。

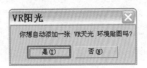

图13-19　【VR阳光】对话框

04 执行【渲染】|【环境】命令，打开【公共参数】卷展栏，在环境贴图中添加了之前设置的VR天光环境贴图，如图13-20所示。

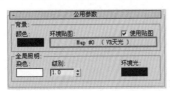

图13-20　【公共参数】卷展栏

05 打开【VR阳光参数】卷展栏，设置【浊度】为4.0，【臭氧】为1.0，【强度倍增器】为0.02，如图13-21所示。

06 将VR天光贴图关联到材质编辑器中进行编辑，如图13-22所示。

07 继续编辑VR天光贴图，勾选【手动阳光节点】复选项，单击【阳光节点】右边的

复选框选取视图中的VR阳光，设置【阳光强度倍增器】为0.01，如图13-23所示。

图13-21　【VR阳光参数】卷展栏

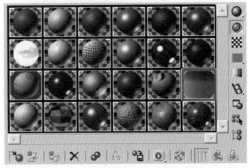

图13-22　关联到材质编辑器

图13-23　【VR天光参数】卷展栏

08 单击 按钮查看渲染结果，如图13-24所示。

图13-24　渲染效果

09 观察渲染效果，场景中的光影比较柔和，体积感和空间感初具规模。目前场景中的灯光效果不够强烈，我们需要继续添加灯光补充画面中亮部的照明效果。

10 单击命令面板中的 泛光灯 按钮，在视图中创建泛光灯，增强画面的照明效果，位置如图13-25所示。

图13-25　灯光位置

11 打开【常规参数】卷展栏，勾选"启用"复选项，设置阴影模型为【VRay阴影】，如图13-26所示。

12 打开【强度/颜色/衰减】卷展栏，设置灯光颜色为黄色，【倍增】为0.7，如图13-27、图13-28所示。

图13-26　【常规参数】卷展栏

图13-27　【强度/颜色/衰减】卷展栏

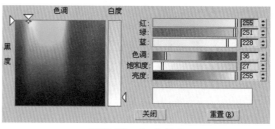

图13-28　灯光颜色

13 单击 按钮查看渲染结果，如图13-29所示。

图13-29　渲染效果

14 观察渲染画面，场景中的灯光效果得到进一步加强，物体的体积感和空间感十分明确，光影的主次效果分明。到目前为止，场景灯光设置完毕。

13.4　场景中主要材质参数的设置

场景中主要包含了建筑外墙材质、金属材质、玻璃材质，以及植物和地面材质等，本节将对这些材质进行深入剖析，将材质的制作过程全面地展示在读者面前。

13.4.1　建筑外墙材质

建筑外墙材质效果如图13-30所示。

01 选择VRay材质，单击【漫反射】右边的复选框，添加VR污垢贴图，模拟建筑表面的颜色纹理变化，如图13-31所示。

图13-30 建筑外墙材质

图13-31 纹理贴图

02 打开【VR污垢参数】卷展栏。调节污垢区颜色为"90，55，55"，设置【半径】为50.0，单击【无污垢区】右边的复选框，添加建筑外墙的纹理贴图，如图13-32、图13-33、图13-34所示。

图13-32 【VR污垢参数】卷展栏

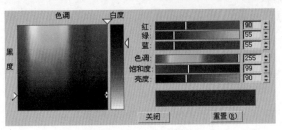

图13-33 污垢区颜色

图13-34 无污垢区颜色贴图

03 单击【反射】右边的复选框，添加Fall off（衰减）贴图，模拟材质表面的反射效果，如图13-35所示。

图13-35 反射贴图

04 设置【衰减类型】为【Fresnel】，如图13-36所示。调节前颜色和侧颜色分别如图13-37、图13-38所示。

图13-36 【衰减参数】卷展栏

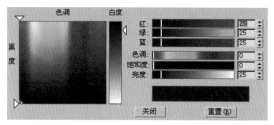

图13-37 颜色1

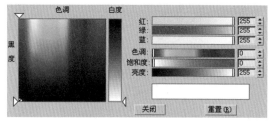

图13-38 颜色2

05 材质效果如图13-39所示。

图13-39 材质效果

06 观察材质效果，发现材质的反射效果太过强烈。设置反射贴图的混合参数为20，降低反射效果，如图13-40所示。材质效果如图13-41所示。

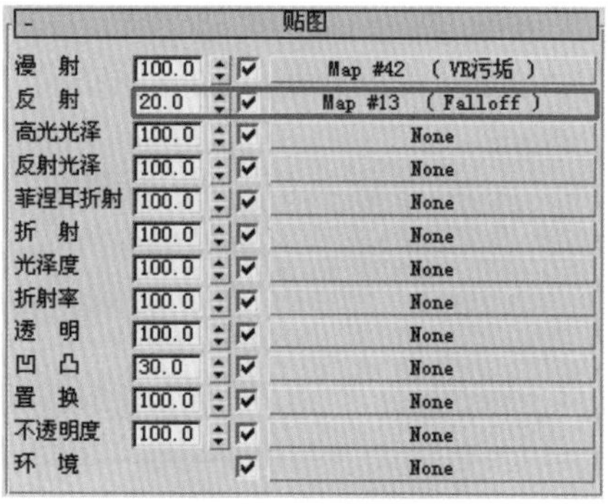

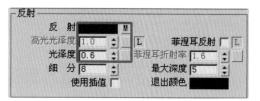

07 设置【光泽度】为0.6，使建筑外墙的表面反射效果粗糙，如图13-42所示。

图13-42 反射参数

08 设置材质的类型为【反射】，如图13-43所示。

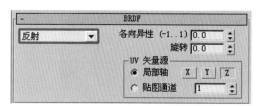

图13-43 材质类型

09 单击【凹凸】右边的复选框，添加法线Normal Bump（凹凸）贴图，将参数设置为30，模拟材质表面的凹凸效果，如图13-44所示。

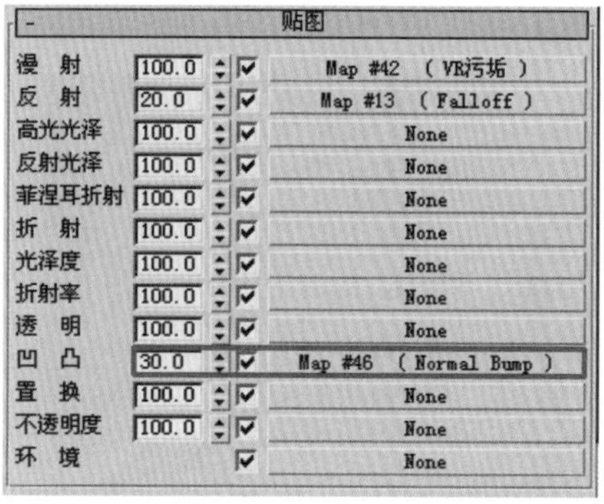

图13-44 Normal Bump（凹凸）贴图

10 单击【法线】右边的复选框，添加法线纹理贴图，如图13-45所示。设置【凹凸】参数为30.0，模拟材质表面的凹凸质感，如图13-46所示。

图13-40 反射混合参数

图13-41 材质效果

图13-45 法线凹凸贴图

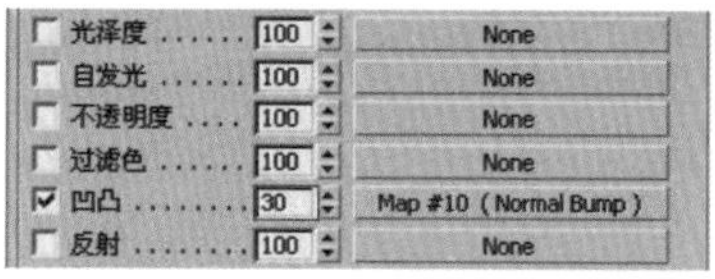

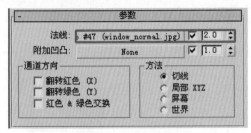

图13-46 凹凸参数

11 材质最终效果如图13-47所示。

图13-47 材质效果

13.4.2 玻璃材质

玻璃材质的效果如图13-48所示。

图13-48 材质效果

01 选择VRay材质。设置漫反射颜色数值为"255，255，255"，如图13-49所示。

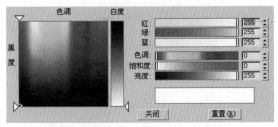

图13-49 漫反射颜色

02 单击【反射】右边的复选框，添加

Fall off（衰减）贴图，模拟玻璃表面反射效果，如图13-50所示。

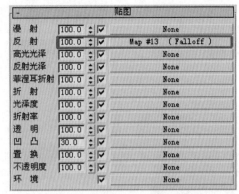

图13-50 Fall off（衰减）贴图

03 设置【衰减类型】为【Fresnel】，如图13-51所示。调节前颜色和侧颜色的参数，如图13-52、图13-53所示。

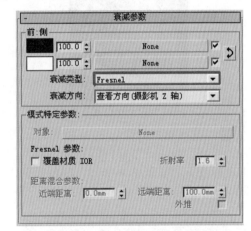

图13-51 【衰减参数】卷展栏

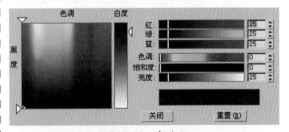

图13-52 颜色1

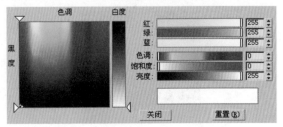

图13-53 颜色2

04 调节反射颜色数值为"103，103，103"，如图13-54所示。设置【光泽度】为0.98，如图13-55所示。

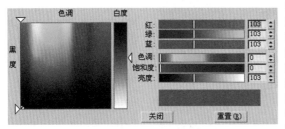

图13-54 反射颜色

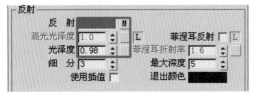

图13-55 反射参数

05 调节反射衰减贴图的混合参数为75.0，如图13-56所示。

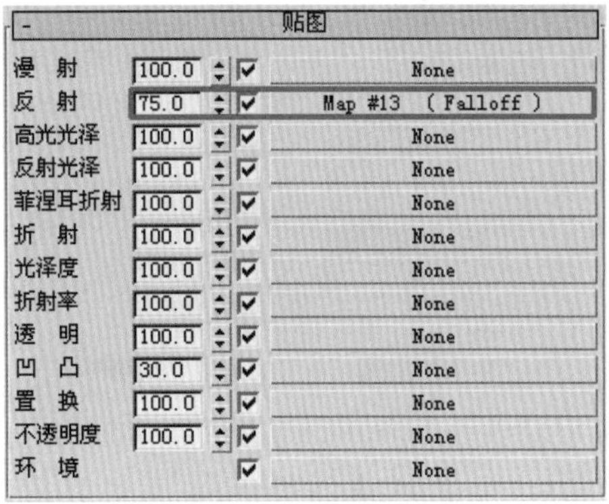

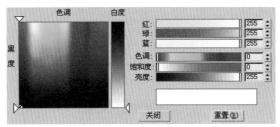

图13-56 混合参数

06 调节折射颜色数值为"255，255，255"，如图13-57所示。

图13-57 折射颜色

07 调节【折射率】为1.517，勾选【影响阴影】复选项，如图13-58所示。

08 设置材质的类型为【沃德】，如图13-59所示。

图13-58 折射参数

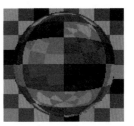

图13-59 材质类型

09 材质效果如图13-60所示。

图13-60 材质效果

13.4.3 金属隔栅材质

金属隔栅材质效果如图13-61所示。

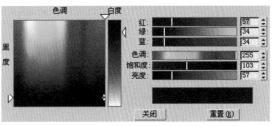

图13-61 材质效果

01 选择VRay材质。设置漫反射颜色数值为"57，34，34"，如图13-62所示。

图13-62 漫反射颜色

283

02 调节反射颜色数值为 "99, 99, 99", 如图13-63所示。设置【光泽度】为 0.85, 如图13-634所示。注意金属的表面并非 十分有光泽, 有一定的亚光效果, 即反射模糊 效果。

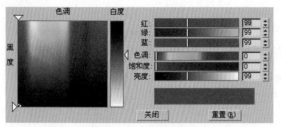

图13-63 反射颜色

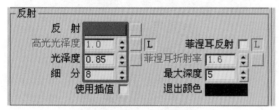

图13-64 反射参数

03 设置材质的类型为【沃德】, 如图 13-65所示。

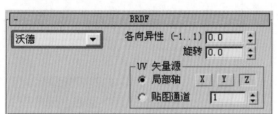

图13-65 材质类型

04 材质效果如图13-66所示。

图13-66 材质效果

13.4.4 植物树叶材质

植物树叶材质效果如图13-67所示。

01 选择VRay材质。单击漫射右边的复选 框, 添加植物树叶的纹理贴图, 如图13-68所示。

图13-67 材质效果　　　图13-68 纹理贴图

02 设置反射颜色值为 "20, 20, 20", 使叶子表面具有一定程度的反射效果, 如图 13-69所示。

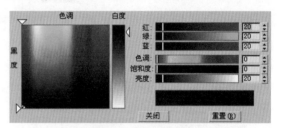

图13-69 反射颜色

图13-70 反射参数

03 设置材质类型为【反射】, 如图 13-71所示。

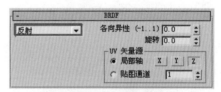

图13-71 材质效果

04 材质效果如图13-72所示。

图13-72 材质效果

13.4.5　树干材质

01　选择VRay材质。单击【漫反射】右边的复选框，添加植物树干的纹理贴图，如图13-73所示。

02　单击【凹凸】右边的复选框，添加黑白凹凸贴图，如图13-74所示。设置【凹凸】参数为80.0，模拟树干表面的凹凸效果，如图13-75所示。

图13-73　纹理贴图

图13-74　反射数值

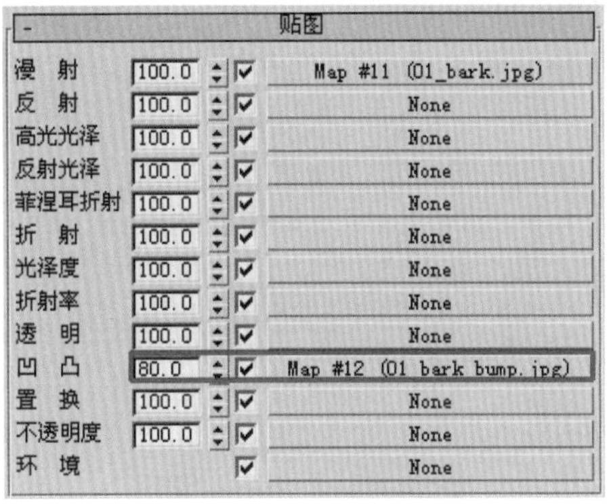

图13-75　凹凸参数

03　材质效果如图13-76所示。

图13-76　材质效果

13.4.6　地面铺砖材质

地面铺砖材质如图13-77所示。

01　单击【漫反射】右边的复选框，添加纹理贴图，模拟铺砖表面的纹理变化，如图

13-78所示。

图13-77　材质效果

图13-78　纹理贴图

02　单击【反射】右边的复选框，添加灰度纹理贴图，模拟材质表面的反射效果，如图13-79和图13-80所示。

03　材质效果如图13-81所示。

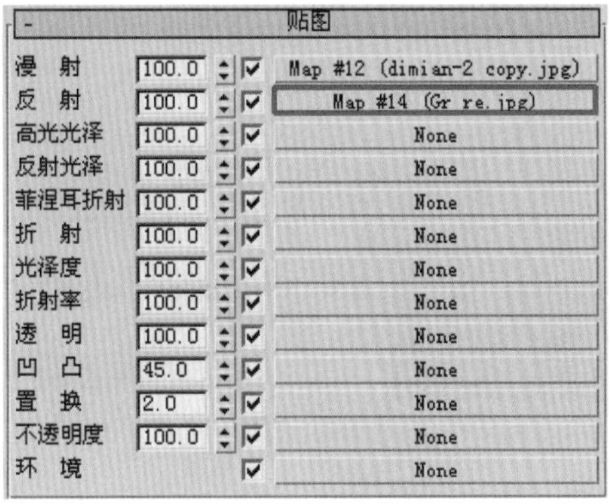

图13-79　反射贴图

图13-80　反射贴图

图13-81　材质效果

04　观察材质效果，发现材质表面的反射效果太强烈。这主要是由于反射贴图的颜色太

亮，造成反射值过高，反射效果强烈。

05 调节反射贴图的混合参数为5.0，如图13-82所示。材质效果如图13-83所示。

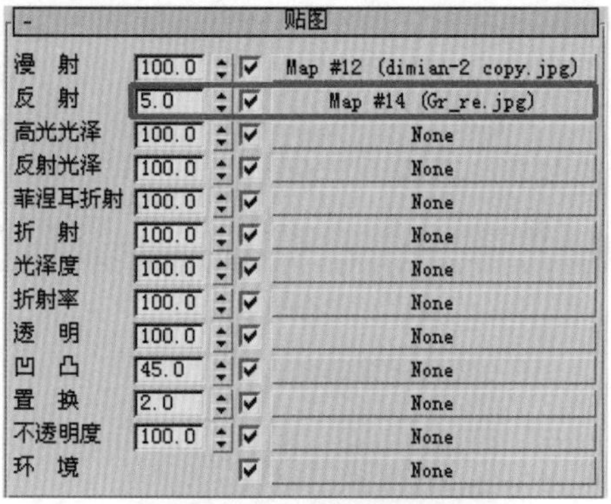

图13-82 反射混合参数

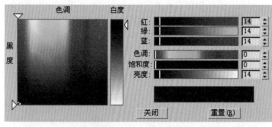

图13-83 材质效果

06 调节反射颜色值为"14，14，14"，如图13-84所示。调节反射【光泽度】为0.79，如图13-85所示。

图13-84 反射颜色

图13-85 反射参数

07 单击【反射光泽】右边的复选框添加纹理贴图，通过贴图控制反射的光泽效果，如图13-86和图13-87所示。

08 材质效果如图13-88所示。

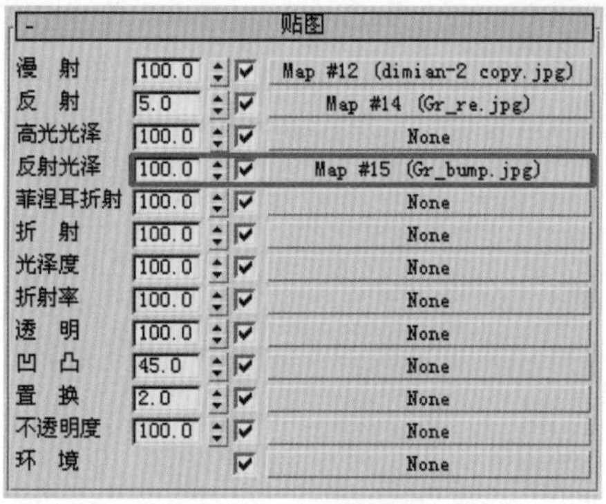

图13-86 反射贴图

图13-87 反射贴图　　　图13-88 材质效果

09 调节【反射光泽】贴图的混合参数为50.0，如图13-89所示。材质效果如图13-90所示。

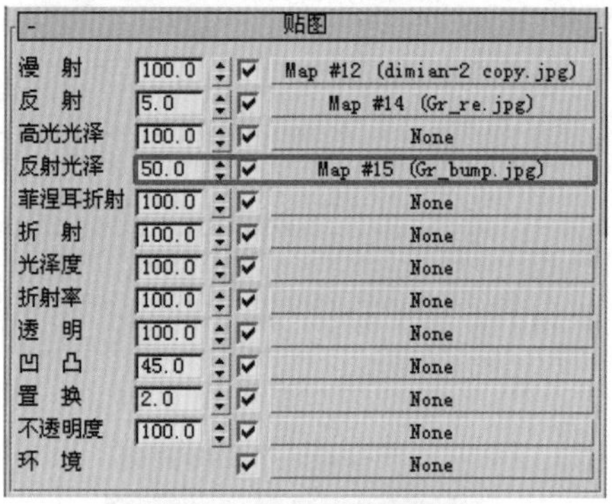

图13-89 混合参数

图13-90 材质效果

10 单击【凹凸】右边的复选框，添加法线Normal Bump（凹凸）贴图，将【凹凸】参数设置为45，模拟材质表面的凹凸效果，如图13-91所示。

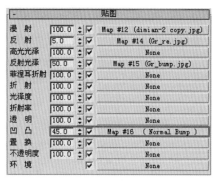

图13-91 Normal Bump（凹凸）贴图

11 单击【法线】右边的复选框，添加法线纹理贴图，如图13-92所示。设置凹凸参数为30.0，模拟材质表面的凹凸质感，如图13-93所示。

图13-92 法线凹凸贴图

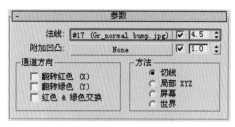

图13-93 凹凸参数

12 材质最终效果如图13-94所示。

图13-94 材质效果

13.4.7 汽车材质

本节将通过Shellac（虫漆）材质模拟汽车的车漆材质，Shellac（虫漆）材质在所有材质中的反射效果是最为出色的。

01 选择Shellac（虫漆）材质。单击【基础材质】右边的复选框添加VR基本材质，如图13-95所示。

图13-95 Shellac（虫漆）材质

02 设置漫反射颜色数值为"0，0，45"，模拟汽车车漆颜色，如图13-96所示。

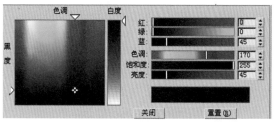

图13-96 漫反射颜色

03 单击【反射】右边的复选框，添加Fall off（衰减）贴图，设置【衰减类型】为【垂直/平行】，如图13-97所示。调节前颜色和侧颜色分别如图13-98、图13-99所示。

图13-97 【衰减参数】卷展栏

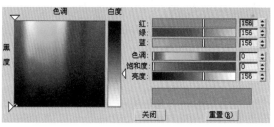

图13-98 颜色1

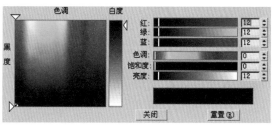

图13-99 颜色2

04 调节反射【光泽度】为0.88，如图13-100所示。

图13-100 反射参数

05 设置类型为【多面】，如图13-101所示。

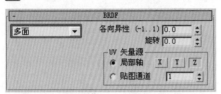

图13-101 材质类型

06 返回Shellac（虫漆）材质。单击【虫漆材质】右边的复选框，添加VR基本材质，如图13-102所示。

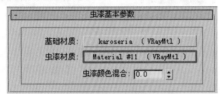

图13-102 Shellac（虫漆）材质

07 设置漫反射颜色数值为"34，34，34"，如图13-103所示。

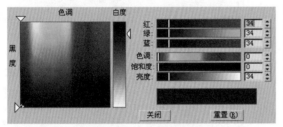

图13-103 漫反射颜色

08 调节反射颜色值为"255，255，255"，如图13-104所示。调节反射【光泽度】为0.98，勾选【菲涅耳反射】复选项，如图13-105所示。

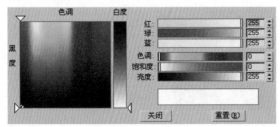

图13-104 反射颜色

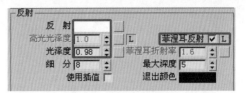

图13-105 反射参数

09 设置类型为【多面】，如图13-106所示。

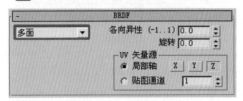

图13-106 材质类型

10 设置【虫漆颜色混合】参数为120.0，如图13-107所示。

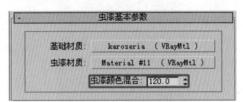

图13-107 虫漆颜色混合

11 材质效果如图13-108所示。

图13-108 材质效果

13.4.8 穹顶材质

木桌材质效果如图13-109所示。

图13-109 木桌材质

01 选择VRay材质，设置漫反射颜色数值为"81，86，82"，如图13-110所示。

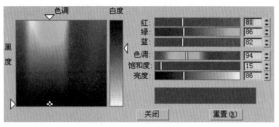

图13-110　漫反射颜色

02　调节反射颜色数值为"20，20，20"，如图13-111所示。设置【光泽度】为0.72，【高光光泽度】为0.61，如图13-112所示。

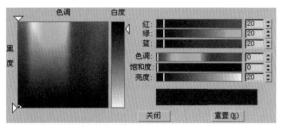

图13-111　反射颜色

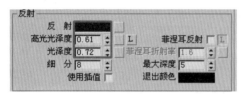

图13-112　反射参数

03　单击【凹凸】右边的复选框，添加【凹凸】纹理贴图，设置【凹凸】参数为40.0，模拟材质表面的凹凸质感，如图13-113所示。

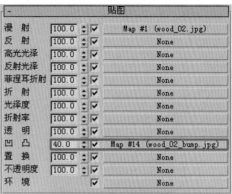

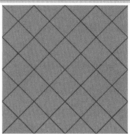

图13-113　凹凸贴图

04　材质效果如图13-114所示。

图13-114　材质效果

13.5　环境的设置和最终渲染

本节主要是设置最终的渲染参数，满足成图的精度需要，提高画面渲染品质。

01　选择【创建】|【几何体】中的 平面 命令，在场景中创建平面模型，模拟外景效果，如图13-115所示。

02　选择VR灯光材质。单击【不透明度】右边的复选框添加天空环境贴图，将倍增参数设置为13.0，如图13-116、图13-117所示。

03　观察此时贴图的颜色变化，如图13-118所示。

04　观察背景的最终贴图效果，如图13-119所示。

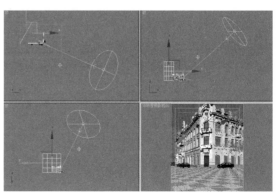

图13-115　外景模型

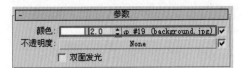

图13-116　参数

图13-117　天空贴图

图13-118　材质效果

图13-119　贴图效果

05　打开【VRay::灯光缓存】控制面板。设置灯光的【细分】为900，提高灯光细分的精度，如图13-120所示。

06　打开【VRay::rQMC采样器】控制面板，设置【适应数量】为0.7，【噪波阈值】为0.005，提高渲染品质，如图13-121所示。

07　单击 按钮，最终渲染效果如图13-122所示。

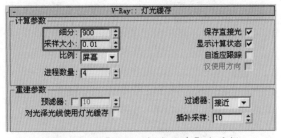

图13-120　【VRay::灯光缓存】卷展栏

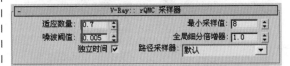

图13-121　【VRay::rQMC采样器】卷展栏

图13-122　最终渲染图像

第14章   现代餐厅

14.1   现代餐厅分析

　　本节主要是制作餐厅日光空间的效果。本节场景的空间开敞的范围比较大，制作的时候以幕帘为参照物，通过阳光的强烈对比，可以营造清爽的室内空间效果。本节场景中营造强对比、颜色鲜明的画面效果，但是要注意控制画面的曝光程度。图14-1为本节场景的线框渲染表现，读者可以进行参考。

图14-1   线框表现

14.2   设置场景物理摄像机和渲染器参数

14.2.1   给场景指定物理摄像机

　　01   开启3ds Max 2015，在【创建】面板中单击【物理摄像机】按钮，选择物理摄像机，创建场景中的摄像机，如图14-2所示。

图14-2   物理摄像机

　　02   在顶视图中观察创建的物理摄像机，如图14-3所示。

　　03   打开【基本参数】卷展栏，设置【胶片规格】参数为36.0，【焦距】参数为32.0，如图14-4所示。

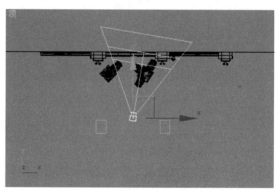

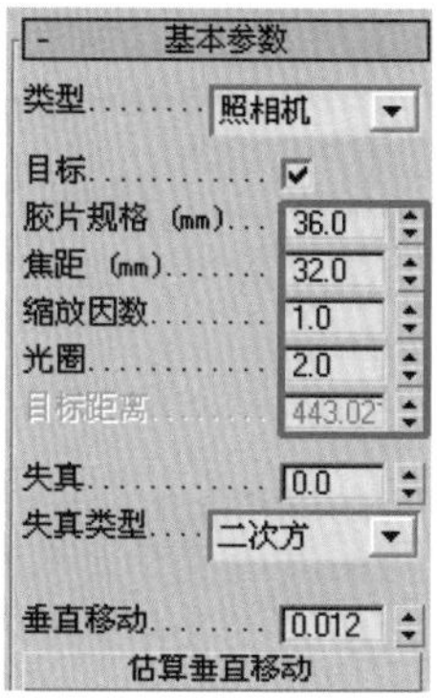

图14-3   创建摄像机

图14-4   【基本参数】卷展栏

04 设置【快门速度】为70.0，【底片感光度】为200.0，勾选【渐晕】复选框，如图14-5所示。

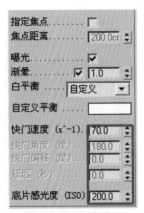

图14-5 【基本参数】卷展栏

05 观察最终的物理摄像机角度，如图14-6所示。

图14-6 物理摄像机角度

14.2.2 设置渲染器参数

01 打开【V-Ray::图像采样器（抗锯齿）】卷展栏，将【抗锯齿过滤器】设置如图14-7所示。

图14-7 【V-Ray::图像采样器（抗锯齿）】卷展栏

02 打开【V-Ray::间接照明（GI）】卷展栏。勾选【开】复选项，选择【首次反弹】的【全局照明引擎】为【发光贴图】，【二次反弹】的【全局照明引擎】为【灯光缓冲】，

如图14-8所示。设置【发光贴图】和【灯光缓冲】的参数如图14-9、图14-10所示。

图14-8 【V-Ray::间接照明（GI）】卷展栏

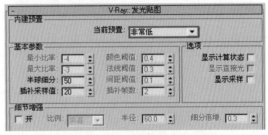

图14-9 【V-Ray::发光贴图】卷展栏

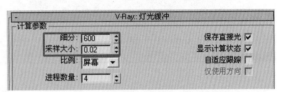

图14-10 【V-Ray::灯光缓冲】卷展栏

03 打开【V-Ray::环境】卷展栏。开启【全局照明环境（天光）覆盖】命令，设置天光颜色为淡蓝色，【倍增器】为1.0，如图14-11、图14-12所示。

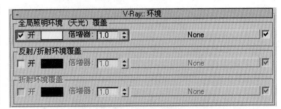

图14-11 【V-Ray::环境】卷展栏

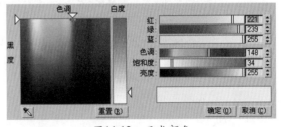

图14-12 天光颜色

04 打开【V-Ray::色彩映射】卷展栏。将颜色贴图的【类型】设置为【指数】，【亮部

倍增值】为3.0，【暗部倍增值】为1.0，【伽玛值】为1.2，如图14-13所示。

图14-13 【V-Ray::色彩映射】卷展栏

05 观察模型检查的结果，如图14-14所示。

图14-14 模型效果

14.3 设置场景灯光

本章采用平行光进行太阳光的模拟，具体操作步骤如下所述。

01 开启3ds Max 2015以后，执行【文件】|【打开】命令，打开本书配套光盘中的"本书素材\第14章\现代餐厅.max"文件，如图14-15所示。

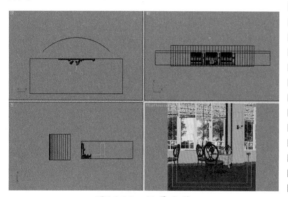

图14-15 场景文件

02 单击命令面板中的 ███ 目标平行光 命令，在视图中创建【目标平行光】，位置如图14-16所示。

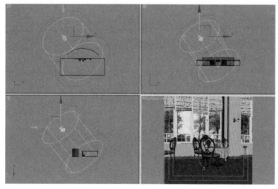

图14-16 平行光

03 在【常规参数】卷展栏中的阴影选区中勾选【启用】复选框，设置灯光的阴影为"VRayShadow"，如图14-17所示。

04 打开【强度/颜色/衰减】卷展栏，调整灯光的颜色为黄色，将【倍增】值设置为3.0，如图14-18、图14-19所示。

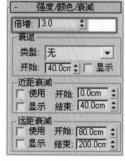

图14-17 【常规参数】　图14-18 【强度/颜色/衰
卷展栏　　　　　　减】卷展栏

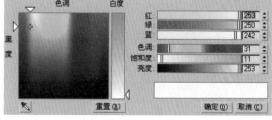

图14-19 天光颜色

05 打开【平行光参数】卷展栏，设置【聚光区/光束】的值为1715，【衰减区/区域】的值为2296，如图14-20所示。

06 打开【VRayShadows params】卷展

栏，开启【区域阴影】命令，设置灯光阴影类型为【球体】，设置【U、V、W尺寸】为"150，150，150"，使灯光的阴影产生一定程度的偏移，如图14-21所示。

图14-20　【平行光参数】卷展栏

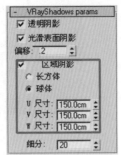

图14-21　【VRayShadows params】卷展栏

07　单击 按钮查看渲染结果，如图14-22所示。

图14-22　渲染结果

08　单击命令面板中的 VR灯光 按钮，在视图中创建【VR灯光】，设置窗口处的灯光，加强阳光的全局照明效果，如图14-23所示。

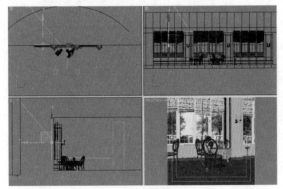

图14-23　灯光位置

09　在【参数】卷展栏中设置灯光颜色为蓝色，【倍增器】值为4.0，如图14-24、图14-25所示。

图14-24　灯光参数

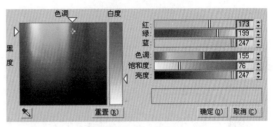

图14-25　灯光颜色

10　勾选【不可见】复选框，去除对【影响反射】和【影响高光反射】复选框的勾选，如图14-26所示。

图14-26　灯光参数

11　关联灯光并移动到相应的窗口位置，如图14-27所示。

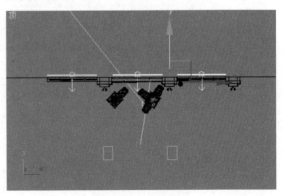

图14-27　关联灯光

12 单击 按钮查看渲染结果，如图14-28所示。

图14-28 渲染效果

13 继续设置室内的环境光，模拟背光区的环境灯光照明，具体位置如图14-29所示。

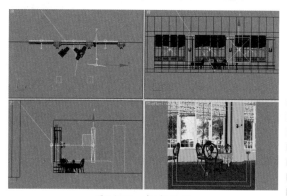

图14-29 灯光位置

14 打开【参数】卷展栏，设置灯光颜色为淡蓝色，【倍增器】为2.0，如图14-30、图14-31所示。

15 设置灯光的相关参数，如图14-32所示。

图14-30 灯光参数

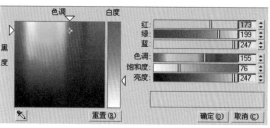

图14-31 灯光颜色

图14-32 灯光参数

16 单击 按钮查看渲染效果，如图14-33所示。

图14-33 渲染效果

17 执行【渲染】|【环境和效果】命令，打开【公用参数】卷展栏，单击环境贴图右边的复选框添加VR天光贴图，如图14-34所示。

图14-34 【公用参数】卷展栏

18 将阳光节点设置为目标平行光，设置【阳光浊度】为3.0，【阳光臭氧】为0.35，如图14-35所示。

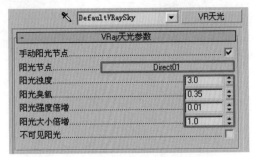

图14-35 【V-Ray::天光参数】卷展栏

19 单击◉按钮，最终渲染效果如图14-36所示。

图14-36 渲染效果

14.4 场景中主要材质参数的设置

14.4.1 金属材质

金属材质的效果如图14-37所示。

图14-37 材质效果

01 单击【漫反射】选项调节颜色，如图14-38所示。

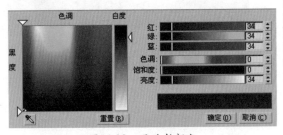

图14-38 漫反射颜色

02 单击【反射】选项并调节数值为"164，164，164"，如图14-39所示。

03 调节【反射光泽度】为0.85，【高光光泽度】为0.85，【细分】为22，如图14-40所示。设置退出颜色为橘黄色，最大深度为4，如

图14-41所示。

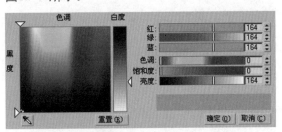

图14-39 反射数值

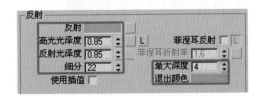

图14-40 反射参数

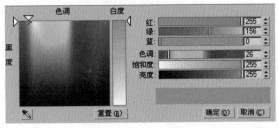

图14-41 退出颜色

04 在【BRDF】卷展栏中选择材质的类型为【沃德】，【各向异性】为0.7，【旋转】角度为79.0，如图14-42所示。

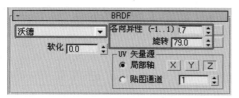

图14-42　【BRDF】卷展栏

05　金属材质的效果如图14-43所示。

图14-43　材质效果

14.4.2　紫罗兰坐垫材质

紫罗兰坐垫材质的效果如图14-44所示。

图14-44　材质效果

01　单击【漫反射】右边的复选框，添加Falloff（衰减）贴图，如图14-45所示。

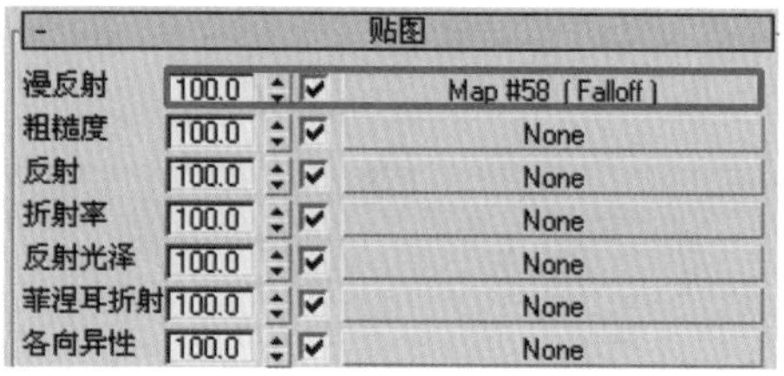

图14-45　Falloff（衰减）贴图

02　设置衰减类型为【垂直/平行】，单击前、侧颜色右边的复选框添加纹理贴图，如图14-46、图14-47所示。

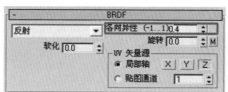

图14-46　垂直/平行

图14-47　纹理贴图

03　打开【坐标】卷展栏中，设置贴图的【模糊】数值为0.4，如图14-48所示。

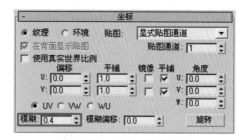

图14-48　【坐标】卷展栏

04　单击【反射】选项并调节参数值为"14，14，14"，如图14-49所示。

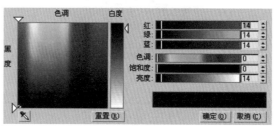

图14-49　反射数值

05　设置【反射光泽度】为0.6，【高光光泽度】为0.5，如图14-50所示。

图14-50　【反射】参数

06　在【BRDF】卷展栏中设置材质的类型为【反射】，设置【各向异性】为0.4，如图14-51所示。

图14-51　【BRDF】卷展栏

07 将贴图关联到凹凸贴图中，设置【凹凸】参数为45.0，如图14-52所示。

图14-52 【凹凸】参数

08 紫罗兰坐垫材质的效果如图14-53所示。

图14-53 材质效果

14.4.3 白色桌布材质

白色桌布材质效果如图14-54所示。

图14-54 材质效果

01 单击【漫反射】右边的复选框，添加Falloff（衰减）贴图，如图14-55所示。

图14-55 Falloff（衰减）贴图

02 设置【衰减类型】为【垂直/平行】，单击前、侧颜色右边的复选框添加纹理贴图，如图14-56、图14-57所示。

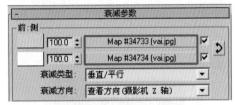

图14-56 垂直/平行

图14-57 纹理贴图

03 打开【坐标】卷展栏中，设置贴图的【模糊】数值为0.4，如图14-58所示。

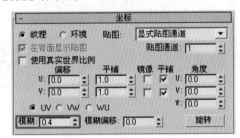

图14-58 【坐标】卷展栏

04 将贴图关联到凹凸贴图中，设置【凹凸】参数为130.0，如图14-59所示。

图14-59 【凹凸】参数

05 白色桌布材质的效果如图14-60所示。

图14-60　材质效果

14.4.4　木地板材质

木地板材质效果如图14-61所示。

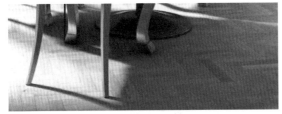

图14-61　材质效果

01　单击【漫反射】右边的复选框，添加木地板的纹理贴图，如图14-62所示。打开【坐标】卷展栏，设置贴图的【模糊】数值为0.5，如图14-63所示。

图14-62　木地板贴图

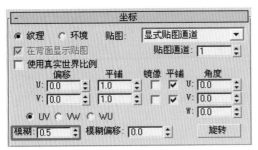

图14-63　【坐标】卷展栏

02　单击【反射】右边的复选框，添加反射贴图，如图14-64所示。

03　设置【反射光泽度】为0.8，【细

分】为24，勾选【菲涅耳反射】复选框，如图14-65所示。

图14-64　反射贴图

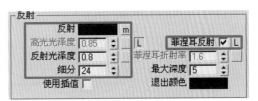

图14-65　【反射】参数

04　观察此时的反射效果，如图14-66所示。

图14-66　反射效果

05　将【反射】的混合参数设置为20.0，如图14-67所示。

贴图		
漫反射	100.0 ☑	Map #0 (wood-32_d_11.jpg)
粗糙度	100.0 ☑	None
反射	20.0 ☑	Map #34737 (wood-32_r.jpg)
折射率	100.0 ☑	None
反射光泽	100.0 ☑	None
菲涅耳折射	100.0 ☑	None
各向异性	100.0 ☑	None
自旋	100.0 ☑	None
折射	100.0 ☑	None
光泽度	100.0 ☑	None
折射率	100.0 ☑	None
透明	100.0 ☑	None
凹凸	12.0 ☑	None
置换	100.0 ☑	None
不透明度	100.0 ☑	None
环境	☑	None

图14-67　【反射】的混合参数

06　观察此时的反射效果，如图14-68所示。

图14-68　反射效果

07 在【BRDF】卷展栏中设置材质的类型为【反射】，如图14-69所示。

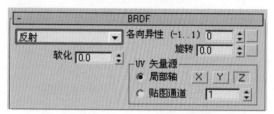

图14-69　【BRDF】卷展栏

08 单击【凹凸】右边的复选框，添加地板的凹凸纹理贴图，设置【凹凸】参数为12.0，如图14-70所示。凹凸贴图效果如图14-71所示。

贴图		
漫反射	100.0 ☑	Map #0 (wood-32_d_11.jpg)
粗糙度	100.0 ☑	None
反射	20.0 ☑	Map #34737 (wood-32_r.jpg)
折射率	100.0 ☑	None
反射光泽	100.0 ☑	None
菲涅耳折射	100.0 ☑	None
各向异性	100.0 ☑	None
自旋	100.0 ☑	None
折射	100.0 ☑	None
光泽度	100.0 ☑	None
折射率	100.0 ☑	None
透明	100.0 ☑	None
凹凸	12.0 ☑	Map #34736 (wood-32_b.jpg)
置换	100.0 ☑	None
不透明度	100.0 ☑	None
环境	☑	None

图14-70　【凹凸】参数

图14-71　凹凸贴图

09 木地板材质的效果如图14-72所示。

图14-72　材质效果

14.4.5　踢脚材质

踢脚材质如图14-73所示。

图14-73　材质效果

01 单击【漫反射】右边的复选框，添加踢脚的纹理贴图，如图14-74所示。打开【坐标】卷展栏，设置贴图的平铺参数为"2.0，2.0"，如图14-75所示。

图14-74　踢脚木贴图

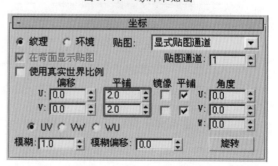

图14-75　【坐标】卷展栏

02 单击【反射】选项并调节数值为"250，250，250"，如图14-76所示。

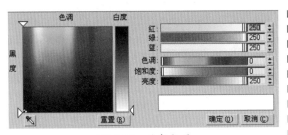

图14-76　反射数值

03　设置【反射光泽度】为0.86，勾选【菲涅耳反射】复选框，如图14-77所示。

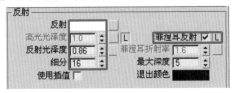

图14-77　反射参数

04　踢脚材质的效果如图14-78所示。

图14-78　材质效果

14.4.6　窗玻璃材质

窗玻璃材质效果如图14-79所示。

图14-79　材质效果

01　单击【漫反射】选项并调节颜色，如图14-80所示。

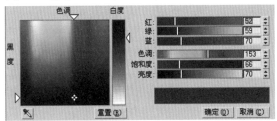

图14-80　漫反射颜色

02　单击【反射】选项并调节数值为"37，37，37"，如图14-81所示。

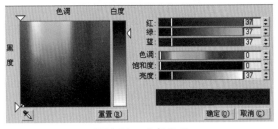

图14-81　反射数值

03　设置【反射光泽度】为1.0，如图14-82所示。

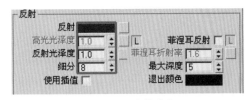

图14-82　反射参数

04　单击【折射】选项并调节数值为"250，250，250"，如图14-83所示。

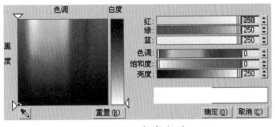

图14-83　折射数值

05　设置【折射率】为1.5，勾选【影响阴影】复选框，如图14-84所示。

图14-84　折射参数

06　在【BRDF】卷展栏中设置材质的类型为"多面"，如图14-85所示。

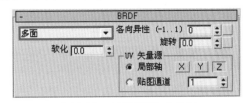

图14-85　【BRDF】卷展栏

07 窗玻璃材质的效果如图14-86所示。

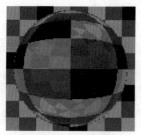

图14-86　材质效果

14.4.7　白色陶瓷花盆材质

白色陶瓷花盆材质的效果如图14-87所示。

图14-87　材质效果

01 单击【漫反射】选项并调节颜色，如图14-88所示。

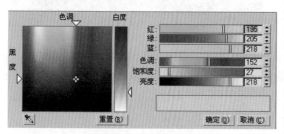

图14-88　漫反射颜色

02 单击【反射】选项并调节数值为"37，37，37"，如图14-89所示。

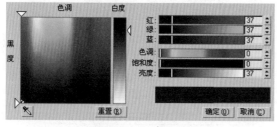

图14-89　反射数值

03 设置【反射光泽度】为0.9，如图14-90所示。

04 在【BRDF】卷展栏中选择材质的类型为"反射"，如图14-91所示。

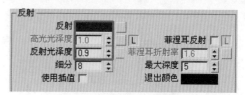

图14-90　反射参数

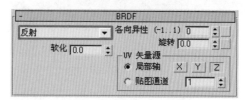

图14-91　【BRDF】卷展栏

05 白色陶瓷花盆材质的效果如图14-92所示。

图14-92　材质效果

14.4.8　玻璃瓶材质

玻璃瓶材质的效果如图14-93所示。

图14-93　材质效果

01 单击【漫反射】并调节颜色，如图14-94所示。

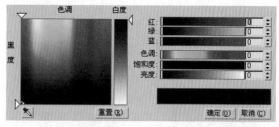

图14-94　漫反射颜色

02 单击【反射】右边的复选框，添加

Falloff（衰减）贴图，如图14-95所示。

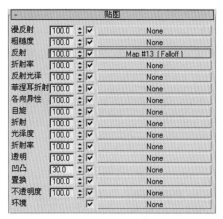

图14-95 Falloff（衰减）贴图

03 设置【衰减类型】为Fresnel，如图14-96所示。调节前、侧颜色如图14-97、图14-98所示。

图14-96 Falloff（衰减）贴图

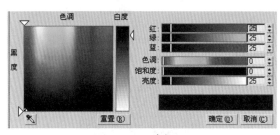

图14-97 前颜色

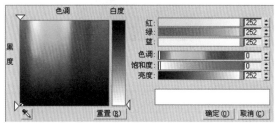

图14-98 侧颜色

04 调节【反射光泽度】为0.98，如图14-99所示。

05 单击【折射】选项并调节数值为"252，252，252"，如图14-100所示。

06 设置折射【光泽度】为1.0，【折射率】为1.517，设置【烟雾颜色】为接近纯白，【烟雾倍增】为0.1，如图14-101、图14-102所示。

图14-99 反射参数

图14-100 反射数值

图14-101 折射参数

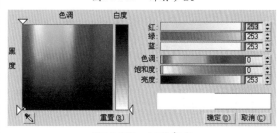

图14-102 烟雾颜色

07 在【BRDF】卷展栏中选择材质的类型为"反射"，如图14-103所示。

图14-103 【BRDF】卷展栏

08 玻璃瓶材质的效果如图14-104所示。

图14-104 材质效果

14.4.9　红酒材质

红酒材质的效果如图14-105所示。

图14-105　材质效果

01　单击【漫反射】选项并调节颜色，如图14-106所示。

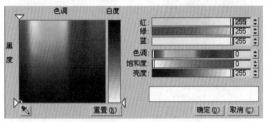

图14-106　漫反射颜色

02　单击【反射】选项并调节数值为"36，2，2"，如图14-107所示。

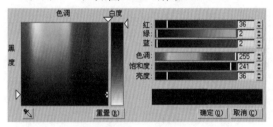

图14-107　反射数值

03　调节【反射光泽度】为0.95，如图14-108所示。

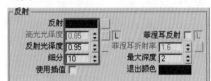

图14-108　反射参数

04　单击【折射】选项并调节数值为"230，230，230"，如图14-109所示。

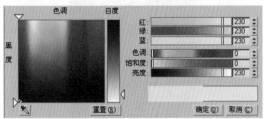

图14-109　折射数值

05　设置折射【光泽度】为1.0，【折射率】为1.4，设置【烟雾颜色】为酒红色，【烟雾倍增】为0.66，如图14-110、图14-111所示。

图14-110　折射参数

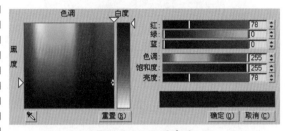

图14-111　烟雾颜色

06　在【BRDF】卷展栏中选择材质的类型为【多面】，如图14-112所示。

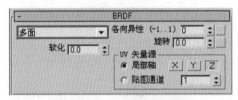

图14-112　【BRDF】卷展栏

07　红酒材质的效果如图14-113所示。

图14-113　材质效果

14.4.10　蜡烛材质

蜡烛材质的效果如图14-114所示。

图14-114　材质效果

01 单击【漫反射】选项并调节数值为"78，54，25"，如图14-115所示。

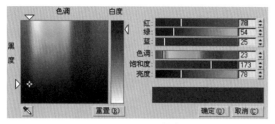

图14-115 漫反射颜色

02 单击【反射】选项并调节数值为"10，10，10"，如图14-116所示。

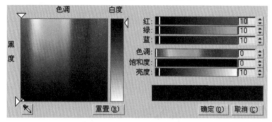

图14-116 反射数值

03 设置【反射光泽度】为0.8，【高光光泽度】为0.6，如图14-117所示。

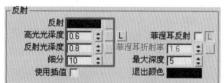

图14-117 反射参数

04 单击【折射】选项并调节数值为"50，50，50"，如图14-118所示。

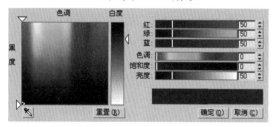

图14-118 折射数值

05 设置折射【光泽度】为0.7，【折射率】为1.6，【烟雾颜色】为咖啡色，【烟雾倍增】为0.15，如图14-119、图14-120所示。

图14-119 折射参数

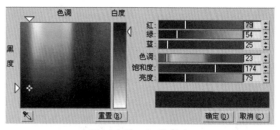

图14-120 烟雾颜色

06 设置半透明类型为【硬（蜡）模型】，【厚度】为1.5cm，【前/后驱系数】为0.5，【灯光倍增】为15.0，如图14-121所示。

图14-121 【半透明】参数

07 在【BRDF】卷展栏中选择材质的类型为【多面】，如图14-122所示。

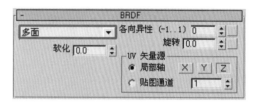

图14-122 【BRDF】卷展栏

08 蜡烛材质的效果如图14-123所示。

图14-123 材质效果

14.4.11 青铜材质

青铜材质的效果如图14-124所示。

图14-124 材质效果

01 单击【漫反射】选项并调节颜色，如

图14-125所示。

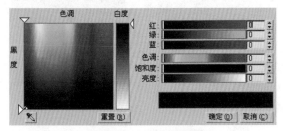

图14-125　漫反射颜色

02　单击【反射】选项并调节数值为
"176，124，74"，如图14-126所示。

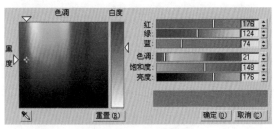

图14-126　反射数值

03　设置【反射光泽度】为0.85，【细分】为20，如图14-127所示。

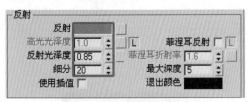

图14-127　反射参数

04　在【BRDF】卷展栏中选择材质的类型为【沃德】，如图14-128所示。

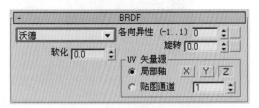

图14-128　【BRDF】卷展栏

05　青铜材质的效果如图14-129所示。

图14-129　材质效果

14.4.12　花纹瓷器材质

花纹陶瓷材质如图14-130所示。

图14-130　材质效果

01　单击【漫反射】右边的复选框，添加陶瓷的纹理贴图，如图14-131所示。

图14-131　纹理贴图

02　单击【反射】选项并调节数值为
"12，12，12"，如图14-132所示。

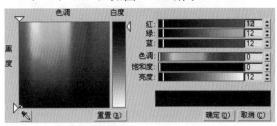

图14-132　反射数值

03　设置【反射光泽度】为0.65，勾选【菲涅耳反射】复选框，如图14-133所示。设置【退出颜色】为淡绿色，如图14-134所示。

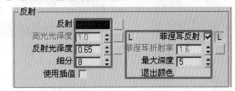

图14-133　反射参数

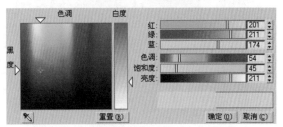

图14-134　退出颜色

04 在【BRDF】卷展栏中选择材质的类型为【反射】，如图14-135所示。

05 将漫反射贴图关联到凹凸贴图中，设置【凹凸】参数为40.0，如图14-136所示。

06 花纹陶瓷材质的效果如图14-137所示。

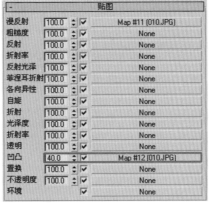

图14-135　【BRDF】卷展栏　　　图14-136　【凹凸】参数　　　图14-137　材质效果

14.5 渲染参数设置和最终渲染

本节主要是对渲染参数进行最终设置，包括图像最终输出的饱和度、对比度、精度等一系列参数，保证最终的渲染品质。

01 选择VR灯光材质，设置灯光参数为1.3，如图14-138所示。单击【不透明度】右边的复选框打开外景贴图文件，如图14-139所示。

02 外景效果如图14-140所示。

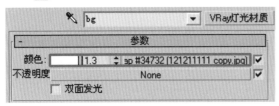

图14-138　VR灯光材质

图14-142所示。

图14-141　贴图效果

图14-139　外景贴图　　图14-140　材质效果

03 将材质赋予面板，效果如图14-141所示。

04 打开【V-Ray::间接照明（GI）】卷展栏，设置【二次反弹】的【倍增器】为0.9，如

图14-142　【V-Ray::间接照明（GI）】卷展栏

05 打开【V-Ray::发光贴图】卷展栏，勾选【细节增强】复选框，如图14-143所示。

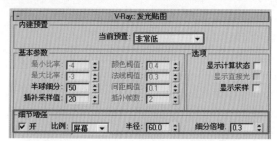

图14-143　【V-Ray::发光贴图】卷展栏

06 打开【V-Ray::灯光缓冲】卷展栏，设置【细分】为700，如图14-144所示。

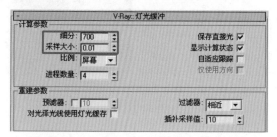

图14-144　【V-Ray::灯光缓冲】卷展栏

07 打开【V-Ray::DMC采样器】卷展栏，参数设置如图14-145所示。

08 单击■按钮查看渲染效果，如图

14-146所示。

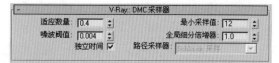

图14-145　【V-Ray::DMC采样器】卷展栏

图14-146　最终渲染

第15章 汽车场景渲染

15.1 案例分析

　　本案例主要是制作厂房空间场景里的汽车，汽车是画面中唯一表现的主体。画面的表现重点集中围绕在汽车上，本案例的汽车是赛车，车身上的各种logo和广告标识成为画面的重要细节。场景为了表现汽车表面特有的反射效果，采用了HDRI高范围动态贴图，使表面反射效果看起来更加真实。图15-1所示为笔者制作的线框渲染效果，这也是艺术表现形式的一种。

图15-1

15.2 设置场景物理摄像机和渲染器参数

15.2.1 给场景指定物理摄像机

　　01 开启3ds Max 2015，在创建面板中单击【物理摄像机】按钮，选择物理摄像机，创建场景中的摄像机，如图15-2所示。

　　02 本节采用了VR物理相机制作场景相机。打开【基本参数】卷展栏，设置【胶片规格】参数为39.55，【焦距】参数为40.0，如图15-3所示。

图15-2　创建摄像机 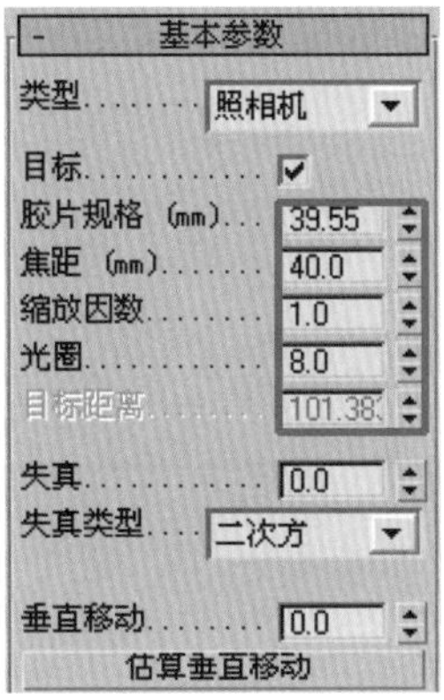　图15-3　【基本参数】卷展栏

　　03 设置【快门速度】为30.0，【底片感光度】为350.0，勾选【渐晕】复选项，如图15-4所示。

　　04 观察最终的物理摄像机角度，如图15-5所示。

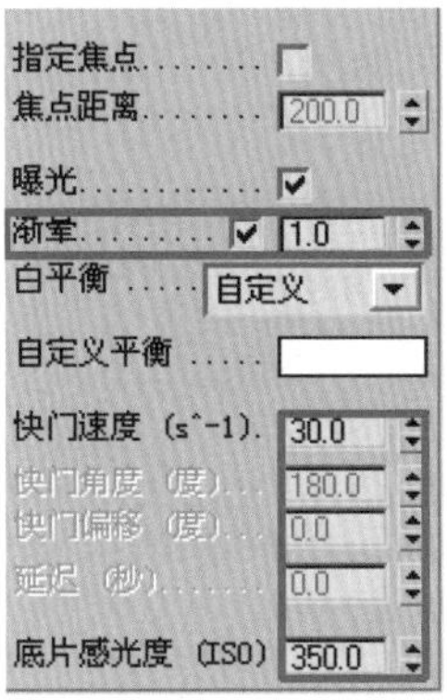

图15-4　【基本参数】卷展栏

图15-5　物理摄像机角度

15.2.2 设置渲染器参数

01 打开【V-Ray::图像采样（反锯齿）】卷展栏，将抗锯齿过滤器设置如图15-6所示。

图15-6 【V-Ray::图像采样（反锯齿）】卷展栏

02 打开【V-Ray::间接照明（GI）】卷展栏，勾选【开】复选项，选择【首次反弹】的【全局照明引擎】为【发光贴图】，【二次反弹】的【全局照明引擎】为【灯光缓冲】，如图15-7所示。设置【发光贴图】和【灯光缓冲】的参数如图15-8、图15-9所示。

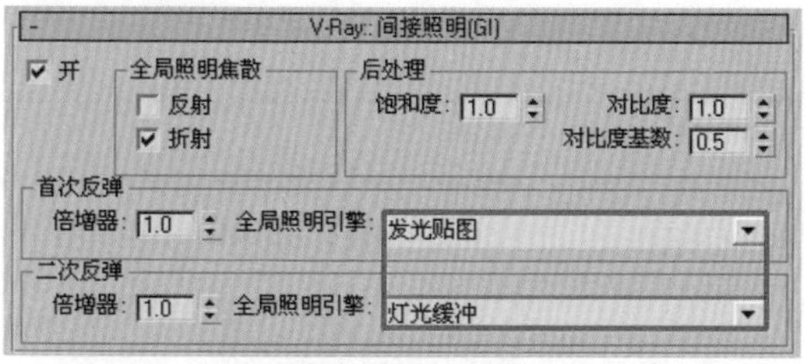

图15-7 【V-Ray::间接照明（GI）】卷展栏

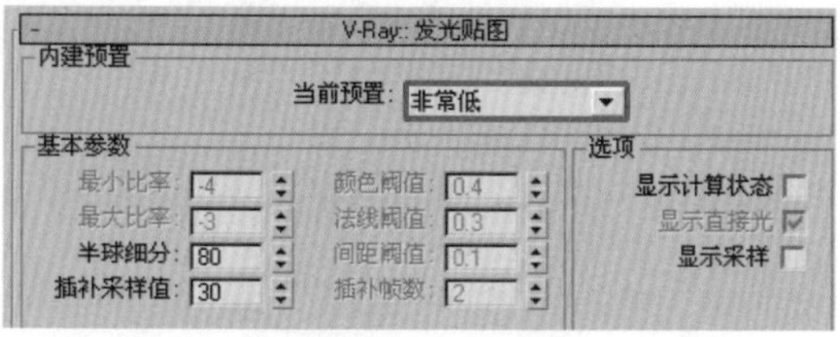

图15-8 【V-Ray::发光贴图】卷展栏

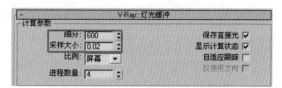

图15-9 【V-Ray::灯光缓冲】卷展栏

03 打开【V-Ray::色彩映射】卷展栏，将颜色贴图的【类型】设置为【线形倍增】，【亮部倍增值】设置为1.3，【暗部倍增值】为0.7，如图15-10所示。

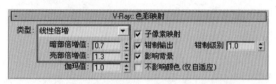

图15-10 【V-Ray::色彩映射】卷展栏

04 观察模型检查的结果，如图15-11所示。

图15-11 模型效果

15.3 设置HDRI高动态范围贴图和场景灯光

本节场景中采用了HDRI高动态范围贴图表现场景的汽车表面反射效果，HDRI高动态范围贴图是全局光照中重要的一个环节，本节对其制作过程进行了详细的介绍。

15.3.1 设置HDRI高动态范围贴图

01 开启3ds Max，执行【文件】|【打开】命令，打开本书配套光盘中的"本书素材\第15章\汽车场景渲染.max"文件，如图15-12所示。

02 打开【V-Ray::环境】卷展栏，勾选【反射/折射环境覆盖】中的【开】复选项，单击【反射】选项右边的复选框，添加"VRayHDRI"贴图，如图15-13所示。

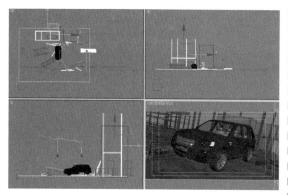

图15-12　场景文件

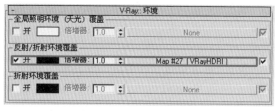

图15-13　添加HDRI贴图

03 将"VRayHDRI"贴图关联到材质编辑器中空白的材质球进行编辑，关联方法选择为【实例】，如图15-14所示。材质编辑器中的关联效果如图15-15所示。

图15-14　实例

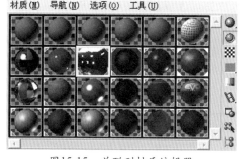

图15-15　关联到材质编辑器

04 单击HDR贴图右边的【浏览】命令，设置【全局倍增器】为3.3，【水平旋转】为57.0，如图15-16、图15-17所示。这里的参数设置有两个关键点：一是【全局倍增器】参数，这个参数主要是控制HDRI贴图的亮度，主要影响场景的亮度；二是【水平旋转】参数，这个

参数主要是影响HDRI贴图对汽车材质的表面反射效果。二者缺一不可，这需要在实际操作中不断调试，以达到理想状态。

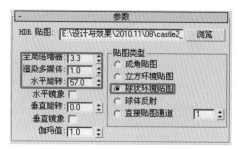

图15-16　VRayHDRI的参数设置

图15-17　VRayHDRI的jpeg显示文件

05 HDR贴图到此设置完毕，接下来我们将继续设置场景的灯光。

15.3.2　设置场景灯光

01 开启3ds Max，执行【文件】|【打开】命令，打开本书配套光盘中的"本书素材\第15章\汽车场景渲染.max"文件，如图15-18所示。

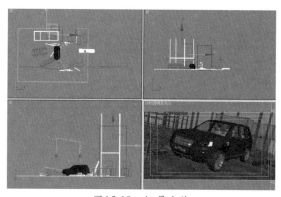

图15-18　场景文件

02 单击命令面板中的 VR灯光 按钮，在视图中创建VR灯光，如图15-19所示。这盏灯光主要是侧面的环境光，模拟冷色的夜景效果。

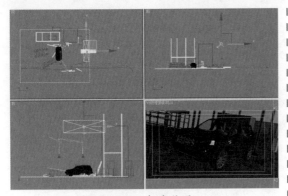

图15-19　灯光位置

03　打开【参数】卷展栏，设置灯光【类型】为【平面】，设置【颜色】为蓝色，【倍增器】为75.0，如图15-20、图15-21所示。

图15-20　【参数】卷展栏

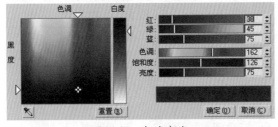

图15-21　灯光颜色

04　去除对【影响反射】复选项的选择，使灯光平面不对汽车表面的反射产生影响，如图15-22所示。

图15-22　【选项】卷展栏

05　单击 按钮查看渲染效果，如图15-23所示。

图15-23　渲染效果

06　观察摄像机视图，环境光的效果已经表现出来。接下来我们继续设置场景灯光，对汽车空间进行逐步照明。

07　单击命令面板中的 VR灯光 按钮，在视图中创建VR灯光，如图15-24所示。这盏灯光照明摄像机左侧的空间。

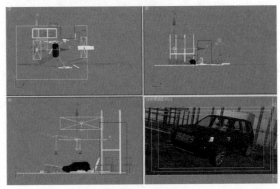

图15-24　灯光位置

08　打开【参数】卷展栏，设置灯光颜色为深绿色，【倍增器】为50.0，参数设置如图15-25、图15-26所示。

09　勾选【不可见】复选项，去除对【影响反射】复选项的勾选，如图15-27所示。

图15-25　【参数】卷展栏

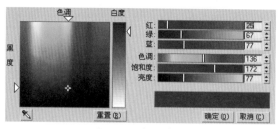

图15-26 灯光颜色

图15-27 【参数】卷展栏

10 单击 ⚫ 按钮查看渲染效果，如图15-28所示。观察渲染画面，这里通过两盏环境光，奠定了画面的气氛与基调。场景环境设置得比较暗，冷光使画面更加立体真实。

图15-28 渲染效果

11 单击命令面板中的 目标灯光 按钮，设置场景中吊灯的照明效果，如图15-29所示。

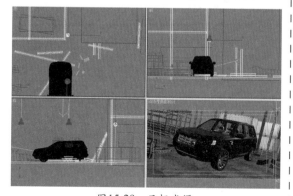

图15-29 目标光源

12 打开【常规参数】卷展栏，设置灯光【阴影】为【VRayShadow】，【灯光分布（类型）】设置为【统一球形】，如图15-30所示。

13 打开【强度/颜色/衰减】卷展栏，设置颜色类型为【D50 Illuminant（Reference White）】。设置【强度】单位为lm，【结果强度】为5200.0cd，如图15-31所示。

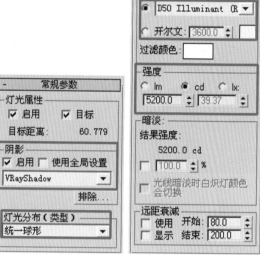

图15-30 【常规参数】 图15-31 【强度/颜色/衰
卷展栏 减】卷展栏

14 在【VRayShadows params】卷展栏中勾选【区域阴影】复选项，设置阴影模式为【长方体】，设置【U、V、W尺寸】为"136.5，136.5，136.5"，如图15-32所示。

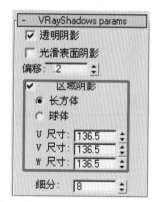

图15-32 【VRayShadows params】卷展栏

15 将灯光关联到相应的吊灯位置，如图15-33所示。

16 单击 ⚫ 按钮查看射灯的渲染效果，如图15-34所示。

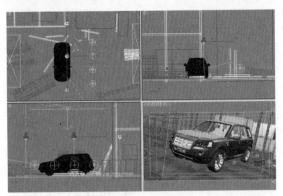

图15-33　关联灯光

图15-34　渲染效果

17 观察渲染效果，暖色的吊灯照明作为画面的主要灯光对汽车进行照明，暖色的效果使场景空间的灯光效果更加丰富。

18 单击命令面板中的 VR灯光 按钮，在视图中创建VR灯光，如图15-35所示。该灯光主要用于加强侧面亮部的照明。

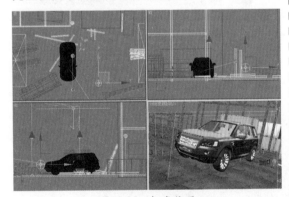

图15-35　灯光位置

19 打开【参数】卷展栏，设置灯光【类型】为【球体】，灯光【颜色】为黄色，【倍增器】为4.0，如图15-36、图15-37所示。

20 将灯光关联三盏并侧向移动，位置如图15-38所示。

图15-36　灯光参数

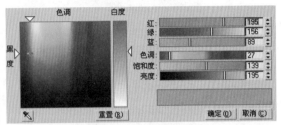

图15-37　灯光颜色

图15-38　关联灯光

21 单击 按钮查看渲染效果，如图15-39所示。

图15-39　渲染效果

22 观察画面的渲染效果，场景的空间感和体积感得到进一步加强。到目前为止，场景中的灯光设置完毕。

15.4　场景中主要材质参数的设置

　　场景中主要包含了汽车以及与其相关的材质和地面材质两大类材质，本节将对这些材质进行深入剖析，使材质的制作过程完整地展示在大家面前。

15.4.1　车漆材质

车漆材质效果如图15-40所示。

图15-40　材质效果

　　01　本节我们将通过Shellac（虫漆）材质模拟车漆材质，虫漆材质的反射效果在所有的材质类型中是最出色的，如图15-41所示。

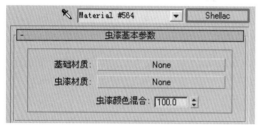

图15-41　虫漆材质

　　02　单击【基础材质】右边的复选框，添加VRayMtl基本材质，如图15-42所示。

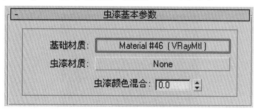

图15-42　添加基础材质

　　03　选择VRay材质，单击【漫反射】选项并调节颜色为"33，33，33"，如图15-43所示。

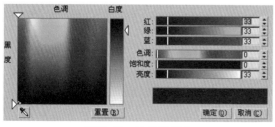

图15-43　漫反射颜色

　　04　调节反射数值为"38，38，38"，如图15-44所示。设置【反射光泽度】为0.7，【细分】为30，勾选【菲涅耳反射】选项，如图15-45所示。

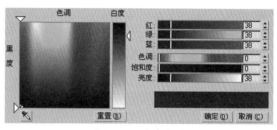

图15-44　反射数值

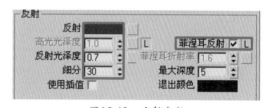

图15-45　反射参数

　　05　设置【折射率】为2.0，如图15-46所示。

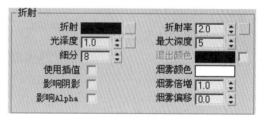

图15-46　折射参数

　　06　在【BRDF】卷展栏中选择材质的类型为【沃德】，如图15-47所示。

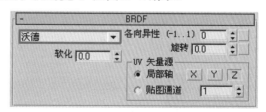

图15-47　【BRDF】卷展栏

　　07　基础材质效果如图15-48所示。

图15-48　基础材质效果

08 观察基础材质的反射效果。画面中材质的反射效果明显不足，从画面中反射背景马赛克的效果我们就可以观察得出，车漆的颜色也不够正。不过基础材质只是虫漆材质的一部分，我们可以通过虫漆材质的叠加效果与基础材质进行混合，使材质的反射效果更加出色。

09 单击【虫漆材质】右边的复选框，添加VRayMtl基本材质，如图15-49所示。

图15-49　添加虫漆材质

10 选择VRay材质，单击【漫反射】选项并调节颜色为"31，31，31"，如图15-50所示。

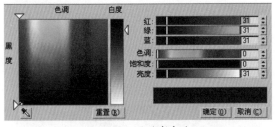

图15-50　漫反射颜色

11 调节反射数值为"195，195，195"，如图15-51所示。设置【反射光泽度】为0.65，勾选【菲涅耳反射】复选项，如图15-52所示。

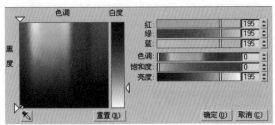

图15-51　反射数值

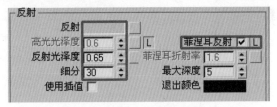

图15-52　反射参数

12 设置【折射率】为2.5，如图15-53所示。

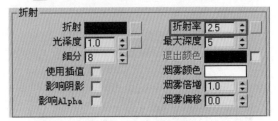

图15-53　折射参数

13 在【BRDF】卷展栏中选择材质的类型为"反射"，如图15-54所示。

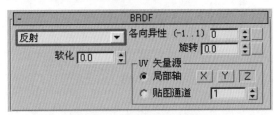

图15-54　【BRDF】卷展栏

14 观察此时的材质效果，如图15-55所示。需要注意的是，这个时候材质的效果并没有发生改变，主要是我们之前的虫漆颜色混合参数设置为0.0，这样材质的效果依旧显示基础材质的效果，如图15-56所示。

图15-55　材质效果

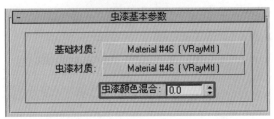

图15-56　【虫漆颜色混合】参数

15 将【虫漆颜色混合】参数设置为125.0，如图15-57所示。观察此时的汽车烤漆车漆的材质效果，如图15-58所示。

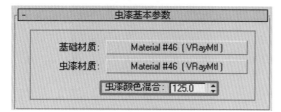

图15-57 虫漆颜色混合参数

图15-58 材质效果

15.4.2 汽车玻璃材质

汽车玻璃材质效果如图15-59所示。

图15-59 材质效果

01 选择VRay材质。单击【漫反射】选项并调节颜色为"0，0，0"，如图15-60所示。

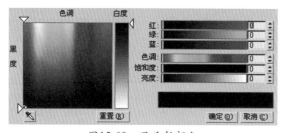

图15-60 漫反射颜色

02 单击【反射】选项并调节数值为"77，77，77"，设置【反射光泽度】为1.0，【细分】为50，如图15-61和图15-62所示。

03 单击【折射】选项并调节数值为

"196，196，196"，如图15-63所示。

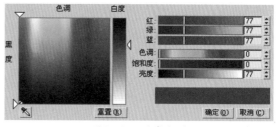

图15-61 反射数值

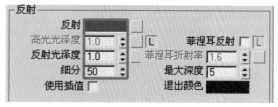

图15-62 反射参数

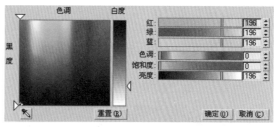

图15-63 折射参数

04 设置【折射率】为1.01，调节【烟雾颜色】为接近白色，【烟雾倍增】为0.2，勾选【影响阴影】复选框，如图15-64、图15-65所示。

图15-64 折射参数

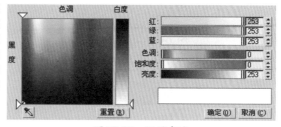

图15-65 烟雾颜色

05 在【BRDF】卷展栏中选择材质的类型为【多面】，如图15-66所示。

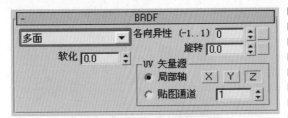

图15-66　【BRDF】卷展栏

06　汽车玻璃材质效果如图15-67所示。

图15-67　材质效果

15.4.3　汽车轮胎材质

汽车轮胎材质效果如图15-68所示。

图15-68　材质效果

01　选择VRay基本材质。单击【漫反射】选项右边的复选框添加轮胎贴图，如图15-69所示。

图15-69　轮胎贴图

02　观察此时的贴图效果，轮胎的贴图颜色比较淡，如图15-70所示。我们在制作的时候，可能需要根据场景，适当加重贴图的颜色，加强画面的色彩层次。

图15-70　贴图效果

03　调节【漫反射】的颜色为"8，8，8"，如图15-71所示。

图15-71　漫反射颜色

04　调节漫反射贴图和颜色的混合数值为30.0，观察材质球的变化，如图15-72所示。

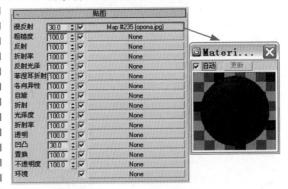

图15-72　调节混合值

05　调节反射数值为"9，9，9"，如图15-73所示。设置【反射光泽度】为0.71，【高光光泽度】为0.52，如图15-74所示。

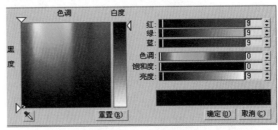

图15-73　反射数值

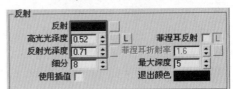

图15-74　反射参数

06 在【BRDF】卷展栏中选择材质的类型为"反射"，如图15-75所示。

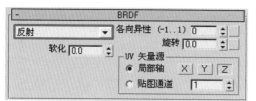

图15-75　【BRDF】卷展栏

07 单击【凹凸】右边的复选框，添加 Normal Bump（法线凹凸）贴图，将凹凸参数设置为28.0，如图15-76所示。

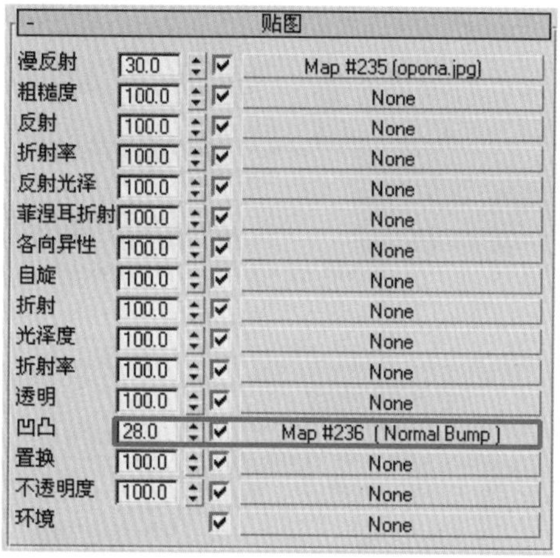

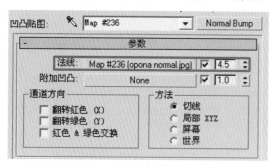

图15-76　Normal Bump（法线凹凸）贴图

08 单击法线右边的复选框添加法线贴图，参数设置为4.5，如图15-77、图15-78所示。

图15-77　Normal Bump（法线凹凸）贴图

图15-78　Normal Bump（法线凹凸）贴图

09 汽车轮胎材质的效果如图15-79所示。

图15-79　材质效果

15.4.4　汽车钢圈材质

汽车钢圈材质效果如图15-80所示。

图15-80　材质效果

01 选择VRay材质，单击【漫反射】选项并调节颜色为"128，128，128"，如图15-81所示。

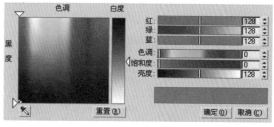

图15-81　漫反射颜色

02 调节反射数值为"255，255，255"，如图15-82所示。调节【反射光泽度】为0.7，【高光光泽度】为0.57，【细分】为12，如图15-83所示。

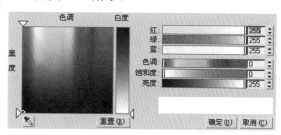

图15-82　反射颜色

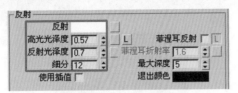

图15-83　反射参数

03 在【BRDF】卷展栏中设置材质的【类型】为【多面】，如图15-84所示。

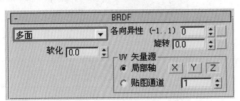

图15-84　【BRDF】卷展栏

04 汽车钢圈材质的效果如图15-85所示。

图15-85　材质效果

15.4.5　建筑地面材质

建筑地面材质的效果如图15-86所示。

图15-86　材质效果

01 选择VRay基本材质。单击【漫反射】右边的复选框添加地面贴图，如图15-87所示。打开【坐标】卷展栏，设置贴图的【模糊】数值为0.8，如图15-88所示。

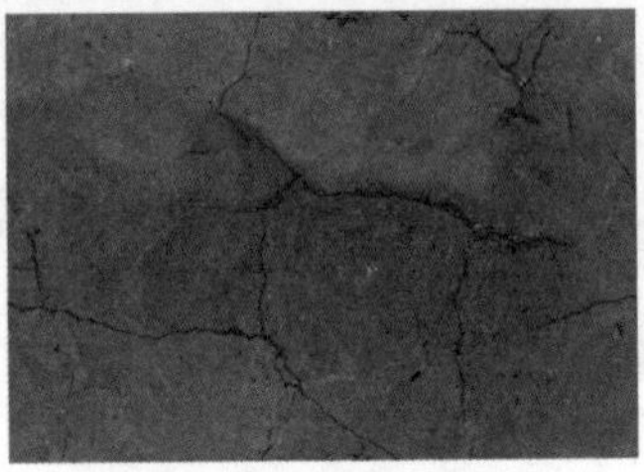

图15-87　地面贴图

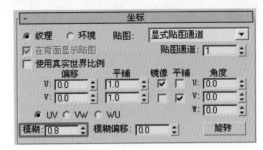

图15-88　【坐标】卷展栏

02 调节反射数值为"25，25，25"，如图15-89所示。设置【反射光泽度】为0.6，如图15-90所示。

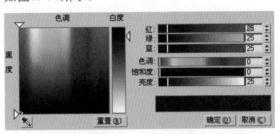

图15-89　反射数值

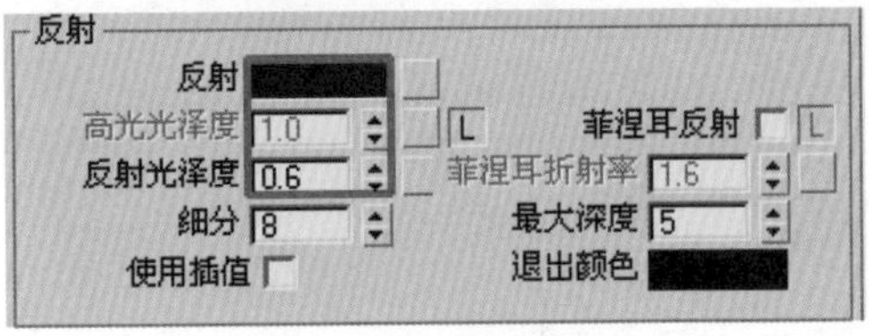

图15-90　反射参数

03 单击【反射】右边的复选框，添加Falloff（衰减）贴图，将【衰减类型】设置为【Fresnel】，如图15-91所示。

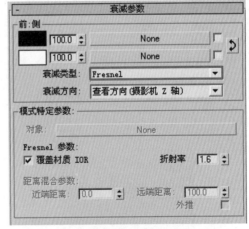

图15-91　添加Falloff（衰减）贴图

04 单击前、侧颜色右边的复选框，添加一张随机变化的黑白贴图，计算材质表面随机变化的反射效果，丰富反射细节，如图15-92所示。设置相关的混合参数，如图15-93所示。

图15-92　黑白贴图

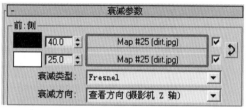

图15-93　Falloff（衰减）贴图参数设置

05 观察此时的材质反射效果，反射将完全按照Falloff（衰减）贴图的相关参数进行计算，如图15-94所示。

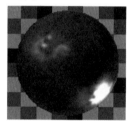

图15-94　反射效果

06 设置反射混合参数为15.0，如图15-95所示。观察此时的材质反射效果，如图15-96所示。这时的反射效果是反射贴图与反射颜色的中和效果。

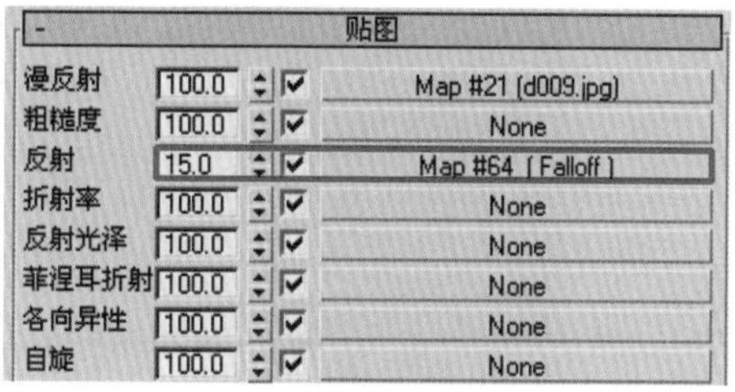

			贴图
漫反射	100.0	☑	Map #21 (d009.jpg)
粗糙度	100.0	☑	None
反射	15.0	☑	Map #64（Falloff）
折射率	100.0	☑	None
反射光泽	100.0	☑	None
菲涅耳折射	100.0	☑	None
各向异性	100.0	☑	None
自旋	100.0	☑	None

图15-95　混合参数设置

图15-96　反射效果

07 将黑白贴图关联到反射光泽度的贴图中，如图15-97所示。观察此时的材质反射效果，如图15-98所示。

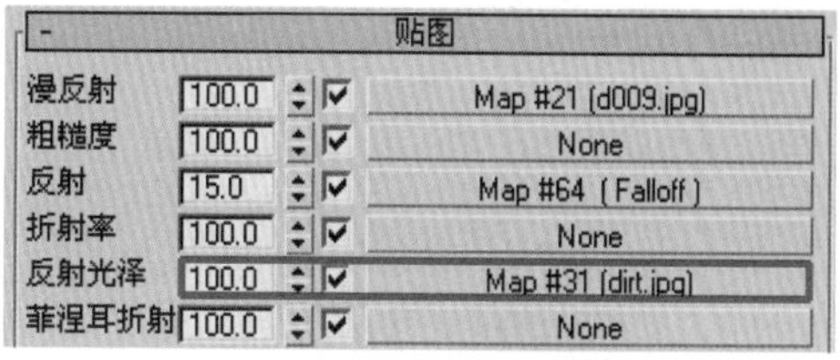

			贴图
漫反射	100.0	☑	Map #21 (d009.jpg)
粗糙度	100.0	☑	None
反射	15.0	☑	Map #64（Falloff）
折射率	100.0	☑	None
反射光泽	100.0	☑	Map #31 (dirt.jpg)
菲涅耳折射	100.0	☑	None

图15-97　关联贴图

图15-98　反射效果

08 设置【反射光泽】的混合参数为45.0，如图15-99所示。观察此时的材质反射效果，如图15-100所示。反射效果相比较之前的反射强度，得到了提升。这里我们采用贴图的主要原因，是为了丰富画面的反射细节，使不同区域的反射效果得以区分。

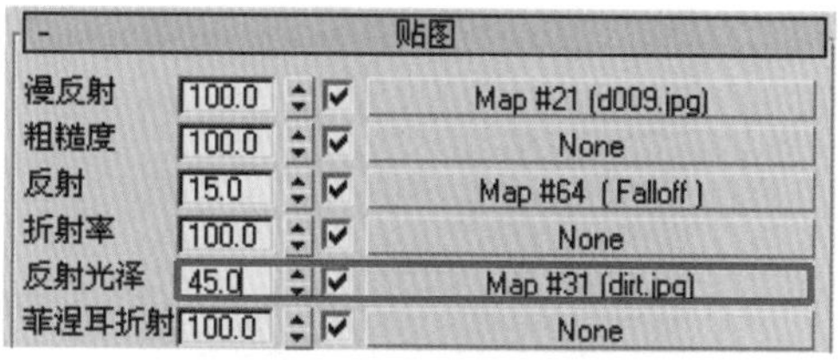

			贴图
漫反射	100.0	☑	Map #21 (d009.jpg)
粗糙度	100.0	☑	None
反射	15.0	☑	Map #64（Falloff）
折射率	100.0	☑	None
反射光泽	45.0	☑	Map #31 (dirt.jpg)
菲涅耳折射	100.0	☑	None

图15-99　混合参数设置

图15-100　反射效果

09 单击【凹凸】右边的复选框，添加Normal Bump（法线凹凸）贴图，将凹凸参数设置为45.0，如图15-101所示。

10 单击法线右边的复选框，添加法线贴图，将参数设置为4.5，如图15-102、图15-103

所示。

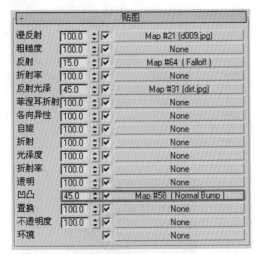

图15-101　Normal Bump（法线凹凸）贴图

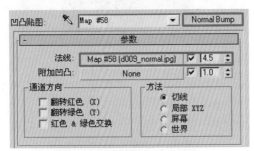

图15-102　法线凹凸参数

图15-103　法线凹凸贴图

11 建筑地面的材质效果如图15-104所示。

图15-104　材质效果

15.4.6　建筑金属材质

建筑金属材质效果如图15-105所示。

图15-105　材质效果

01 选择【VR混合材质】，单击【基本材质】右边的复选框，添加VR材质，参数设置如图15-106所示。

图15-106　VR混合材质

02 单击【漫反射】右边的复选框添加纹理贴图，如图15-107所示。打开【坐标】卷展栏，设置贴图的平铺数值为"5.0，5.0"，如图15-108所示。

图15-107　漫反射贴图

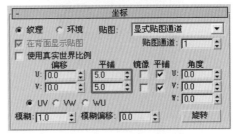

图15-108　【坐标】卷展栏

03 单击【反射】右边的复选框添加金属的反射贴图，本节中我们将通过贴图模拟金属表面的反射效果，以获取更多的反射细节，如图15-109和图15-110所示。

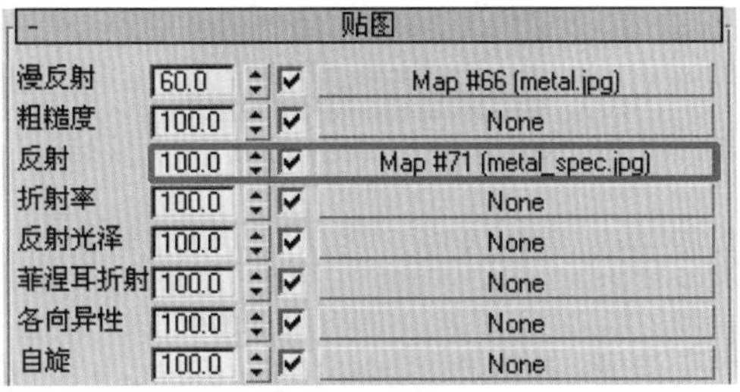

图15-109 反射贴图

图15-110 反射贴图

04 打开【坐标】卷展栏，设置贴图的平铺数值为"6.0，6.0"，如图15-111所示。

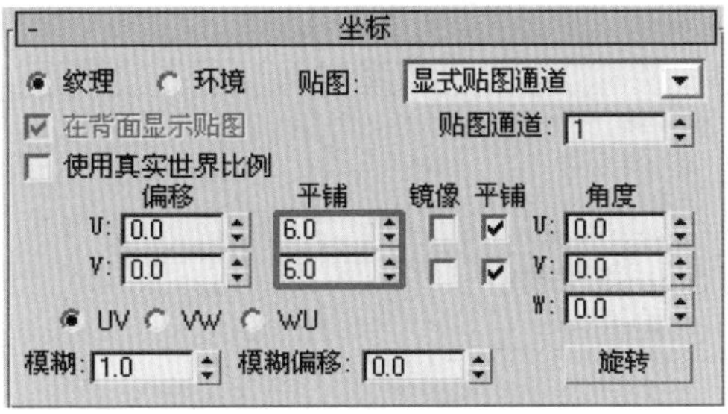

图15-111 【坐标】卷展栏

05 设置【高光光泽度】为0.55，【反射光泽度】为0.75，勾选【菲涅耳反射】复选项，并设置【菲涅耳折射率】为8.0，如图15-112所示。

图15-112 【反射】参数

06 观察此时的材质效果，如图15-1113所示。

07 设置【反射】混合数值为80.0，进一步控制材质的反射效果，如图15-114所示。

图15-113 反射效果

图15-114 混合参数设置

08 单击【凹凸】右边的复选框，添加Normal Bump（法线凹凸）贴图，将凹凸参数设置为8.0，如图15-115所示。

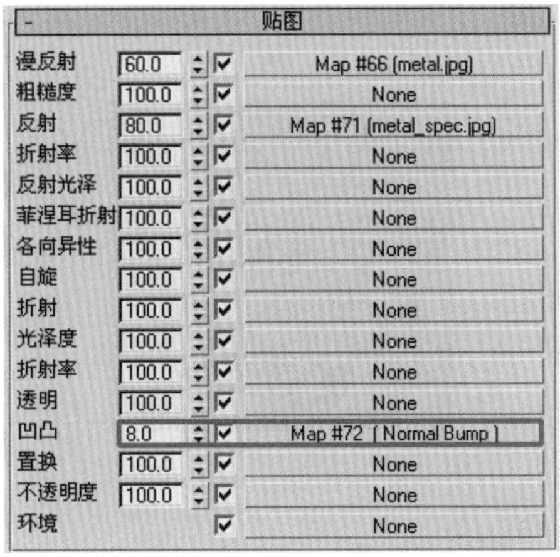

图15-115 Normal Bump（法线凹凸）贴图

09 单击【法线】右边的复选框添加法线贴图，参数设置为1.2，如图15-116、图15-117所示。

图15-116 【法线凹凸】参数

图15-117　法线凹凸贴图

10 打开【坐标】卷展栏，设置贴图的平铺数值为"6.0，6.0"，设置【模糊】数值为0.8，如图15-118所示。

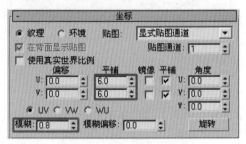

图15-118　【坐标】卷展栏

11 观察材质效果，这是基本材质中的金属材质，如图15-119所示。

图15-119　材质效果

12 继续为镀膜材质添加VR材质，实现多层材质效果的混合，如图15-120所示。

图15-120　镀膜材质

13 单击【漫反射】右边的复选框添加纹理贴图，如图15-121所示。打开【坐标】卷展栏，设置贴图的平铺数值为"6.0，6.0"，如图15-122所示。

图15-121　漫反射贴图

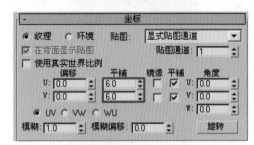

图15-122　【坐标】卷展栏

14 由于这里制作的金属是粗糙的老旧金属效果，这里我们不需要过多地进行相关的反射参数设置。我们可以完全忽略叠加的这层金属的反射效果，或者可以制作非常低的反射参数。

15 单击【凹凸】右边的复选框，添加凹凸纹理贴图，将【凹凸】参数设置为30.0，如图15-123、图15-124所示。

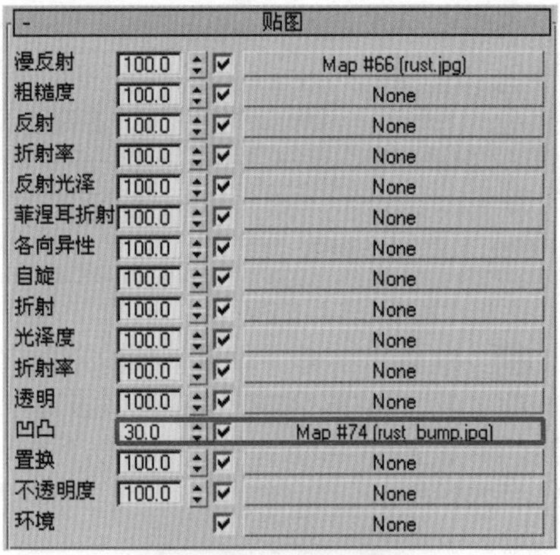

图15-123　【凹凸】参数

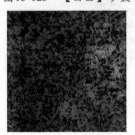

图15-124　凹凸贴图

16 打开【坐标】卷展栏，设置贴图的【平铺】数值为"6.0，6.0"，如图15-125所示。

图15-125 【坐标】卷展栏

17 观察此时的材质效果，呈现了基本材质与镀膜材质的混合效果，如图15-126所示。混合程度是基于默认的混合数量颜色，颜色信息是"128，128，128"，如图15-127所示。

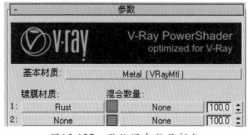

图15-126 混合效果

图15-127 默认混合数量颜色

18 单击【混合数量】右边的复选框添加VR污垢贴图，如图15-128所示。

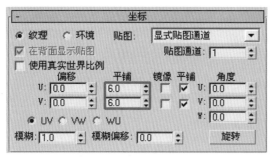

图15-128 添加VR污垢贴图

19 设置VR污垢贴图的相关参数，如图15-129所示。

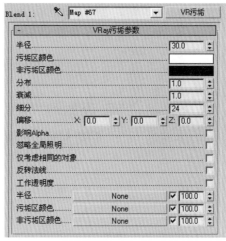

图15-129 VR污垢贴图参数设置

20 建筑金属材质效果如图15-130所示。

图15-130 材质效果

15.4.7 货箱材质

货箱材质效果如图15-131所示。

图15-131 材质效果

01 选择VRay材质，单击【漫反射】右边的复选框添加货箱的纹理贴图，如图15-132所示。

图15-132 货箱贴图

02 单击【反射】选项调节数值为"20, 20, 20", 如图15-133所示。

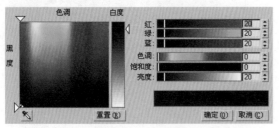

图15-133　反射颜色

03 设置【反射光泽度】为0.8, 【高光光泽度】为0.63, 如图15-134所示。

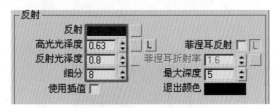

图15-134　反射参数

04 在【BRDF】卷展栏中设置材质的类型为"多面", 如图15-135所示。

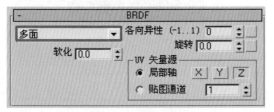

图15-135　【BRDF】卷展栏

05 单击【凹凸】右边的复选框添加Normal Bump (法线凹凸) 贴图, 凹凸参数设置为30.0, 如图15-136所示。

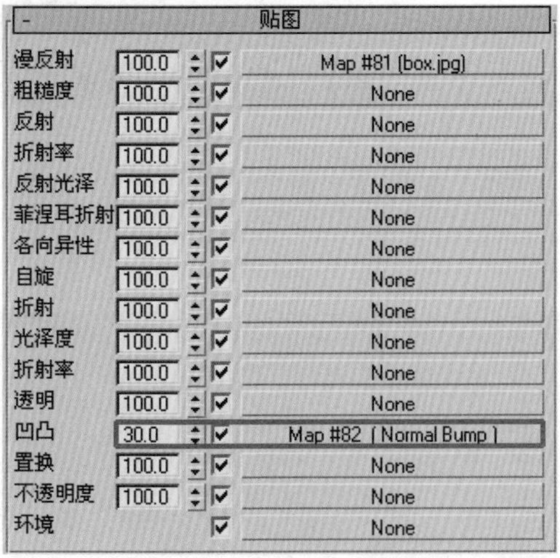

贴图			
漫反射	100.0	✔	Map #81 (box.jpg)
粗糙度	100.0	✔	None
反射	100.0	✔	None
折射率	100.0	✔	None
反射光泽	100.0	✔	None
菲涅耳折射	100.0	✔	None
各向异性	100.0	✔	None
自旋	100.0	✔	None
折射	100.0	✔	None
光泽度	100.0	✔	None
折射率	100.0	✔	None
透明	100.0	✔	None
凹凸	30.0	✔	Map #82 (Normal Bump)
置换	100.0	✔	None
不透明度	100.0	✔	None
环境		✔	None

图15-136　Normal Bump (法线凹凸) 贴图

06 单击【法线】右边的复选框添加法线贴图, 参数设置为4.0, 如图15-137、图15-138所示。

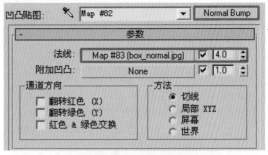

图15-137　法线凹凸参数

图15-138　法线凹凸贴图

07 打开【坐标】卷展栏, 设置贴图的【模糊】数值为0.8, 如图15-139所示。

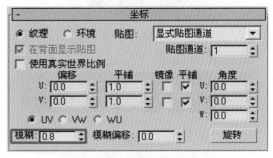

图15-139　【坐标】卷展栏

08 货箱材质的效果如图15-140所示。

图15-140　材质效果

15.4.8　汽车前灯边缘塑料材质

汽车塑料材质效果如图15-141所示。

图15-141　材质效果

01 选择VRay材质，单击【漫反射】选项并调节颜色为"59，59，59"，如图15-142所示。

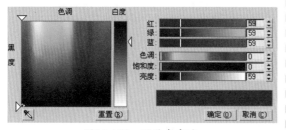

图15-142　漫反射颜色

02 调节反射数值为"161，161，161"，如图15-143所示。设置【反射光泽度】为0.9，【高光光泽度】为0.68，勾选【菲涅耳反射】复选框，如图15-144所示。

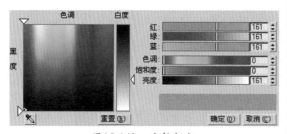

图15-143　反射颜色

图15-144　反射参数

03 在【BRDF】卷展栏中设置材质的类型为【沃德】，如图15-145所示。

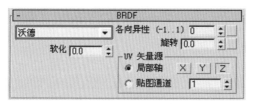

图15-145　【BRDF】卷展栏

04 汽车塑料材质的效果如图15-146所示。

图15-146　材质效果

15.4.9　建筑砖墙材质

建筑砖墙材质效果如图15-147所示。

图15-147　材质效果

01 选择VRay材质，单击【漫反射】右边的复选框，添加货箱的纹理贴图，如图15-148所示。

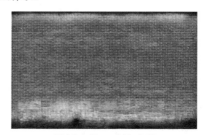

图15-148　砖墙贴图

02 由于这里的砖墙材质反射非常粗糙，我们几乎可以忽略它自身的反射，也可以根据需要制作轻微的反射效果，如图15-149所示。

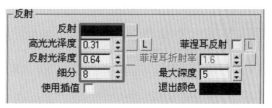

图15-149　【反射】参数

03 在【BRDF】卷展栏中设置材质的类型为【多面】，如图15-150所示。

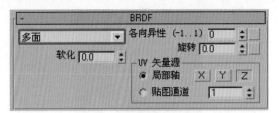

图15-150 【BRDF】卷展栏

04 单击【凹凸】右边的复选框添加 Normal Bump（法线凹凸）贴图，将【凹凸】参数设置为9.0，如图15-151所示。

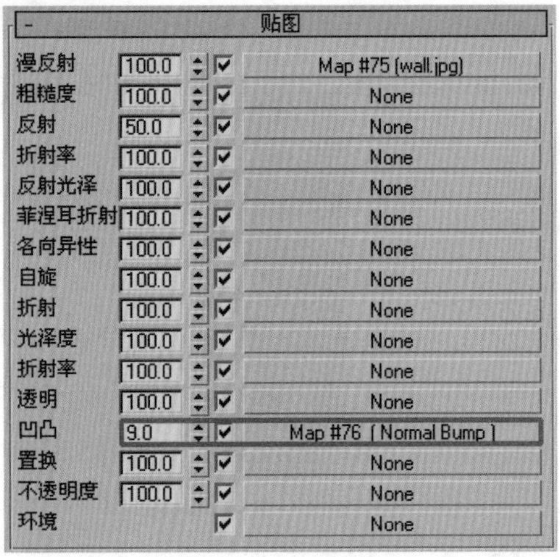

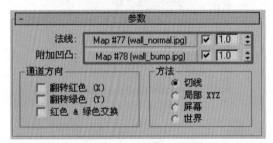

图15-151 Normal Bump（法线凹凸）贴图

05 单击【法线】和【附加凹凸】右边的复选框添加相关贴图，参数设置均为1.0，如图15-152、图15-153、图15-154所示。

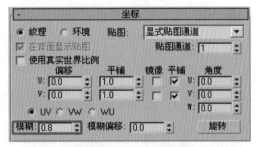

图15-152 法线凹凸参数

图15-153 法线贴图

图15-154 附加凹凸贴图

06 打开【坐标】卷展栏，设置贴图的【模糊】数值为0.8，如图15-155所示。

图15-155 【坐标】卷展栏

07 建筑砖墙材质的效果如图15-156所示。

图15-156 材质效果

15.5 渲染参数设置和最终渲染

本节主要是对渲染参数进行最终设置，包括图像最终输出的饱和度、对比度、精度等一系列参数，保证最终出色的渲染品质。

01 打开【V-Ray::发光贴图】卷展栏，勾选【细节增强】复选框，如图15-157所示。

02 打开【V-Ray::灯光缓冲】卷展栏，设置【细分】为1200，【采样大小】为0.01，如图

15-158所示。

栏，参数设置如图15-159所示。

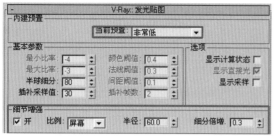

图15-157　【V-Ray::发光贴图】卷展栏

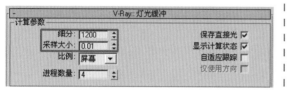

图15-158　【V-Ray::灯光缓冲】卷展栏

图15-159　【V-Ray::DMC采样器】卷展栏

03 打开【V-Ray::DMC采样器】卷展

04 单击 ◎ 按钮，最终渲染效果如图15-160所示。

图15-160　最终图像